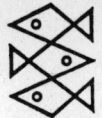

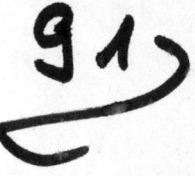

FISCHER LOGO
für den Spielraum im Kopf
Ein Kaleidoskop logischer Unterhaltung,
rätselhafter Spiele
und verständlich verfaßter Wissenschaft

Über dieses Buch Das ist kein Sach- und kein Fach-, kein Physik- und kein Mathematik- (aber auch keine Religions-) Buch. Ein einziges Zentralthema vielmehr umschreiben die acht Kapitel: die konsequente Selbstzerstörung des mechanistisch-materialistischen Weltbildes in unserem Jahrhundert, die den Blick in das »bodenlos Innere« unserer Existenz freigibt und uns auf naturwissenschaftlichem Wege an das »3-W-Mysterium« – *Woher, Wohin, Warum?* – mit der Methode der Durchtunnelung von Schall-, Licht-, Kausal- und Denkmauern heranführt.

Über den Autor Friedrich Bestenreiner promovierte 1949 in Wien zum Physiker und war bis 1983 in der Grundlagenforschung engagiert.

Friedrich Bestenreiner

Der phantastische Spiegel

Quanten, Quarks, Chaos –
oder vom Trost, der aus
der Formel kommt

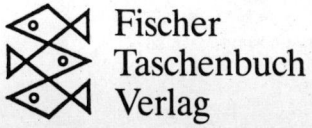

Fischer
Taschenbuch
Verlag

Veröffentlicht im Fischer Taschenbuch Verlag GmbH,
Frankfurt am Main, September 1991

Lizenzausgabe mit freundlicher Genehmigung
des Ehrenwirth Verlags GmbH, München
© 1989 by Verlag Moos & Partner, Gräfelfing vor München
Alle Rechte bei Ehrenwirth Verlag GmbH, München
Umschlaggestaltung: Manfred Walch, Frankfurt am Main
Druck und Bindung: Clausen & Bosse, Leck
Printed in Germany
ISBN 3-596-19265-0

Inhalt

Vorwort

Wunder sind immer gestern, vorgestern oder noch früher geschehen, woanders oder gar nicht. In aller Regel trifft das Letztere zu. Es ist daher kein Wunder, daß viele Menschen ihren Glauben nicht nur an Wunder verloren haben, sondern, das Kind mit dem Bade ausschüttend, ihren Glauben überhaupt. Den Glauben an irgend etwas. An irgend etwas, das jenseits dieser Welt liegt – was immer man unter solch einer Ortsbezeichnung auch verstehen mag. Denn die Quellen dieses Glaubens, meinen sie, lägen verborgen im Dunkel der Geschichte und seine äußeren Formen seien altertümlich überkrustet. Sie halten sich daher an Gegenwärtigeres, Greifbareres, Nützlicheres; an Beruf und Familie, an Reihenhaus, Auto und Gehaltserhöhung, an Tiefkühlkost, Kabelfernsehen und an den Charterflug nach Teneriffa; an den Fortschritt der Technik im besonderen und allgemeinen sowie an die Wohltaten, die dieser in die Welt gebracht hat; und an den unbezweifelbaren Sieg der Vernunft, die alles – auf »natürlichem Wege«, wie die Menschen es nennen – erklären wird. Philosophien, Ideologien und Gesellschaften, nicht zuletzt Staaten sind auf diesem Grundgedanken aufgebaut worden und existieren. Mit Stolz blickt der Mensch auf seine Geschichte zurück und vermerkt wohlgefällig, wie sein Geist, von Dämonen einst bedroht, von Magiern geblendet, von Propheten zum Narren gehalten, von Ritualen ermüdet und von Litaneien gelangweilt, sich von Jahrhundert zu Jahrhundert geklärt hat und jetzt mit jedem Jahrzehnt immer noch gescheiter wird. Nichts wird Technik und Wissenschaft unmöglich sein: vereint werden sie alle Fragen in den Griff kriegen! Die Energie – und zwar in beiderlei, nämlich in ihrer lebensnotwendigen als auch in ihrer lebenszerstörenden Form –, die Ressourcen, die Umwelt, die Massenmorde. Wiedererrünen (und zwar schöner als zuvor) werden die Wälder, und geflickt alle Ozonlöcher der Atmosphäre, von Seen und Strömen ganz zu schweigen. Und die Luft über den Megalopolen? Gesünder denn je! Astronautenvölker werden in andere Sonnensysteme, Milchstraßen, Spiralnebel vorstoßen und, um sich für diesen Zweck mit den nötigen Energie- und Treibstoffreserven zu versorgen, die berühmt-berüchtigten Schwarzen Löcher anzapfen, die überall im Universum sich etabliert haben. Oder Sterne aus Antimaterie.

Oder beides.

Nichts spricht dagegen. Kein vernünftiger, logischer Grund...

Sogar für das ewige Leben haben sich Lösungsansätze schon gefunden. So meint zum Beispiel James S. Hayes*, daß Unsterblichkeit, als rein informatisches Thema betrachtet, durch zeitgerechte Transplantation des Bewußtseins – als einer zwar immensen aber immerhin endlichen Bit-Menge – eines vor dem Tode stehenden Menschen in einen jungen Körper realisiert werden könnte. Hayes schreibt: »Betrachten wir folgende Situation: Ihr Leib, der jetzt schon vielleicht 130 Jahre alt ist und zum größten Teil aus eingebauten Vorrichtungen besteht, liegt zum Teil im Krankenhausbett, zum Teil auf den umstehenden Regalen und Tischen. Bald wird es unmöglich sein, die notwendigen Oxydationen in ihrem Gehirn aufrechtzuerhalten. Irgendein jüngerer Mann wird hereingerollt, seine eigenen psychischen Prozesse sind für einige Zeit stillgelegt, und der Vorgang der Überführung des gesamten Informationsinhaltes aus Ihrem eigenen in sein Gehirn beginnt. Sobald er sich seiner Vollendung nähert, fangen Sie an, Empfindungen, die von seinen äußeren und inneren Sinnesorganen stammen, ebensogut wie Ihre eigenen wahrzunehmen. Sie sehen mit seinen Augen, hören mit seinen Ohren. Eine sympathische medizinische Assistentin fragt das, was einst des anderen Körper war, wie er sich fühle, und wenn sie eine befriedigende Antwort erhält, stellt sie das ab, was vor wenigen Minuten noch Ihr Herz war. Nach einer kurzen Ruhepause wird die zeitweilige Blockierung des Zugangs zu den Erfahrungen, die Ihr neuer Leib bisher erworben hat, gelöst, und Sie beginnen sich zu erinnern, Er gewesen zu sein ebenso wie Sie selbst. Doch ist dies durchaus kein Verlust für Ihr Ich, noch vermindert es die Gewißheit Ihrer eigenen Existenz.«

Na also! Aber lachen Sie nicht! Wenn Sie bedenken, was die Gentechnologie heute schon alles kann oder zumindest zu können vorgibt...

Wie dem auch sei. Wissenschaft und Technik befruchten einander, das wissen wir. Ob es zum Wohle der Menschheit geschieht, ist jedoch nicht Gegenstand vorliegender Überlegungen. Von den medienkundigen Schrecknissen unserer Zeit soll hier ausnahmsweise einmal nicht die Rede sein. Nicht Sein oder Nichtsein ist hier die Frage, sondern Sein und Nichtsein. Sein und Nichtsein in einem. Das ist die gleichzeitige und gleichräumige Anwesenheit zweier zu sich selbst widersprüchlicher

---

* *Der interessierte Leser findet Quellenangaben, auch aller folgenden Zitate, im Anhang dieses Buches*

Wesenheiten, die zwar nicht unsere physische Existenz gefährdet, aber unser Denken ad absurdum, an eine unüberwindliche geistige Mauer führt. An die Denkmauer. *Lassen Sie mich weiter ausholen.*

Die gegenseitige Befruchtung von Erschaffen und Erkennen hat den Menschen die Welt vom Größten bis ins Kleinste erforschen lassen. Riesige Radioteleskope und Radiointerferometer bringen ihm Nachricht aus unvorstellbaren kosmischen Entfernungen, Sonnen- und Planetensysteme findet er abgebildet im Kreisen der Elektronen um ihren Atomkern und zur Zeit sind gigantische Maschinen, so groß wie kleine Städte, am Werk, um das Innerste des Atomkernes in seine Bestandteile zu zerlegen und nachzuschauen, was wirklich drin ist.

Und was ist wirklich drin?

Bis zu Beginn unseres Jahrhunderts stimmten so ziemlich alle Physiker, Mathematiker, Chemiker, Biologen, Ingenieure und Ärzte darin überein, die Natur sei eine zwar recht komplizierte, aber gut geschmierte und deshalb ausgezeichnet funktionierende Maschine, weiter nichts. Denn schon René Descartes hatte gesagt: »Die Art des Stofflichen oder des Körpers besteht ... einzig darin, daß er eine in die Länge, Breite und Tiefe ausgedehnte Substanz ist« *und* »... das Universum eine Maschine, bei der es nichts anderes zu erwägen gilt, als die Formen und Bewegungen ihrer Teile.« *Bestandteile und Funktionen dieser Maschine waren zwar noch nicht bis zur letzten Schraube und zum letzten Hebel bekannt, doch wurde allgemein angenommen, es liege kein vernünftiger Grund vor, der gegen die restlose Erforschbarkeit dieser Maschine spräche.*

Vom Beginn dieses Jahrhunderts an machten die Physiker eine haarsträubende Entdeckung nach der anderen. Ergebnisse kamen heraus, die nie hätten herauskommen dürfen. Die cartesianische Maschine, die sie erforschten, verzweigte sich nicht länger in zunehmende, aber doch logische Kompliziertheit, nein: sie wurde einfach unlogisch, zu sich selbst widersprüchlich, gegenvernünftig!

Man stelle sich ein Automobil vor, das gleichzeitig nach vorn und nach hinten fährt ...

Die Physiker, angestiftet von den Ideen Max Plancks und Albert Einsteins, verwandten für dieses Verhalten einen Begriff, der schon vor zweihundert und mehr Jahren zur Erklärung von Leib und Seele gedient hatte: den Dualismus. Damit war das naturwissenschaftliche Denken, ursprünglich basierend auf den sinnlich wahrnehmbaren Eigenschaften des »Harten, Schweren, Farbigen« *(Descartes) und der diese Eigenschaf-*

ten verursachenden »in die Länge, Breite und Tiefe ausgedehnten Substanz« an eine Mauer gestoßen, jenseits derer Undenkbares angesiedelt, das Materielle in Immaterielles umzuschlagen, der Geist sich selber ad absurdum zu führen scheint.

Das Ende der mechanistisch-materialistischen Weltsicht war (und ist) erreicht – in einem Akt der Selbstzerstörung mit Hilfe der ihr eigenen Methoden.

James Jeans sagte: ». . . das Universum beginnt eher wie ein großer Gedanke denn wie eine große Maschine auszusehen.« Auf analytischem Wege stoßen die Naturwissenschaften nunmehr auf genau die Fragen, die auch die Geisteswissenschaften stellen und ebensowenig (oder noch weniger) beantworten können. Es scheint, als ob beide nur Elemente eines umfassenderen Dualismus seien und die mathematisch-analytische Methode das (mindestens) gleichwertige Komplement des philosophischen, religiösen, mystischen Strebens nach Wahrheit. Paul Davies kommt zu dem Schluß: »Es mag seltsam erscheinen, aber meiner Auffassung nach bietet die Naturwissenschaft einen sichereren Weg zu Gott als die Religion.« Zum »Eintritt in das Gesetz«, wie Franz Kafka es formuliert hat. Dem Geiste zu, dem ewig brennenden Dornbusch, der die letzten unbeantwortbaren Fragen aufflammen läßt: Woher, Wohin, Wofür?

Keine Wunder also?

Wenn wir von orientalischen Augmentations-, Reanimations-, Levitations- und noch anderen Kunststücken absehen: eine von ihrem Ursprung, einem Stern etwa ausgehende und über den ganzen leeren Weltraum hinweg bis an unsere Netzhaut kontinuierlich sich ausbreitende Lichtwelle erfährt eine Metamorphose im Moment ihrer Wirkung auf den Sehnerv und verwandelt sich in ein Teilchen (eine Lichtkorpuskel, ein Lichtquant, ein Photon oder wie immer man es nennen will). Ein räumlich und zeitlich quasi-unendlich ausgedehntes Seiendes gebiert ein unausgedehntes quasi-punktförmiges Wirkendes, leugnet, wenn wir es mit dem Werkzeug unseres Geistes fassen wollen, sich selber, offenbart sich uns widerwesentlich – stellt uns vor die Denkmauer.

Weiter: Wenn wir uns nackt vor den Spiegel stellen, was sehen wir da? Den berühmten Zentner Wasser, aus dem der menschliche Körper besteht?

Weniger!

Nichts nämlich, genau genommen. Nichts als leeren Raum sehen wir. Das heißt, wir sähen ihn oder könnten durch ihn hindurchsehen, wenn uns nicht unzählige winzige Energiezentren, die Atomkerne und Elektronen, aus denen unser corpus besteht, den Blick verstellten. Aber zwischen diesen Energiezentren, den Atomkernen und Elektronen – da ist nichts als leerer Raum. Viel leerer – im Maßstabsvergleich – als der Weltraum! Und zwischen den sagenhaften Quarks, aus denen die Atomkerne zusammengesetzt sind, gähnen ähnlich leere Räume. Und zwischen den Rischonen, aus denen die Quarks zusammengesetzt sind? – Abgründe!

Und die Rischonen? Woraus bestehen sie? Und welche Abgründe werden zwischen den Bestandteilen der Rischonen gähnen, wenn diese nur erst einmal entdeckt sind?

Der menschliche Denkapparat hat einen vertrackten Konstruktionsfehler: Er läßt sich nicht abstellen. Er kann nicht zu denken aufhören. Es fehlt einfach der Knopf, mit dem die Kiste abgedreht werden könnte. Er muß immer weiterdenken. Zu jeder noch so großen Zahl muß er eine weitere dazuzählen, zu jeder noch so großen Strecke eine noch größere sich vorstellen, zu jeder noch so langen Zeit eine noch längere. Zwanghaft. Sagen Sie jemandem: da und dort ist das Ende der Welt; so wird er fragen: und was ist dahinter? Sagen Sie jemandem: das war der Anfang oder das war das Ende aller Zeiten; so wird er Sie fragen: und was war vorher und was wird nachher sein? Das geht hinweg über alle Grenzen, führt nirgendwo und überall hin, ins allseitig und allzeitlich Unendliche. In die Unendlichkeit des Raumes, der sich durch das Denken unbegrenzbar nach vorne, hinten, oben, unten, nach links und nach rechts erstreckt. Und in die Unendlichkeit der Zeit, die aus dem Vorher und dem Nachher, der Vergangenheit und der Zukunft, zusammengesetzt ist. Was als Resultat die Ewigkeit ergibt. Aber nicht nur in Richtung des immer noch Größeren hin läßt sich die Denkmaschine nicht abstellen, nein, auch in umgekehrter Richtung nicht, dem immer noch Kleineren zu. Universen, Galaxien, Sonnensysteme, Planeten, Kontinente, Meere, Berge, Felsen, Steine, Kristalle, Atome, Kerne, Quarks, Rischonen: ist da je ein Ende in Sicht? Es gibt keinen einleuchtenden Grund für die Denkmaschine, den Vorgang des Teilens an irgendeiner Stelle zu stoppen und von einer Zahl, und sei sie noch so klein, nicht die Hälfte, das Zehntel, das Millionstel und davon noch einmal das Millionstel und noch einmal usw. zu denken, sich vorzustellen, es hinzuschreiben . . .

Was sähen wir also, wenn wir mit Röntgenaugen in unser Inneres blicken könnten, durch alle Häute, Knochen, Muskeln, durch das Gehirn hin-

durch, das der Sitz des Bewußtseins sein soll, durch alle Eiweißkörper, Moleküle, Atome, Quarks, Rischonen? – Das bodenlos Innere *der Materie, das sich zum grenzenlos Äußeren des Weltraumes gesellt! Das bodenlos Innere der* lebendigen Substanz, *des* eigenen Ichs.

Und wenn wir dann noch den Versuchs- und Rechenergebnissen der ganz modernen Physik Glauben schenken und uns mit der Idee befreunden, daß der bisher für leer gehaltene leere Raum doch so leer nicht ist, sondern – abgesehen von den Neutrinos, die ihn anfüllen – ein dauerndes Gewaber energetischer Vakuumfluktuationen (vergleichbar der kabbeligen Wasseroberfläche im Hamburger Hafen), das Vakuum selber also nur die – dreidimensionale – Grenzfläche zwischen Materie und Antimaterie...

Und wenn dann noch gewisse Indizien darauf weisen, daß dieser Raum und alles, was darin passiert, in einem dauernden Prozeß der Selbstvervielfältigung steht, jeden Augenblick Myriaden von Welten gebiert, die, ohne jeden kommunikativen Zusammenhang nebeneinander/ineinander existierend, die Summe aller Entscheidungsmöglichkeiten aller je gewesenen Augenblicke repräsentieren...

Von den auf diesen Seiten skizzierten Grundfragen der Naturwissenschaft im zwanzigsten (und sicher auch noch im einundzwanzigsten) Jahrhundert handeln der erste Aufsatz, dem Albert Einsteins Name – als Inbegriff für Physik – Pate steht, der zweite Aufsatz, der dem Problem »Zeit« gewidmet ist und der fünfte, der einen Überblick über die Entwicklung und den Stand der Teilchenphysik gibt.

Erwarten Sie aber, verehrter und hoffentlich schon gespannter Leser, kein Lehrbuch! Dieses Buch ist ein Buch zum Lesen und zum Nachdenken und es ist ausgerichtet auf die Fragen, die jenseits aller Grenzen liegen, der Schall-, der Licht-, der Denk- und der Vorstellungsgrenze.

Insbesondere zu diesem Themenkreis gehören die weiteren Essays. Im dritten wird das schon bekannte »Game of Life« von John Horton Conway nochmals erläutert, um eine Zufallsvariante bereichert, welche die Entstehung von Leben simuliert, und mit dem von Konrad Lorenz geschaffenen Begriff Fulguration *konfrontiert.*

Der vierte Aufsatz zeigt, daß Unbestimmtheit nicht auf quantenhaftes Geschehen beschränkt ist, sondern – in einer »quasi«-Form – auch im makroskopischen Bereich auftreten kann; wofür ein Beispiel der butterfly effect *ist: schon das Schlagen eines Schmetterlingsflügels kann die Ausgangsbedingungen einer Wetterlage so verändern, daß eine Vorhersage unmöglich wird (was man ja oft genug erlebt).*

Die letzten beiden Aufsätze schließlich durchbrechen die Science-fiction-Mauer endgültig, was mit dem Raketensymbol angedeutet wird. Beide handeln vom Verhältnis, in dem Zeit und Ewigkeit – die »nicht abstellbare Denkmaschine« – zueinander stehen. Nummer sieben nähert sich dem Problem mit dem Bilde der Monster Wave, *jener Ungetümwelle, die wie ein Steppenwolf der Ozeane als Einzelgängerin kommt, und mit ungeheurer Größe und Wucht imstande ist, Schiffe zu vernichten, um sodann wieder in der Endlosigkeit des Weltmeeres zu entschwinden. Im achten Aufsatz wird eine Idee Hoimar von Dithfurths mit Conways Lebensspiel verknüpft, woraus die Formel kommen soll, aus der wir Trost erwarten können...*

Die Aufsätze sind mit Zwischentexten verbunden, ein Epilog beschließt sie. Aber wozu die langen Worte? Lesen Sie!

Albert, du kannst nicht zählen

1

Das sollen die Mitspieler des Streichquartetts gesagt haben, wenn Albert Einstein, Erfinder der Relativitätstheorie, des Lichtquants, des gebogenen Raumes und der dehnbaren Zeit, der berühmteste Mathematiker des zwanzigsten Jahrhunderts, sich verzählt und wieder einmal aus dem Takt geraten war. Diese Anekdote ist nicht amtlich. Aber wenn sie schon nicht wahr sein sollte, so wäre sie doch gut erfunden. Verbürgt ist hingegen eine nicht ganz so pointierte Variante der Geschichte. Das berühmte Juilliard-Quartett spielte 1952 in Einsteins Haus in Princeton. Am Ende der Darbietung luden ihn die Musiker ein, mit ihnen Mozart zu spielen. Robert Mann berichtet: »...Mit größter Konzentration und Gefühl für die Tonlage stimmte er ein – doch wurde unser Spiel langsam, langsamer und am langsamsten, um mit Einstein im Einklang zu bleiben...«

Zählen und Zahlen haben in der Mathematik und in der Musik unterschiedliche Bedeutung. Die mathematische vermeinen wir zu kennen. In der Musik hingegen trägt die Zahl den Takt und beeinflußt damit den Rhythmus! Und Rhythmus ist, um eine Aussage Strawinskys geringfügig abzuändern, »...eine Ordnung zwischen dem Menschen und der Zeit...«. Tröstlich für zahllose Generationen von Dilettanten mit dem Fiedelbogen, daß selbst der berühmteste Dilettant dieses Jahrhunderts, der Mann, dem die Wissenschaft eine ganz neue Auffassung von der Welt-Dimension Zeit verdankt, mit der Einordnung ausgerechnet in diese Dimension – zumindest am Notenpult – seine Schwierigkeit gehabt haben soll.

2

Das Licht der Welt, über deren Natur er der Menschheit nicht nur bahnbrechende Erkenntnisse sondern auch endloses Kopfzerbrechen bescheren sollte, erblickt Albert Einstein am 14. März 1879 in Ulm. Die Volksschule und einen ersten Teil der Gymnasialausbildung absolviert er in München, den zweiten – nach einem kurzen durch Geschäfte des

Vaters bedingten Aufenthalt in Mailand – in der Schweizer Kantonsstadt Aarau. Nach der preußischen Disziplin und ihrer »Methodik der Furcht, Gewalt und künstlichen Autorität«, die seinen eigenen Worten nach den Erziehungsstil am Münchener Luitpold-Gymnasium prägte, empfindet er wohltuend die in Jahrhunderten entstandene humanistisch-demokratische Atmosphäre der Schweiz und entscheidet sich als Sechzehnjähriger zur Aufgabe der deutschen und zur Annahme der eidgenössischen Staatsbürgerschaft. Nach dem Abitur immatrikuliert er sich an der damals schon weltberühmten Eidgenössischen Technischen Hochschule (ETH) Zürich und erwirbt im Jahre 1900 das Diplom, nicht aber einen angestrebten Lehrauftrag. Er soll bei den Professoren, seiner kritischen und impulsiven, nicht selten vielleicht auch arroganten Bemerkungen halber, nicht sonderlich beliebt gewesen sein. Man kennt das ja...

So brachte er die nächsten zwei Jahre mit Privatunterricht hin, bis sich ihm schließlich die Möglichkeit bot, als Vorprüfer in das Eidgenössische Amt für Geistiges Eigentum einzutreten. Hier findet er genügend Freizeit, um seinen theoretischen Studien nachzugehen und im Jahre

1905 die vier fundamentalen wissenschaftlichen Arbeiten zu veröffentlichen, die seinen Ruhm begründen: Die Spezielle Relativitätstheorie, eine Theorie der Brownschen Bewegung, die Erklärung des photoelektrischen Effektes durch die Lichtquanten-Hypothese und, last not least, über die für das Schicksal der Menschheit so schwerwiegende Äquivalenz von Masse und Energie. Nun lehnen die Professoren nicht mehr ab, sondern umwerben ihn. 1909 gibt er seine Stelle am Schweizerischen Patentamt auf und folgt einem Ruf an die Züricher Universität, 1911 folgt ein kurzes Gastspiel an der Deutschen Universität Prag, 1912 eine Rückkehr nach Zürich und 1914 eine Berufung zum bezahlten Mitglied der Preußischen Akademie der Wissenschaften in Berlin.

Hier veröffentlicht er 1916 die Allgemeine Relativitätstheorie, die ihm zum Weltruhm verhilft. Die Vorstellungen vom vierdimensionalen nicht-euklidischen Raumzeitkontinuum, insbesondere aber der daraus sich ergebende Einfluß der Gravitation auf das elektromagnetische Feld wird durch eine astronomische Beobachtung auf glänzende Weise bestätigt, die noch während des Krieges im feindlichen England von Sir Arthur Eddington und Sir Frank Dyson vorbereitet und bald darauf durchgeführt wird: die Messung der Ablenkung des Lichtes im Schwerefeld der Sonne während der Sonnenfinsternis am 29. Mai 1919 in Sobral, Südamerika und Principe, Südwestafrika. Gegenüber Einsteins theoretischer Vorhersage einer Ablenkung des Lichtes um 1,75 Bogensekunden ergibt sich dabei ein Mittelwert aus den Messungen beider Stationen von 1,79, bei einem möglichen Fehler von plus oder minus 0,21 Bogensekunden!

Die in den Kriegsjahren möglicherweise unausgesprochen gebliebene geistige Verbindung zwischen den englischen und den deutschen Wissenschaftlern über nationale und politische Gegensätze, ja über die Schlachtfelder hinweg, darf als symbolisch angesehen werden für Einsteins Persönlichkeit, der auch das Charisma entspringt, das ihn bis an sein Lebensende umgeben sollte. 1914 (mit)verfaßt und unterzeichnet er ein Manifest gegen den Krieg »... niemand wird die Schlacht gewinnen, die heute tobt; alle Nationen, die darin verwickelt sind, werden einen sehr hohen Preis zahlen...« Dieses Papier hat nur vier Unterzeichner, während über achtzig Professorenkollegen in einem Manifest den Krieg Deutschlands glorifizieren als Rettung »der weißen Rasse vor der Vernichtung durch slawische Horden«(!). Ungeachtet seiner antideutschen Ressentiments steht er jedoch auch der Politik der Alliierten nach Kriegsende kritisch gegenüber und verurteilt auf das Schärfste die französische Besetzung des Rheinlandes und des Ruhrgebietes. Im Jahre 1921 erhält er den Nobelpreis. Jedoch nicht, wie man annehmen sollte, für die Relativitätstheorie, sondern für die Theorie des photoelektrischen Effektes, für die Begründung der Quantenphysik mithin, von der er sich aber zu diesem Zeitpunkt schon innerlich zu distanzieren beginnt.

An sich von eher unkonfessioneller Religiosität wendet sich Einstein unter dem Druck des nationalsozialistischen Rassenterrors dem Zionismus zu und wird sich seiner jüdischen Herkunft bewußt. 1933 kehrt er Deutschland endgültig den Rücken, um sich nach einem kurzen Aufenthalt in Belgien am Institute for Advanced Study in Princeton niederzulassen und bis zu seinem Tode am 25. April 1955 an seinen vereinheitlichten Feldtheorien zu arbeiten. Ein endgültiger Durchbruch zu Bestätigung und Erfolg bleibt ihm jedoch verwehrt.

In den Beginn dieser Zeit fällt auch der berühmt-berüchtigte Brief an den amerikanischen Präsidenten, in dem Einstein den Bau der Bombe vorschlägt. Einstein schreibt diesen Brief jedoch nicht allein. Ja, er ist nicht einmal maßgeblich an der Abfassung des Textes beteiligt, sondern er dient den damals noch wenig bekannten Autoren Enrico Fermi, Leo Szilard, Edward Teller und Eugene Wigner als berühmter Briefträger zum Weißen Haus. C. P. Snow schreibt in einer Kurzbiographie über Einstein und diesen Brief: »...wollten alle verantwortungsbewußten Kernphysiker ihren Regierungen diese Neuigkeit« (gemeint ist die Machbarkeit der Atombombe) »so eindringlich wie möglich ins Bewußtsein rufen. Das geschah in England Monate bevor der Einstein-Brief unterschrieben wurde... Der Brief wurde am 2. August auf Long Island unterschrieben; er erreichte Roosevelt aber erst am 11. Oktober 1939. Wäre dieser Brief nicht geschrieben worden, so wären Roosevelt eben andere Botschaften ähnlichen Inhalts vorgelegt worden.«

Albert Einstein hat schon sehr früh das Katastrophenträchtige einer Entwicklung erkannt, in die er zwar auf spektakuläre Weise mit hineingezogen worden war, auf die er nichtsdestoweniger vorher, während und nachher nicht den geringsten Einfluß hatte. 1950 sagte er vor Millionen Fernsehzuschauern zur Entwicklung der Wasserstoffbombe: »Das Gespenstische dieser Entwicklung liegt in ihrer scheinbaren Zwangsläufigkeit. Jeder Schritt erscheint als unvermeidliche Folge des vorangegangenen. Als Ende winkt immer deutlicher die allgemeine Vernichtung.«

Von politischen Kreisen wurde Einstein dieser und noch anderer Äußerungen halber Mißtrauen entgegengebracht und zwar sowohl in den Vereinigten Staaten als auch in der Sowjetunion. Dieses offizielle Mißtrauen war jedoch nicht mehr imstande, seinem Charisma Abbruch zu tun – zu bekannt, geachtet, verehrt, ja man kann wohl sagen – geliebt war Einstein um diese Zeit bereits. Andererseits zeitigten diese Äußerungen nicht die geringste praktische Wirkung. Niemand, kein Mensch, kein Politiker, keine Partei, keine Regierung orientierte sich handelnd an Albert Einsteins Warnungen. Die Menschheit hat sich in ihrer lateinischen Artbezeichnung wohl das Adjektiv *sapiens* zugelegt, ein Fall aber, daß sie von einem wirklich Weisen je etwas gelernt hätte, ist nicht geschichtskundig. Von historischer Wirkung war und ist immer nur die grenzenlose Dummheit der Gierigen und Mächtigen.

Albert Einstein war zweimal verheiratet. 1903 das erste Mal mit seiner Studienkollegin Mileva Marić. Dieser Ehe entsprossen zwei Söhne, Hans Albert und Eduard. Zum zweiten Mal mit seiner verwitweten Cousine Elsa, mit den Töchtern Ilse und Margot. Elsa starb 1936.

Danach blieb Einstein allein, und auch sonst ist über sein Privatleben wenig bekannt geworden. »Ich bin ein richtiger Einspänner,« schreibt er, »der dem Staat, der Heimat, dem Freundeskreis, ja selbst der engeren Familie nie mit ganzem Herzen angehört hat, sondern all diesen Bindungen gegenüber ein nie sich legendes Gefühl der Fremdheit und des Bedürfnisses nach Einsamkeit empfunden hat,...« Und weiter: »Wenn du ein glückliches Leben leben willst, so verbinde es mit einem Ziel, nicht aber mit Menschen und Dingen.«

Was aber war Albert Einsteins Ziel?

Er sagte: »Ich möchte wissen, wie Gott die Welt geschaffen hat. Ich bin nicht interessiert an diesem oder jenem Phänomen... Ich möchte *Seine* Gedanken wissen.«

Verehrter Leser, Sie werden mit Sicherheit *Seine* Gedanken nicht kennen, wenn Sie die vor Ihnen liegenden Seiten zu Ende gelesen haben. Ich kenne sie auch nicht. Niemand kennt sie. Auch Einstein hat sie nie in Erfahrung gebracht, wenngleich er zeitlebens die Ansicht vertrat, das Unbegreiflichste an der Natur sei ihre Begreiflichkeit. Dieses Buch ist kein Mathematik- und kein Physikbuch, obwohl etwas Mathematik und Physik darin vorkommen. Es ist ein Lesebuch. Ein Buch zum Lesen und zum Nachdenken. Ich möchte Ihnen in diesem Lesebuch anhand ganz einfacher Vorgänge vor Augen führen, wie überraschend klein die Zahl der Schritte ist, die aus der realen – oder eben für real gehaltenen – in eine irreale, ja widersprüchlich in Erscheinung tretende Welt führen. Und vielleicht fühlen Sie sich für diese Desillusionierung entschädigt durch den Trost, der aus der mathematisch exakten Selbstzerstörung des hoffnungslos öden mechanistischmaterialistischen Weltbildes entspringt; durch den Trost, der aus dem Geiste kommt, aus dem Geist der Analyse, aus einem Geist, der unablässig nichts anderes will und nach nichts anderem strebt, als letzten Endes sich selber zu erkennen. Seine Gegenwärtigkeit, sein Woher und sein Wohin, das »Nicht nur von dieser Welt«-sein, wie Hoimar von Dithfurth es mit dem Titel seines wunderbaren Buches zum Ausdruck gebracht hat. Der nichts anderes will, als das Wort finden, das am Anfang war...

3

Zahlen sind Namen von Mengen. Man lernt dies besser verstehen unter Zuhilfenahme von Hosenknöpfen. Man nehme einen solchen und lege ihn vor sich auf den Tisch. Nach diesem ersten Schritt nehme man ein anderes Exemplar der Gattung Hosenknöpfe und lege es an eine andere Stelle des Tisches. Damit dieses andere sich nun nicht einsam fühle, ergreife man noch ein Individuum besagter Hosenknöpfe und lege es dazu.

Was man jetzt vor sich auf dem Tisch sieht, sind *verschiedene Mengen* an Hosenknöpfen. Man kann den Vorgang auch noch weiter treiben und beliebige größere Haufen bilden, ein Spiel, das wir hier zu keinem Ende führen, sondern der Phantasie des Lesers überlassen wollen.

Hingegen schreiten wir jetzt zur Taufe der bisher namenlosen Mengen. Wir könnten sie Anton, Berta, Cäsar nennen oder Schnurz und Murz und noch anderswie. Es hat sich aber eingebürgert, der kleinsten Menge den Namen »*Eins*« zu geben. Und wenn man zu dieser Menge namens Eins eine andere ebenso große hinzufügt, so entsteht eine Menge, die den Namen »Zwei« führt. Und so weiter. Der nächste Haufen heißt dann »Drei«, und man sieht schon – Zahlen sind wirklich nichts anderes als *Namen von Mengen*.

Die Entstehung des Zahlbegriffes setzt also das Vorhandensein oder die Gestaltbarkeit von Mengen voraus, als (zunächst lokale) Ansammlungen mehr oder weniger gleichartiger Dinge. Es ist anzunehmen, daß nicht nur der Zahlbegriff, sondern das *Begriffliche* überhaupt untrennbar verknüpft ist mit der Fähigkeit der Hominiden, zu *greifen,* also anatomische Greifwerkzeuge, sprich Hände, entwickelt zu haben und mit ihrer Hilfe durch Dislokationen von Gegenständen solche Ansammlungen, Anordnungen, schließlich *Ordnungen* zu schaffen, die letztendlich zur Mengenvorstellung und zum Zahlbegriff führten. Man kann sich vorstellen, wie gemeinsam mit der Entwicklung der Sprachen auch mühsam der Zahlbegriff entstanden ist – als der Urmensch sich beispielsweise vor die Aufgabe gestellt sah, den Wert seiner heiratsfähigen Tochter in harter Währung, einer bestimmten Menge Hammel etwa, dem Bräutigam gegenüber unmißverständlich zum Ausdruck zu bringen.

4

In der, wie ich hoffe, berechtigten Annahme, der Leser habe das mathematische Niveau des Urmenschen überschritten, können wir im Kurse flotter vorangehen. Wir wissen, was man unter Addieren und Subtrahieren, zu deutsch Zusammenzählen und Abziehen, zu verstehen hat.

Wissen wir es wirklich?

Na schön. Daß man ohne Schwierigkeiten Menge auf Menge in beliebiger Menge häufen kann, das wissen wir (im Vorwort haben wir dieses – manchmal peinigende – Wissen mit einer vertrackten Eigenschaft des menschlichen Denkapparates in Zusammenhang gebracht). Es entstehen dann immer größere Mengen und der Begriff des Unendlichen rückt ins Blickfeld. In ernst-mathematischer Ausdrucksweise sagen wir: im Bereich der *natürlichen* Zahlen – denn um diese handelt es sich jetzt – ist die mathematische Operation der *Addition* uneingeschränkt durchführbar. Bis ans Ende des Universums, wenn wir so wollen.

Jetzt aber zum Abziehen. Was für eine Menge entsteht, wenn man von der Menge Fünf die Menge Acht wegnimmt?

Sie werden sagen: das ist purer Blödsinn!

5

Und doch gibt es diesen Blödsinn. Leider. Jeder weiß das, der schon einmal eine rote Zahl auf seinem Kontoauszug vorgefunden hat...

Zahlen, die gegenständlich realisierbare, gewissermaßen anfaßbare Mengen benennen, bezeichnen wir als *natürliche Zahlen*. Im additiven Umgang mit ihnen ist die Welt noch in Ordnung. Wieviele und wie große natürliche Zahlen wir auch zusammenzählen, es kommt immer wieder eine natürliche Zahl dabei heraus. Sobald wir jedoch abzuziehen beginnen, größere von kleineren Mengen, verlassen wir diese heile Welt und betreten ein Schattenreich, daß sich unabsehbar und schreckenerregend jenseits der Nullgrenze vor uns ausbreitet.

Schreckenerregend, wenn man der unzähligen Schulstunden gedenkt, die damit abzusitzen waren...

Trotzdem zweifle ich nicht, daß Sie, verehrter Leser, wissen, was eine *negative Zahl* ist und wie man mit ihr umgeht. Daß Minus mal Minus Plus und Plus mal Minus Minus ergibt und daß es *keine Zahl gibt,* welch Vorzeichens auch immer, *die mit sich selbst multipliziert eine negative Zahl ergäbe.* Was hier jedoch verdeutlicht werden soll, ist der Umstand, daß diese Art von Zahlen nicht existieren würde ohne den Menschen und dessen Fähigkeit, sich Vorstellungen zu bilden, zu abstrahieren. Vorstellungen von Ordnungen und Vorstellungen sowie Empfindungen von Werten. Die Dinge der Natur gibt es nur in ihrer positiv existierenden Qualität: Männer, Frauen, Kühe, Bäume, Atome, Eier. Als solche.

Es gibt keine negativen Völker, Herden, Wälder, Kristalle oder Pfann-kuchen.

Wenn jedoch der Brautvater von seinem künftigen Schwiegersohn fünfzig Hammel für die Braut fordert und der Bräutigam hat nur vierzig, was dann?

Ich erkläre es Ihnen genau: Der Bräutigam muß die mit dem Namen vierzig benannte Hammelmenge, die er sein eigen nennt, mit einer den Namen zehn tragenden Hammelmenge auf die Hammelmenge fünfzig auffüllen, damit er davon wieder die natürliche Menge von fünfzig Hammeln wegnehmen und dem Brautvater übereignen kann. Die in Frage stehende Menge von zehn Hammeln muß er sich irgendwo borgen. Und das sind dann eben die negativen Hammel. Die roten Hammel auf seinem Konto; im Bankjargon.

Die roten Hammel existieren nicht wirklich, sind nichts, nicht einmal Luft. Sie existieren nur in der Vorstellung. In der Ordnungs-, Wert- und Schuldvorstellung. In der Wertvorstellung des Bräutigams als Schuld, in der Wertvorstellung des Gläubigers als Besitz, in der Ordnungsvorstel-lung beider als quantitativ genau definierte, vor dem inneren Auge vorbeiziehende Hammelherde. Denn die wirklichen Hammel hat ja der lachende Dritte, der Brautvater.

Und das ist die Grundeigenschaft der negativen Menge: sie existiert nur noch in zahlenmäßiger Abstraktion. Mit ihr beginnt die Zahl als solche ihr Eigenleben. Die Mathematik fängt an. Das Himmelhöllentor ist durchschritten...

6

Wie kommt das Negative in die Welt?

Durch die *Subtraktion!* Sie ist die inverse oder *Umkehroperation* der Addition, die eine direkte mathematische Operation ist. Die Umkehr-operation ist es, welche die negativen Zahlen erzeugt, die zusammen mit den natürlichen inclusive Null als die *ganzen Zahlen* bezeichnet werden. Die Umkehroperationen (sie sind im folgenden Bild symbolisch vorge-führt) erweisen, daß die Welt, in der unser Geist lebt, unsere Denk- und Begriffswelt einseitig ist, unsymmetrisch; einen Schlenker hat, einen Drall. Es geht nicht so nach hinten, wie es nach vorne gegangen ist. Es spießt sich. Wie die Maus in der Mausefalle. Rein schon – aber raus? Das nächste ungleiche Geschwisterpaar, das uns begegnet, sind *Multi-plikation* und *Division*. Malnehmen ist ebenso wie Zusammenzählen

Direkte und inverse mathematische sowie andere Operationen

Direkte
Operation

Zusammenzählen oder addieren
Malnehmen oder multiplizieren
Mit sich selbst malnehmen oder potenzieren
Differenzieren
Vereinigen
Mischen
Heiraten

Inverse
Operation

Abziehen oder subtrahieren
Teilen oder dividieren
Wurzelziehen oder Radizieren
Integrieren
Trennen
Entmischen
Sich scheiden lassen

kein Problem. Man kann es ebenso wie das Addieren zu beliebigen Zahlenungetümen fortsetzen. Es ist eine *direkte* mathematische Operation.

Aber das Teilen?

Nun, seit es den Taschenrechner gibt, ist wenigstens die Zahlenakrobatik ausgestanden. Dieses elende mit dem Wie-oft-geht-das-in-dem und nächste Stelle runter, der gleiche Zauber von vorne, vom Dezimalpunkt ganz zu schweigen. Schwamm darüber. Trotzdem: Was tut der biblische Patriarch, wenn er fünf Hammel auf fünf Söhne verteilen soll? Einfach, er teilt fünf durch fünf, das gibt eins, also kriegt jeder einen Hammel. Was aber, wenn er sechs Söhne hat oder sieben?

Ich sage es Ihnen: er durchbricht den Bereich der ganzen Zahlen und betritt den Bereich der *rationalen gebrochenen Zahlen*. Denn die Umkehroperation des Teilens führt aus dem Bereich der ganzen Zahlen hinaus in den der rationalen gebrochenen Zahlen. Natürliche, negative und Bruchzahlen bilden zusammen den Bereich der *rationalen Zahlen*. Im Bereich der rationalen Zahlen sind alle vier Grundrechnungsarten, direkte wie umgekehrte, uneingeschränkt durchführbar und ergeben immer wieder eine rationale Zahl. Bruchzahlen lassen sich allgemein entweder als Brüche (unechte und echte) oder als Dezimalzahlen schreiben. Manchmal kehren die Zahlen hinter dem Komma periodisch wieder, wie zum Beispiel bei $^{13}/_{11}$, als Dezimalzahl 1,18 18 18 18 18 und so weiter oder $^{11}/_{13}$, als Dezimalzahl 0,846153 846153 846153 846153 und so weiter.

7

Eine Weiterentwicklung der einfachen Multiplikation zweier Zahlen ist die Multiplikation einer Zahl mit sich selber, das *Potenzieren*. Man kann eine Zahl beliebig oft mit sich selber multiplizieren, dementsprechend hoch ist dann die Potenz. Von besonderer praktischer Bedeutung ist die einmalige Multiplikation einer Zahl mit sich selber, das *Quadrieren*. Sie liefert den Flächeninhalt quadratischer Grund- oder anderer Stücke. Während für die Durchführung der Direktoperation des Potenzierens die Kenntnis der Grundrechnungsart des Malnehmens genügt, langt für die Ausführung der Umkehroperation, nämlich für das *Wurzelziehen*, dieser einfache Wissensstand nicht mehr aus. Das Wurzelziehen ist eine eigenartige Rechenkunst, die sich aus dem binomischen Lehrsatz herlei-

Der Kristallbau der Zahlen

Gebrochene rationale und irrationale Zahlen lassen sich als Summen von Zahlenreihen mit unendlich vielen Gliedern schreiben. Ihre regelmäßige Struktur erinnert an den Bau der Kristalle.

Die Zahl 13/11 läßt sich als periodischer Dezimalbruch = 1,18 18 18 18 . . . schreiben oder:

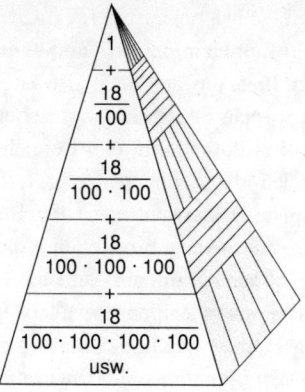

$$1$$
$$+$$
$$\frac{18}{100}$$
$$+$$
$$\frac{18}{100 \cdot 100}$$
$$+$$
$$\frac{18}{100 \cdot 100 \cdot 100}$$
$$+$$
$$\frac{18}{100 \cdot 100 \cdot 100 \cdot 100}$$

usw.

Die Irrationalzahl e = 2,71828182845904523536 hat folgenden Kristallbau:

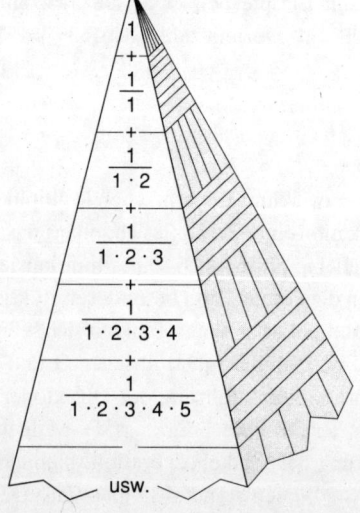

$$1$$
$$+$$
$$\frac{1}{1}$$
$$+$$
$$\frac{1}{1 \cdot 2}$$
$$+$$
$$\frac{1}{1 \cdot 2 \cdot 3}$$
$$+$$
$$\frac{1}{1 \cdot 2 \cdot 3 \cdot 4}$$
$$+$$
$$\frac{1}{1 \cdot 2 \cdot 3 \cdot 4 \cdot 5}$$

usw.

tet und den Halbwüchsigen in der Schule der Form halber beigebracht wird. Aber kein vernünftiger Mensch denkt daran, diese abstruse Rechentechnik in der Praxis anzuwenden. Da nimmt man entweder eine Wurzeltabelle, man logarithmiert, benutzt den Rechenschieber oder kauft sich einen elektronischen Taschenrechner!

Wie groß ist die Seitenlänge eines 200-Quadratmeter-Grundstückes? Man kann sich die Aufgabe teilen und zuerst die Quadratwurzel von 100 ausrechnen, sodann die Quadratwurzel aus 2 und die Ergebnisse miteinander multiplizieren. Das geht zuerst ganz leicht, weil man ja weiß, daß 10 mal 10 gleich 100 ist. Also ist die Quadratwurzel aus 100 gleich 10. Was für eine Zahl aber ergibt, wenn man sie mit sich selbst multipliziert, die Zahl 2?

Antwort: keine!

Es gibt keine rationale Zahl, die mit sich selbst multipliziert, die Zahl zwei ergäbe. Aus diesem Grund ist die Quadratwurzel aus 2 (und aus der Mehrzahl aller Zahlen überhaupt) nur näherungsweise berechenbar mit einer unendlichen Zahl an Kommastellen, die aber im Gegensatz zur Dezimalbruchdarstellung rationaler gebrochener Zahlen, *keine* Periodizität hinter dem Komma aufweisen:

$$\sqrt{2} = 1,414213\ldots \text{ und so weiter, bleibt unperiodisch!}$$

Ein Landvermesser wird also bei der Aufgabe der exakten Berechnung der Seitenlänge des Grundstückes von 200 Quadratmetern das Handtuch werfen. Er wird zwar seinem Auftraggeber verdeutlichen, daß er es mit einer für die Abwicklung eines Grundstückhandels hinreichenden Genauigkeit werde tun können. Aber exakt? Nie!

Sollte der Landvermesser eine über die Erfordernisse seines Berufes hinausgehende naturwissenschaftliche Bildung erworben haben, so würde er darauf hinweisen, daß es gar keinen physisch realisierbaren Maßstab für die Seitenlänge dieses Grundstückes gibt, denn schon die zwölfte Stelle hinter dem Komma repräsentiert eine Länge, die kleiner ist als der Abstand zwischen zwei Atomen. Es ist also hoffnungslos! Die Materie wird dem Geiste nicht mehr gerecht! Sie ist zu grobkörnig zur Verwirklichung dessen, was der menschliche Geist sich ausdenkt. Und zwar schon anhand so einfacher Aufgaben wie der Vermessung eines Grundstückes.

Man nennt die immer nur unvollkommen darstellbaren Zahlen, deren genaue Position auf der Zahlengeraden nie feststellbar ist, die unvernünftigen, die *irrationalen Zahlen*. Außer der unendlichen und, wie der

Zykloides Piktorama

Wenn sich die Mathematik von reell nach imaginär bewegt und das Ende der gegenständlichen Anschauung erreicht, geht der Tanz los: das Pendel schwingt, die Uhr tickt, das Herz schlägt. Kurz: wenn die Zahlen verrückt spielen, beginnt die Natur zu swingen. Periodische Prozesse sind Erzeuger, Wandler und Träger von Energie und Information. Und von Leben.

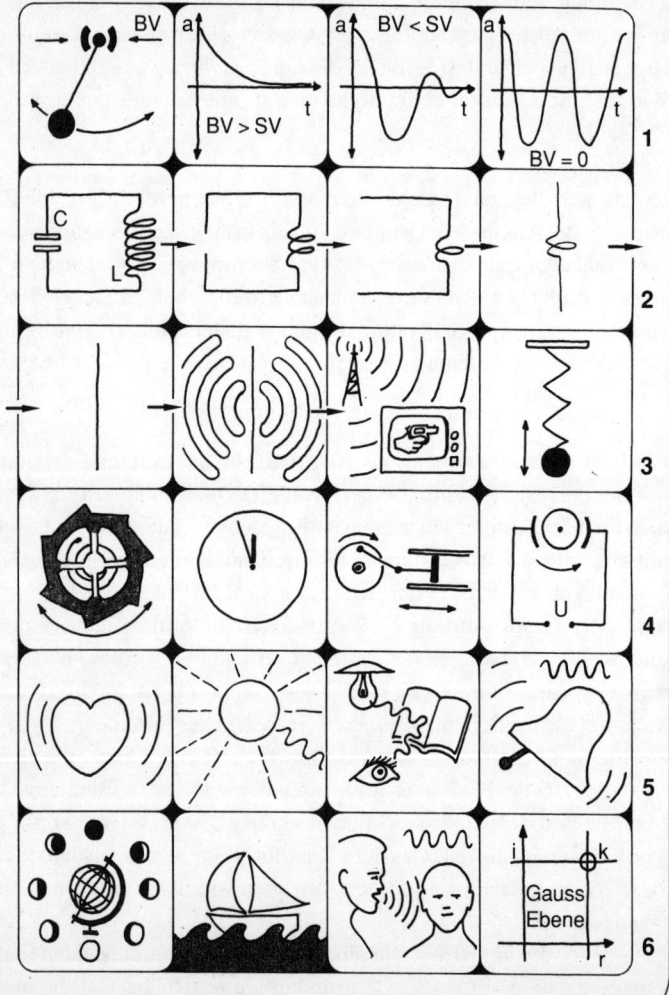

siehe auch Seite 254

Zahlentheoretiker sich ausdrückt, nicht abzählbaren Menge der irrationalen Wurzeln, die eingebettet auf der Zahlengeraden irgendwo und irgendwie zwischen der ebenfalls unendlichen aber abzählbaren Menge der rationalen Zahlen liegen, gibt es noch zwei für die Mathematik und Naturwissenschaft ganz wichtige irrationale Zahlen: das Verhältnis des Kreisumfanges zu seinem Durchmesser, allgemein bekannt als Zahl *pi* = π = 3,141592653529793... (ad infinitum, aber nicht periodisch!) und die Basis des natürlichen Logarithmus, die Zahl e = 2,7182818284590452536... (ebenfalls unperiodisch ad infinitum). Über den kristallartigen Aufbau der Zahlen informiere sich der interessierte Leser im Kasten.

8

Um zu den äußersten Grenzen vorzustoßen, von denen die Welt der Zahlen umschlossen wird, bedienen wir uns eines der einfachsten und faszinierendsten Instrumente, das Handwerk, Kunst, Technik und die rationalen wie die okkulten Wissenschaften kennen: eines Pendels...
Sie finden die Skizze eines Pendels an linksoberster Position des Zykloiden Pictoramas in dem gegenüberliegenden Bild. Das hier gezeichnete Pendel hat noch eine kleine aber wichtige Besonderheit: seine Achse wird von Bremsbacken gefaßt, mit deren Hilfe sich verschiedene Grade der Bremskraft einstellen lassen.
Sie wissen sicher, wie ein Pendel sich bewegt.
Es schwingt her und hin und hin und her. Es pendelt, mit anderen Worten. Es pendelt und führt damit die Urform der periodischen, zyklischen, harmonischen Bewegung aus, der stetigen Immerwiederkehr des ewig Gleichen.
Was aber bestimmt den Rhythmus dieser Bewegung?
Es sind zwei in einem antagonistischen Verhältnis zueinanderstehende Einflußgrößen, die den Pendelrhythmus bestimmen. Den mathematischen Sachverhalt auf eine einfache Wortform gebracht, nennen wir die erste Größe *Schwungvermögen SV* und die zweite *Bremsvermögen BV*. Das Schwungvermögen hängt von der Erdanziehung und von der Pendellänge ab; das Bremsvermögen von der Bremskraft der Bremsbacken, sowie von der Masse des Pendels. Die Natur der Pendelbewegung will es, daß dieses Einflußgrößenpaar in dem das Verhalten des Pendels beschreibenden mathematischen Apparat als Differenz auftritt: BR−SV; das erscheint logisch, weil es dem einander entgegenwirken-

den Charakter von Schwung- und Bremsvermögen entspricht. Zweitens aber will die Natur es, daß diese Differenz unter dem Quadratwurzelzeichen $\sqrt{}$ steht.

Warum will die Natur das so? Wie kommt das Pendel zur Wurzel?

Das hängt ursächlich mit dem mathematischen Muster zusammen, in das die physikalischen Größen Weg, Geschwindigkeit und Beschleunigung verwoben sind. Alle drei Größen kommen beim Pendel vor: das Pendel bewegt sich von Ort zu Ort, vollführt damit seinen Pendelweg, es hat an jedem Ort eine bestimmte Geschwindigkeit und da sich diese Geschwindigkeit andauernd ändert, erfährt es eine Beschleunigung beziehungsweise Verzögerung.

Der *Ort* ist der *Ort*, der *Weg* ist der *Weg*, die *Zeit* ist die *Zeit*... Die Geschwindigkeit ist die *Änderung* des Ortes (die zurückgelegte Wegstrecke) pro Zeiteinheit. Die Beschleunigung ist die *Änderung* der Geschwindigkeit pro Zeiteinheit.

Saldo: die Beschleunigung ist die *Änderung der Änderung,* eine zweifache Änderung mithin.

Und so kommt das Pendel zur 2!

Im Verlauf des Lösungsprozesses des die Pendelbewegung beschreibenden mathematischen Systems invertiert die 2 zur 2. Wurzel, zur $^2\sqrt{}$. Und so kommt eben das Pendel zur Wurzel. Zu $\sqrt{BV - SV}$.

Und der bereits mathematisch trainierte Leser erkennt sofort die Brisanz, die in diesen paar Buchstaben steckt!

In Form des Minuszeichens unter der Quadratwurzel nämlich. Solange das Bremsvermögen das Schwungvermögen übertrifft, ist die Differenz unter der Quadratwurzel positiv und alles in Ordnung. Wenn das aber nicht der Fall ist? Wenn die Bremskraft immer kleiner wird und zum Schluß ganz entfällt? Dann wird der Radikand unter dem Wurzelzeichen *negativ* – und was dann?

Wir wissen doch aus den Rechenregeln mit negativen Zahlen: *es gibt keine reelle Zahl, die, mit sich selbst multipliziert, eine negative Zahl ergäbe!* Folglich ist auch das Quadratwurzelziehen aus negativen Zahlen völliger Nonsens und daher unmöglich. Denn aus Zahlen, die es nicht gibt, weil kein Bildungsgesetz existiert, nach dem sie entstehen könnten, kann man auch keine Quadratwurzel ziehen!

Oder?

Wir sehen, wie schnell es der Natur gelingt – und zwar mit Hilfe eines der einfachsten Instrumente –, uns in eine hinterhältige logische Verstrickung zu ziehen. Denn einem sinnvollen technischen Sachverhalt steht hier eine offensichtlich unsinnige mathematisch-logische Realität gegenüber! Ein physikalischer Vorgang, wie er einfacher nicht gedacht werden kann, spiegelt sich in einer wie es scheint total widersinnigen Gedankenkonstruktion. Wie ist das möglich? Warum spielen die Zahlen plötzlich verrückt?

Wenn die Frage nicht schon bei den durch Umkehroperationen erzwungenen Erweiterungen der Zahlenbereiche (von natürlich auf ganz, von ganz auf rational, von rational auf irrational) aufgetaucht sein sollte – mit Gewißheit tut sie das jetzt: Ist die Mathematik eigentlich ein Produkt menschlichen Denkens? Ist die Mathematik ein Evolutionsergebnis, entwickelt aus dem archaischen Ursprung des anatomischhändischen Umgangs mit Gegenständen, des Greifens, Ergreifens und Be-Greifens von Dingen und Mengen von Dingen? Ergebnis der Herstellung zunächst lokaler Anordnungen von Objekten, die zu Ordnungen, schließlich zu Vorstellungen von Ordnungen und damit zur Hierarchie der Abstraktionen aufsteigen?

Oder ist die Mathematik eine selbständige geistige Entität, in die der Mensch mit seinem Denken eindringt und sie durchdringt und erforscht wie der Abenteurer den Dschungel? Und wäre dann etwa nur die Fähigkeit des Menschen, mathematisch zu denken, ein Evolutionsergebnis?

9

Eine hinterhältige logische Verstrickung...

Dem leidvollen aber trotzdem unablässigen Streben des Menschen nach Erkenntnis seiner Selbst, nach dem Kommen, Sein und Gehen dieser und in dieser Welt, nach Tilgung einer unbekannten Urschuld, in die seine Blindheit ihn ewig verstrickt, hat Franz Kafka in seinem Hauptwerk »Der Prozeß« grandiosen Ausdruck verliehen. Er schildert eine von den undurchdringlichen Gefängnismauern der Alltäglichkeit und Banalität umschlossene Welt, in welcher der Durchgriff einer unkenntlichen Macht sich in ebenso gewöhnlichen und banalen Handlungen äußert und den Handelnden allein durch sein wie auch immer geartetes Handeln in Schuld verstrickt.

In der Szene »Im Dom« erzählt der Geistliche der Hauptperson des Romans, dem Bankangestellten Josef K., die Parabel vom Gesetz:
»... Vor dem Gesetz steht ein Türhüter. Zu diesem Türhüter kommt ein Mann vom Lande und bittet um Eintritt in das Gesetz. Aber der Türhüter sagt, daß er ihm jetzt den Eintritt nicht gewähren könne. Der Mann überlegt und fragt dann, ob er also später werde eintreten dürfen. ›Es ist möglich‹, sagt der Türhüter, ›jetzt aber nicht‹... Solche Schwierigkeiten hatte der Mann vom Lande nicht erwartet. Das Gesetz soll doch jedem und immer zugänglich sein, denkt er, aber als er jetzt den Türhüter in seinem Pelzmantel genauer ansieht, seine große Spitznase, den langen, dünnen, schwarzen tartarischen Bart, entschließt er sich doch, lieber zu warten, bis er die Erlaubnis zum Eintritt bekommt. Der Türhüter gibt ihm einen Schemel und läßt ihn seitwärts von der Tür sich niedersetzen. Dort sitzt er Tage und Jahre...«
Die Parabel nimmt, wir werden sie an späterer Stelle fortsetzen, eine unerwartete Wendung.

10

Was der Abenteurer auf seinem Weg durch den mathematischen Dschungel gefunden hat, ist nicht mehr von dieser Welt, kann nicht mehr von dieser Welt sein, sofern man unter »dieser Welt« die landläufige, die be-greifbare Welt versteht, die sich aus Erfahrungen an Gegenständlichem zusammensetzt. Die *Quadratwurzel aus einer negativen Zahl* kann nicht aus dieser Welt stammen, denn in ihr gibt es die Zahl nicht, die, wenn man sie mit sich selbst multipliziert, ins Negative umschlägt.

Was tun?

Lassen Sie mich, ehe wir in der Sache weiterschreiten, noch eine Parabel wiedergeben. Sie stammt aus Salcia Landmanns in gleicher Weise entzückendem, wie gescheitem Buch »Jüdische Witze«:
»Eine Jüdin kommt zum Rabbi und fragt: ›Rabbi, ich habe einen Hahn und eine Henne. Eines von beiden muß ich schlachten. Schlachte ich den Hahn, dann kränkt sich die Henne, schlachte ich die Henne, dann kränkt sich der Hahn. Was soll ich tun?‹
Der Rabbi klärt und entscheidet: ›Du sollst den Hahn schlachten.‹
›Aber Rabbi, dann kränkt sich doch die Henne!‹
›Nu‹, meint der Rabbi, ›soll sie sich kränken!‹«

Soll sie sich kränken. Eine Entscheidungsleistung von ähnlich kabbalistischem Charakter erbrachte im Jahre 1572 zu Bologna der italienische Mathematiker Raffaelo Bombelli. Auch er versuchte nicht, zu ändern, was nicht zu ändern war. In einem anderen als dem hier vorgebrachten mathematischen Zusammenhang akzeptierte er die Existenz der Quadratwurzel mit negativem Radikanden als eine offensichtlich nicht hinwegzudiskutierende Realität. Bombelli entschied sich damit für die Rolle des Abenteurers, der im nun einmal vorhandenen und zu erforschenden Dschungel der Mathematik eine völlig neuartige, in kein bisheriges botanisches System passende, gefährlich aussehende und wild riechende Blume entdeckt hat. Und René Descartes verlieh dieser Blume den Namen *Imaginärzahl i.*

Ob die übrige Mathematik sich da kränkte? Geschichtskundig ist jedenfalls, daß Bombellis Entscheidung in der wissenschaftlichen Welt der Renaissance eine ähnliche Wirkung hatte, wie sie heute etwa die Landung einer fliegenden Untertasse haben würde. Eine Zahl, die selbst unter Aufwendung äußerster logischer Strapazen aus keiner anderen der bekannten Zahlen herstellbar war, nicht einmal näherungsweise (wie das bei den irrationalen Zahlen immerhin möglich ist), eine Zahl, für deren Erzeugung keine der bekannten mathematischen Operationen taugte, eine solche Zahl mußte ein Gespenst sein unter den Zahlen und konnte nur entweder ein Tau des Himmels oder vom Teufel geboren sein! Gottfried Leibniz, der große deutsche Mathematiker und Philosoph, entschied sich für das erstere und sprach von der Imaginärzahl i als von der »wunderbaren Bewegung des Heiligen Geistes«. Wie man damit in der rechnerischen Praxis umzugehen hat, zeigen die folgenden Zeilen:

Die Imaginärzahl i ist diejenige Zahl, die mit sich selbst multipliziert die Zahl »minus eins« ergibt. In Symbolen: $i \times i = i^2 = -1$! Wer wäre da nicht versucht, an Christian Morgensterns Tagnachtlampe zu denken: »Korff erfindet eine Tagnachtlampe, die, sobald sie angedreht, selbst den hellsten Tag in Nacht verwandelt«...

Eine beliebig große Imaginärzahl entsteht durch Multiplikation einer reellen Zahl mit i. Die Summe aus einer zweiten reellen plus einer Imaginärzahl nennt man *komplexe Zahl.* Diese komplexe Zahl repräsentiert den Abschluß des Zahlenreiches in bezug auf die vier Grundrechnungsarten. Während nämlich alle anderen Zahlenbereiche durch Anwendung von Umkehroperationen gesprengt werden, ist das im umfassenden Reich der komplexen Zahlen nicht mehr der Fall: welche mathematischen Operationen auch immer auf komplexe Zahlen angewandt werden – es kommt immer wieder nur eine komplexe Zahl heraus!

11

Kehren wir zum Pendel zurück. Versuchsprotokoll und Theorie zeigen jetzt folgenden Zusammenhang: solange die in Frage stehende Wurzel aus Bremsvermögen minus Schwungvermögen *positiv* ist, das Bremsvermögen also das Schwungvermögen *überwiegt,* solange kehrt das Pendel, wenn es einmal ausgelenkt worden ist, in einer einzigen trägen Bewegung nur bis in seine Ruhelage zurück, es schwingt nicht. Der Physiker spricht in diesem Fall von *Kriechverhalten;* es ist im zweiten Piktogramm des »zykloiden Piktoramas« auf Seite 28 graphisch dargestellt. Man kann jetzt so lange die Bremskraft sukzessive vermindern, bis schließlich Bremsvermögen und Schwungvermögen einander gleich sind. In diesem Falle ist der Radikand unter der Quadratwurzel genau Null. Wir bezeichnen diesen Zustand als den *aperiodischen Grenzfall.* Warum, werden wir gleich sehen. Läßt man nämlich die Bremsbacken jetzt noch ein wenig lockerer, so wird das Bremsvermögen kleiner als das Schwungvermögen, deren Differenz daher negativ und Gottfried Leibnizens Bewegung des Heiligen Geistes steigt herab: die soeben noch reelle Quadratwurzel flippt in ihren Imaginärzustand über und – das Pendel schwingt!

Das Pendel schwingt!

Der Einsatz des periodischen Verhaltens, der aperiodisch/periodische Grenzzustand, liegt genau dort, wo die Quadratwurzel imaginär wird. Wenn die Zahlen verrückt spielen, fängt die Natur an zu swingen...

12

Noch ein Wort zu den imaginären und zu den komplexen Zahlen. Die imaginären Zahlen lassen sich auf der reellen Zahlengeraden, die die Welt der reellen Maßstäbe, Thermometerskalen, Tachometer und so weiter repräsentiert, nicht mehr unterbringen. Ihrer jenseitigen Natur entsprechend haben sie ihre eigene, eben die imaginäre Skala. Zeichnet man sie senkrecht zur reellen Zahlenskala, so spannen sie mit dieser eine Ebene auf, die Carl Friedrich Gaußsche *Zahlenebene.* In dieser Ebene liegen die komplexen Zahlen und zwar jeweils an den Kreuzungspunkten, die entstehen, wenn man von einer reellen Zahl auf der reellen Skala senkrecht nach oben und von einer imaginären Zahl auf der vertikalen imaginären Achse nach rechts geht (nach unten oder nach links, wenn es sich um negative reelle oder negative imaginäre Zahlen handelt).

Die komplexen Zahlen liegen daher nicht mehr auf einer einzigen Skala hintereinander, sondern in einem Feld. Ihrer Natur halber sind sie nicht mehr mit den Begriffen *größer* oder *kleiner* charakterisier- oder sortierbar. Dafür sind sie die allgemeinsten, die vollkommensten, die umfassendsten Zahlen überhaupt. Ihr Reich enthält die reellen, die irrationalen, die rationalen, die ganzen und die natürlichen Zahlen. Sozusagen als Sonderausführungen. Im Reich der komplexen Zahlen gibt es keine unlösbaren Gleichungssysteme und die Architektur des mit ihnen errichteten Palastes enthält Symmetrien, die vom reellen Bereich aus überhaupt nicht sichtbar sind. Aus ihren Eigenschaften lassen sich die Eigenschaften aller anderen Zahlen ableiten. Sie sind ein Gleichnis, so möchte man euphorisch ausrufen, für Einsteins unbegrenztes und doch endliches Weltall. Mit der komplexen Zahl hat der Kristall der Mathematik seine vollkommenste Form erreicht!

13

Solange überhaupt noch ein Bremsvermögen auf das Pendel wirkt, vollführt es eine gedämpfte Schwingung. Die Kurve im dritten Piktogramm des zykloiden Piktoramas auf Seite 28 zeigt ihre Form: die stetige Abnahme der Pendelausschläge bis zum völligen Stillstand, der theoretisch allerdings erst nach unendlich langer Zeit eintritt, wenn die Ausschläge unendlich klein geworden sind.

Entfällt die Bremsung völlig, so schwingt das Pendel bis in alle Ewigkeit seinen gleichmäßigen Schlag. Die Zahl der Pendelschläge pro Zeiteinheit ist dann um so kleiner, die Bewegung um so langsamer, je länger das Pendel ist. Auch hier ist wieder ein Quadratwurzelgesetz wirksam: verdoppelt man die Länge des Pendels von 1 auf 2, so nimmt die Schwingungsdauer auf 1,414 ($\sqrt{2}$) zu. Vervierfacht man die Länge, braucht das Pendel für einen Hinundhergang die doppelte Zeit.

Dabei ist die Bewegung, so eintönig sie erscheinen mag, nicht gleichförmig. Vielmehr bewegt sich das Pendel abwechselnd langsam und schnell – es findet eine periodische Energieumwandlung statt. Die *potentielle* (oder Lage-)*Energie,* die das Pendel bei der Auslenkung aus seiner

Ruhelage im Schwerefeld der Erde erhält, wird in *Bewegungsenergie* der Pendelmasse verwandelt und umgekehrt. An den Orten größten Ausschlages kommt das Pendel für einen unendlich kurzen Zeitraum zur Ruhe, bevor es umkehrt; seine Geschwindigkeit wird zu Null. Den statischen Ruhepunkt, den tiefsten Punkt seiner Schwingungsbahn, durcheilt es mit seiner größten Geschwindigkeit. Dem Punkt geringster potentieller Energie entspricht so der Punkt größter kinetischer Energie.

Dieser alltägliche und für jedermann sicht-, erleb- und begreifbare Vorgang spiegelt sich in einer gedanklichen Konstruktion, dem ein Widersinn innezuwohnen scheint – zumindest dann, wenn diese gedankliche Konstruktion aus der gegenständlichen Anschauung hergeleitet ist, aus dem gesunden Menschenverstand, um es einmal so auszudrükken. Einstein würde dazu sagen (und er hat es so oder so ähnlich vielleicht auch wirklich gesagt): Menschengedanken sind eben nicht Gottesgedanken. Und wenn sie noch so gesund sind...

Mutet die spontane Erweiterung der Abstraktion, der plötzliche Sprung in die Imagination, die mit dem Lebendigwerden der Energie, dem Aufbruch der Oszillation einhergehen, nicht an wie ein Blitz aus heiterem Himmel? Aus dem heitergemalten Kulissenhimmel menschlicher Naivität, den dieser Blitz durchfährt, zerspaltet und zerreißt, um eine dahinterliegende Landschaft von noch großartigerer, eindringlicherer, vollkommenerer Wirklichkeit zu beleuchten?

Haben die Mathematiker die imaginäre Zahl i *er*funden oder *ge*funden? Haben die Mathematiker die Mathematik *er*funden oder *ge*funden? Ist die Mathematik Gegenstand oder Spiegel? Freies Spiel der Gedanken oder Gesetz? Oder Gegenstand und Spiegel, Spiel und Gesetz in einem? Das Wort, das vor allem Anfang war und nach jedem Ende sein wird?

»Er macht viele Versuche, eingelassen zu werden und ermüdet den Türhüter durch seine Bitten. Der Türhüter stellt öfters kleine Verhöre mit ihm an, fragt ihn nach seiner Heimat aus und nach vielem anderen, aber es sind teilnahmslose Fragen, wie sie große Herren stellen, und zum Schlusse sagt er ihm immer wieder, daß er ihn noch nicht einlassen könne. Der Mann, der sich für seine Reise mit vielem ausgerüstet hat, verwendet alles, und sei es noch so wertvoll, um den Türhüter zu bestechen. Dieser nimmt zwar alles an, aber er sagt dabei: ›Ich nehme es nur an, damit du nicht glaubst, etwas versäumt zu haben‹. Während der vielen Jahre beobachtet der Mann den Türhüter fast ununterbrochen. Er vergißt die anderen Türhüter, und dieser erste scheint ihm das einzige

Hindernis für den Eintritt in das Gesetz. Er verflucht den unglücklichen Zufall in den ersten Jahren, später, als er alt wird, brummt er nur noch vor sich in. Er wird kindisch und da er in dem jahrelangen Studium des Türhüters auch die Flöhe in seinem Pelzkragen erkannt hat, bittet er auch die Flöhe, ihm zu helfen und den Türhüter umzustimmen. Schließlich wird sein Augenlicht schwach, und er weiß nicht, ob es um ihn wirklich dunkler wird oder ob ihn nur die Augen täuschen. Wohl aber erkennt er jetzt im Dunkel einen Glanz, der unverlöschlich aus der Türe des Gesetzes bricht...«

14

Die zyklische Verwandlung von Lageenergie in Bewegungsenergie findet nicht nur beim Pendel und bei anderen schwingungsfähigen mechanischen Systemen statt. Von viel weitertragender Bedeutung für die Naturerkenntnis ist vielmehr die oszillierende Umwandlung von elektrischer in magnetische und von magnetischer in elektrische Energie: Die Entstehung der *elektromagnetischen Welle*. Gehen wir für diese Betrachtung von Opas Dampfradio aus. Durch eine Reihenschaltung von Kondensator und Spule wurden Schwingungen erzeugt und empfangen. Das fünfte Piktogramm im zykloiden Piktorama auf Seite 28 zeigt den Schaltkreis. Die potentielle Energie ist im elektrostatischen Feld der Kondensatorplattenladung – wie Wasser in einem Kraftwerksstausee – gespeichert. Der Trägheit der Pendelmasse entspricht die dem ungehemmten (Kurzschluß-)Stromfluß entgegenwirkende Gegeninduktion der Spule; der kinetischen Energie des mechanischen Pendels der elektrische Strom, sowie das durch und um den Stromfluß sich aufbauende Magnetfeld. Es fließt demnach als Gegenstück zur mechanischen Schwingung des Pendels in unserer Reihenschaltung ein Wechselstrom durch die Leitung, der allenfalls durch einen ohmschen Widerstand – entsprechend der Bremse beim Pendel – gedämpft werden kann. Die Frequenz des Wechselstromes steht wiederum in einer Quadratwurzelbeziehung zu den Einflußgrößen und ist um so höher, je kleiner die Kapazität des Kondensators und je geringer die Zahl der Drahtwindungen der Spule ist.

Verkleinert man die Platten des Kondensators und die Windungszahl der Spule radikal, so entartet der Schwingkreis, wie das im sechsten Piktogramm gezeigt ist, zu einem einfachen geraden Draht, der im Fachjargon *Dipol* genannt wird. Die nunmehr extrem kleine Kapazität und Induktivität des Dipols haben eine extrem hohe Frequenz der elektrischen Schwingung zur Folge, wenn der Dipol auf geeignete Weise zu Schwingungen angeregt wird. Der Wechsel zwischen den Phasen der Aufladung der Dipol-Enden und des Stromflusses durch den Dipol selber ist so schnell, daß das durch den Stromfluß um den Dipol herum aufgebaute Magnetfeld bei Stromumkehr nicht mehr in den Dipol zurückkehren kann. Es schnürt sich ab und der Dipol sendet, wie es im siebenten Piktogramm gezeigt ist, eine elektromagnetische Welle aus, die in den umgebenden – leeren – Raum enteilt.

Was aber hat dieser leere Raum an sich oder in sich? Was versetzt ihn in die Lage, die Schwingung, die der Dipol aussendet, aufnehmen und weitertragen zu können? Was ist das für ein Medium, das elektrische und magnetische Wellen schlägt?

15

Im zykloiden Piktorama auf Seite 28 ist eine Auswahl aus der Vielzahl zyklischer, also kreisender, schwingender, hin- und hergehender, immer wieder in sich zurückkehrender natürlicher und technischer Systeme gezeigt. Wenn die Zahl verrückt spielt, wenn das rationale Denken (scheinbar) am Ende ist, der Heilige Geist herniedersteigt, dann beginnt die Welt zu swingen. Dann schlägt das Pendel aus, die Uhren fangen an zu ticken und die Herzen an zu schlagen; die Planeten kreisen, die Symphonie rauscht auf, die Geliebte vernimmt des Jünglings Liebesworte, und die Mutter den Schrei ihres Neugeborenen. Alle Welt erstrahlt im Glanz der Morgensonne, und dank elektromagnetischer Welle strahlt das Fernsehen den heiß erwarteten Freitagskrimi in alle Bürgerstuben. Periodische Prozesse, die zyklischen Metamorphosen der Energie sind die universellen Erzeuger, Wandler und Träger von Energie und Information. Das geht vom Rotationsschwingungsspektrum des Wasserstoffmoleküls bis zum Pulsieren des Weltalls (wenn es wirklich pulsiert).

Und die Schwingungen der Seele?

Schon das Aufscheinen negativer Vorzeichen ruft Emotionen wach. Aus der naiven Paradieswelt des Habens treten wir über die Nullmarke in die Schattenzone des Solls und unser Gemüt verdüstert sich, halten wir einen mit Minuszeichen verunschönten Kontoauszug in Händen. Das Wort »komplex« wiederum weckt Gefühle des Zwiespaltes, des Doppelsinnes, der Janusköpfigkeit. Maschinen sind kompliziert; familiäre, soziale, wirtschaftliche und politische Situationen, nicht zuletzt

Liebesbeziehungen sind komplex. Unser persönliches Verhalten, die Weise, wie wir durchs Leben gehen, uns anderen gegenüber verhalten, Erfolg haben oder auch nicht, wird unter anderem durch die Relation geprägt, in der unser Wollen zu unserem Können und durch das Verhältnis, in dem unsere Wünsche, Sehnsüchte und Träume zu den durch unsere persönlichen Bedingungen gegebenen Realisierungsmöglichkeiten stehen. Der Imaginärgröße des Traumes steht der Realteil der Wirklichkeit gegenüber; dem Realteil nüchterner Wirklichkeit aber auch der imaginäre Fluchtweg in die Illusion. Der notwendige Fluchtweg, möchte man sagen und hinzufügen: erst in diesem komplexen Bereich, erst unter Herein- und Hinzunahme des imaginären Phantasiekomplements wird die menschliche Existenz vollständig. Erst in der komplexen Domäne von Realität und Illusion, von Wissen und Glauben, von Erfahrung und Phantasie erfahren die Gleichungssysteme menschlicher Problematik so etwas wie die Fata Morgana ihrer Lösbarkeit.

Ein weiteres Indiz mag unser Interesse erwecken. Auch menschliches, ja sogar schon tierisches Verhalten beginnt zyklisch zu werden, wenn die Realität vom Wunsch überwölbt wird. Die Diskrepanz zwischen Vorstellung und Wirklichkeit setzt den zyklischen Prozeß der Iteration, der periodisch sich vollziehenden Annäherungsversuche der Wirklichkeit an die Vorstellung in Gang. Die unablässige, hartnäckige Wiederholung. Im Extremfall führt das zu Krankheitsbildern, beispielsweise zum manisch-depressiven Irresein oder zu dem sich direkt in muskulären Oszillationen äußernden Intentionstremor.

16

Christian Huygens, Augustin Jean Fresnel und Thomas Young – um nur einige Namen zu nennen – gelten als die Väter der Undulationstheorie des Lichtes, der Vorstellung also, daß Licht ein periodisches, sich wellenförmig ausbreitendes Phänomen ist. Ende des neunzehnten Jahrhunderts schienen durch die theoretischen Untersuchungen James Clerk Maxwells und die Experimentalarbeiten von Heinrich Hertz nicht nur die Entstehung und die Natur der elektromagnetischen Wellen aus elektrischen Schwingkreisen geklärt, darüber hinaus war offenbar geworden, daß Licht, aus was für Quellen auch immer stammend, nichts anderes ist, als eine elektromagnetische Welle, die von anderen innerhalb des Spektrums der elektromagnetischen Wellen nur quantitativ verschieden ist. Isaac Newtons Vorstellung von Licht als einem von einer Lichtquelle ausgesandten und durch den Raum sich dahinbewegenden Schwarm von Lichtteilchen, die sogenannte *Korpuskulartheorie,* schien tot.

Bis Albert Einstein sie wieder zum Leben erweckte. Zum Teil wenigstens. Vorausgegangen war zweierlei. Erstens erwiesen sich die Berechnungen der Wellenlängen, mit anderen Worten, der farblichen Zusammensetzung der von einem glühenden Körper ausgesandten Strahlung als falsch. Den Berechnungen zufolge hätte der auf die einzelnen Wellenlängen entfallende Energieanteil der Strahlung um so höher sein sollen, je kürzer die Wellenlänge war. Die Sonne, um nur ein Beispiel zu nennen, hätte nach dieser Berechnung nicht weißgolden scheinen sollen, wie sie es ja tatsächlich tut, sondern blau, violett und ultraviolett. Dieses Ergebnis war schlicht falsch und deshalb nannte man es die Ultraviolett-Katastrophe.

Die richtige Formel über die Wärmestrahlung – oder, wie man auch sagt, die Strahlung des Schwarzen Körpers – fand Max Planck auf einem völlig neuen Weg. Atomistische Vorstellungen über den Aufbau der Materie begannen sich gerade zu dieser Zeit zu festigen und Planck dachte sich: wenn schon die Materie in Form kleinster unteilbarer Teilchen, eben in Form der Atome, existiert, warum nicht auch die Energie? Sein Ansatz, daß Strahlungsenergie nur im Vielfachen einer Grundeinheit, nämlich des *Wirkungsquantums h* vorkommen könne, hatte glänzenden Erfolg. Die kleinste als elektromagnetische Strahlung transportierbare Energiemenge errechnet sich dann als Produkt Wirkungsquantum mal Frequenz der Strahlung. In Zahlen ausgedrückt, ist dieses Strahlungsquant unvorstellbar klein:

$6,6 \times 10^{-34} \times$ Schwingungen pro Sekunde mal Wattsekundenquadrat.

Mit dem Wirkungsquanten-Trick ließ sich die Formel für die Zusammensetzung des Lichtes richtig schreiben und das Streben nach exakter Naturerkenntnis hatte wieder einen Triumph errungen.

Zweitens waren aber um diese Zeit auch Versuche mit dem *photoelektrischen Effekt* bekanntgeworden, mit denen man nichts Rechtes anzufangen wußte. Wenn eine in bestimmter Weise präparierte Metallfläche, zum Beispiel amalgamiertes Zink, mit ultraviolettem Licht bestrahlt wird, so stößt sie Elektronen aus und tritt demzufolge zu ihrer Umgebung in einen Zustand erhöhter elektrischer Spannung. Die Spannung ist meßbar sowie der Photostrom, der aufgrund dieser Spannung in einem geeignet angeschlossenen Stromkreis fließt. Dabei drückt sich in der Höhe dieser Photospannung die Energie der Photoelektronen (die Geschwindigkeit, mit der sie die Metalloberfläche verlassen), in der Größe des Stromes aber ihre Anzahl aus.

Nun sollte man eigentlich erwarten, daß die Energie der Photoelektronen, die die Metalloberfläche unter dem Einfluß des Lichtes verlassen, der Energie dieses Lichtes, seiner Bestrahlungsstärke mithin, proportional sei.

Das gerade ist aber *nicht* der Fall! Was mit der Bestrahlungsstärke zu- und abnimmt, ist nicht die Photospannung, sondern der Photostrom, also die Zahl der Elektronen, die pro Zeiteinheit unter Strahlungseinfluß die Metalloberfläche verlassen. Nach der Wellentheorie des Lichtes ist das ein völlig unverständliches Ergebnis, denn dieser Theorie zufolge steckt die Energie der Strahlung im Quadrat der Amplitude und diese wiederum definiert die Lichtintensität. Die Helligkeit, die Beleuchtungsstärke, die Leuchtdichte oder in welchen anderen lichttechnischen Größen sie auch immer zum Ausdruck gebracht wird.

Einsteins genialer Gedanke war der: wie, wenn das Licht – zumindest in bestimmten Formen der Wechselwirkung mit Materie – nun doch nicht als Welle sondern als Teilchenstrom in Erscheinung träte? Und könnte denn nicht die Energie jedes einzelnen dieser *Lichtteilchen* in einem Zusammenhang mit der Wellenlänge respektive Frequenz des Lichtes stehen? Zum Beispiel nach der im Jahre 1900 von Max Planck veröffentlichten Formel zur Energie E eines Strahlungsquants:

$$E = h \cdot \nu$$

Die Energie *E* ist gleich dem Produkt aus Planckschem Wirkungsquantum *h* mal Frequenz *ν*.

Dann müßte die Photospannung von der Wellenlänge, also von der Farbe des Lichtes abhängen? Kurzwelliges, also hochfrequentes Licht (violett, blau) müßte demnach zu einer höheren Photospannung führen als längerwelliges, zum Beispiel rotes Licht. Ist das so?

Albert Einstein veröffentlichte im Jahre 1905 die Arbeit, in der er den photoelektrischen Effekt durch die Annahme der Existenz von *Lichtquanten mit der Energie hν erklärt.* Allerdings war 1905 praktisch noch nichts über die Frequenzabhängigkeit der Photospannung bekannt, so daß eine experimentelle Bestätigung seiner Hypothese noch ausstand. Es sollte mehr als ein Jahrzehnt vergehen, ehe Einsteins Hypothese völlig bestätigt werden konnte. Dies geschah durch Robert A. Millikan, den berühmten Entdecker der elektrischen Elementarladung. Doch

Der Äther

ist ein den ganzen Raum erfüllendes Etwas, von dem niemand genau wußte, was es in Wirklichkeit war. Auch ungenau wußte man es eigentlich nicht. Die wesentliche Eigenschaft des Äthers sollte es sein, die in der Newtonschen Naturbeschreibung auftretenden Fernkräfte (wie zieht die Sonne die Erde an?) auf Nahkräfte zurückzuführen; wobei dem Äther die Rolle eines elastischen Bandes zufallen sollte.

Mit der Entdeckung der elektromagnetischen Wellen gelangte die Ätherhypothese zu besonderem Ansehen. Man glaubte in dieser Substanz das Medium erkennen zu dürfen, welches imstande sein sollte, elektrische und magnetische Zustände anzunehmen und per Welle fortzupflanzen. Wobei es aber gleich eine Menge Schwierigkeiten gab; eine war die: Elektromagnetische Wellen schwingen transversal, das heißt senkrecht zu ihrer Fortpflanzungsrichtung wie Wasser-Oberflächenwellen oder eine Klaviersaite. Hat man aber je ein nach allen Seiten hin beliebig weit ausgedehntes Medium – ob gasförmig, flüssig oder fest – so schwingen gesehen? In dem sich die Schwingungen ungehemmt nach allen Richtungen in Form einer Kugelwelle, und das auch noch transversal, ausbreiten? Hat man nicht!

Man kann es sich auch nicht vorstellen.

Die Versuche von W.A. Michelson zum Nachweis eines die Erde auf ihrer Umlaufbahn um die Sonne umwehenden Äther-Fahrtwindes brachten kein Ergebnis und damit den Äther ins Wanken.

A. Einstein schließlich erkannte, daß es des Äthers nicht bedarf, um das Licht zu erklären. Er zeigte überzeugend, daß der Raum leer, relativ und als solcher imstande ist, elektromagnetische Energie auf Wellen zu transportieren. Ein echtes Vakuum also. Der Äther war tot.

In jüngster Zeit glaubt man allerdings, daß der Raum zwar an sich immer noch leer, aber doch nicht so ganz leer sei, sondern erfüllt von energetischen Vakuumschwankungen. Aus ihnen resultiert eine elektromagnetische Nullpunktstrahlung und diese bewirkt, daß das absolut leer gepumpte und gegen jede Strahlung abgeschirmte Vakuum eine Mindesttemperatur von 0,00000000000000000004 K (4×10^{-20} K) hat. Das ist zwar nicht besonders warm; aber – um sich der Ausdrucksweise Karl Valentins zu bedienen: »Besser wie nix«.

obwohl die Experimentalergebnisse vollkommen mit der theoretischen Vorhersage Einsteins übereinstimmten, zweifelte selbst Millikan an den Lichtquanten als solchen und erklärte noch 1916, daß diese Idee »eine kühne, um nicht zu sagen tollkühne Hypothese« sei, »die nun fast allgemein aufgegeben« worden sei. Das hat sich seither gründlich geändert. Der historische Wandel der Vorstellung von der Natur des Lichtes soll hier kurz skizziert werden, weil er charakteristisch ist für den Entmaterialisierungsprozeß, den die Vorstellung von der Welt, in der wir leben, seit Beginn unseres Jahrhunderts durchläuft.

Nachdem Newtons erste Lichtteilchenhypothese zugunsten der mit glänzenden Experimenten belegten *Wellentheorie* ad acta gelegt worden war, erhob sich die Frage, was für ein Medium das wohl sein könne, in dem die Wellen des Lichtes sich fortpflanzen. Es entstand die *Ätherhypothese,* die aber mehr Widerspruch als Sinn in sich barg. Einer dieser Widersprüche betraf die sonderbare mechanische Beschaffenheit dieser geheimnisvollen Substanz. Fresnel wies darauf hin, daß der Äther, um transversale Schwingungen ausführen zu können – und um solche handelt es sich bei Licht nun einmal –, die mechanischen Eigenschaften eines festen Körpers haben müsse. Und zwar eines Festkörpers von extrem hoher Festigkeit, um die große Geschwindigkeit der Wellen zu ermöglichen. Der Elastizitätsmodul dieses Körpers müßte nahezu um das Tausendfache größer sein als der von Stahl! Wie aber sollte es unter diesen Umständen möglich sein, daß die Planeten in ewigkeitsähnlichen Zeiträumen durch den Äther kreisen, ohne dabei auf einen beobachtbaren Widerstand zu stoßen? Ohne dabei, wenn schon nicht gleich stecken zu bleiben, so doch ihre Energie peu à peu an eine Reibung zu verlieren, um schließlich immer langsamer zu werden, in einer spiralförmigen Bahn sich der Sonne zu nähern, in diese hineinzustürzen und zu verglühen? Vor einem ähnlichen Problem stand Niels Bohr, bevor er das nach ihm benannte Atommodell erfand.

Albert Einstein durchschlug den gordischen Knoten der widersprüchlichen Vorstellung mit der tollkühnen Annahme, daß es der *leere Raum* und die *leere Zeit* selber seien, welche die kettenartig ineinandergreifenden elektrischen und magnetischen Zustände transportieren. Und daß die Energieform dieses Energietransporters durch Raum und Zeit nicht auf das Bild der Welle beschränkt sei, sondern das (gute alte, möchte man dazu sagen) Korpuskel in sich einschließe. Die Maxwellsche, die Einsteinsche und die vielen anderen Vorstellungen über diesen Feldcharakter der Ereigniswelt und den Dualismus zwischen Welle und Teilchen haben bis in unsere Tage millionenfache technische Bestätigung gefunden. Unsere gesamte mobile, kommunikative und explosive Zivilisation vom Düsenflieger über das Satellitenfernsehen bis hin zur Wasserstoffbombe beruht auf diesen Vorstellungen und Erkenntnissen. Der Umstand aber, daß wir uns unter Anwendung der Einsteinschen Gleichung für den Energiegehalt von Masse mit einem Knopfdruck allesamt inklusive gehabter Weltgeschichte in die Luft sprengen können – erleuchtet unseren Verstand nicht *insoweit, als* wir damit die Dualität zwischen Welle und Teilchen verstehen lernen könnten. Die Formel durchbricht nicht die Lichtmauer der Intelligenz, die die Schöpfung für Handel und Wandel hienieden uns mit auf den Weg gegeben hat; sie zerstört in keiner Weise den Charme des Unbegreiflichen.

Energie = Masse x Lichtgeschwindigkeit x Lichtgeschwindigkeit
oder einfach

$$E = m \cdot c^2$$

(was die zu absoluter Berühmtheit gelangte Einsteinsche Formel ist)

17

Ein Unglück kommt, auch wenn die Physiker sich selbst für unabergläubisch halten, selten allein. Oh hätten wir, so hörte man manchen schon stöhnen, nie tiefer vordringen wollen in die Tiefen der Materie! Oh hätten wir nie anderes betrieben, als die Dampfmaschine, die Kohlenfadenlampe und Opas gute alte Koch- und Pantschchemie! Das waren Zeiten! Aber so? Jetzt stellte sich nämlich heraus, daß nicht nur Licht, nicht nur elektromagnetische Strahlung janusköpfig als Welle und Teilchen durch den Weltraum rast, sondern jegliche bewegte Materie zugleich eine Welle ist!

Die sogenannte Materiewelle...
Im Jahre 1926 stellte Prinz Louis de Broglie seine berühmte Materiewellenhypothese auf, derzufolge jeder bewegten Masse eine Welle von der Wellenlänge

$$\text{Wellenlänge ist gleich} \frac{\text{Plancksches Wirkungsquantum}}{\text{Masse mal Geschwindigkeit}}$$

entspricht. Drei Jahre später wurde diese Science-fiction-Hypothese glänzend bestätigt durch Versuche der Amerikaner Davisson und Ger-

mer, als sie im *Bell* Forschungsinstitut die Beugung von Elektronen-
strahlen an einem Zink-Einkristall entdeckten, obwohl sie von ihrem
Boß einen ganz anderen Auftrag bekommen hatten.

Zum Licht zurückgefragt: was ist es denn nun wirklich? Welle oder
Teilchen? Nochmals geantwortet: beides! Und auf eine kurze Formel
gebracht: immer, wenn Licht (oder allgemein elektromagnetische
Strahlung) *konservativ* behandelt wird und seine Erscheinungsform als
Licht beibehält – ob nun reflektiert, gebrochen, gebeugt, gestreut –,
verhält es sich als *Welle;* immer dann aber, wenn seine Energie in eine
andere *verwandelt* wird – in Elektrizität, chemische Energie, Nervenrei-
zung –, verhält es sich als *Korpuskel.*

Kurt Kusenberg hat zu diesem Thema, wahrscheinlich völlig unwissent-
lich, eine reizend skurrille Geschichte geschrieben: »Die Himmels-
schänke«.

»Die Stadt wies mancherlei Merkwürdigkeiten auf, aber das Merkwür-
digste war zweifellos jener Bau, den man im Volksmund die Himmels-
schänke nannte. Obwohl Unzählige sich seinerzeit von dem Tatbestand
überzeugen konnten, ist es sehr schwierig, ihn zu schildern. Es lag
nämlich so, daß das Gebäude zweierlei Zwecken diente: es barg in
seinen Mauern zugleich eine Kirche und einen Gasthof. Das Portal,
welches ins Gotteshaus führte, befand sich an der Schmalseite des
Bauwerkes, während man den Gasthof von der Längsseite her betrat.
Nun, eine solche Nachbarschaft ist zwar nicht die Regel, doch besteht
keine Ursache, sie über Gebühr hervorzuheben, denn dergleichen
findet sich in südlichen Ländern häufig; merkwürdig war etwas ganz
anderes. Suchte man nämlich die Kirche auf, so ward man des Ein-
drucks, sie nehme den gesamten Bau ein, denn ihre Ausdehnung war
beträchtlich. Andererseits hätte jeder Fremde, der in dem Gasthof
Quartier nahm, bei seinem Leben darauf geschworen, das Gebäude
fasse mit knapper Not die vielen Gastzimmer, und es könne keine Rede
davon sein, daß auch noch eine Kirche an dem vorhandenen Raum
teilhabe.
Immer wieder ließ sich beobachten, wie Leute kopfschüttelnd die
Kirche verließen, sodann den Gasthof von oben bis unten besichtigten
und, nunmehr ganz verstört, abermals das Gotteshaus betraten. Ob sie
ihre Forschungen hüben oder drüben begannen und wie oft sie den
quälenden Vergleich wiederholten: man durfte damit rechnen, daß sie
schließlich in den Gasthof zurückfanden und kräftig dem Weine zuspra-
chen. Kirche und Gasthof fuhren dabei nicht übel, . . .«

Die zu *einer gewissen Berühmtheit* gelangte Bilderserie von Albert Rose (Radio Corporation of America)

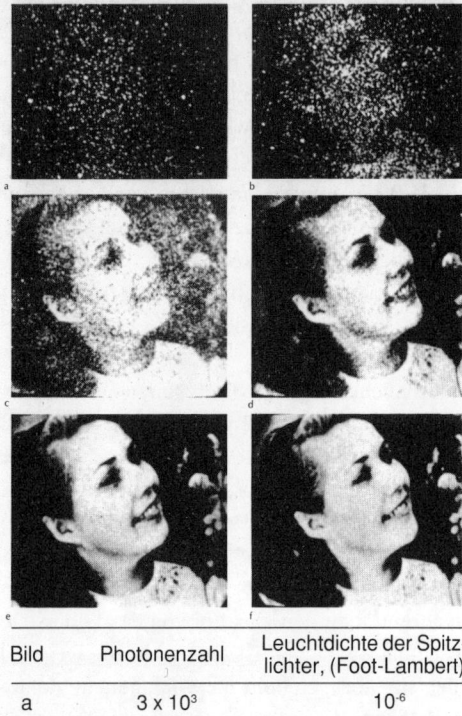

Bild	Photonenzahl	Leuchtdichte der Spitz-lichter, (Foot-Lambert)
a	3×10^3	10^{-6}
b	1.2×10^4	4×10^{-6}
c	9.3×10^4	3×10^{-5}
d	7.6×10^5	2.5×10^{-4}
e	3.6×10^6	1.2×10^{-3}
f	2.8×10^7	9.5×10^{-3}

Wenn die Energie der Welle in eine andere Form, zum Beispiel in chemische Energie verwandelt wird, tritt das Teilchenbild in Erscheinung und die Welle zerfällt in einzelne Lichtquanten. Das ist auch bei der Belichtung einer photographischen Schicht der Fall. Die Bilderserie zeigt, wie sich aus dem statistischen Chaos einzelner Lichtquanten (Photonen), in die die (elektromagnetische) Lichtwelle in Wechselwirkung mit der lichtempfindlichen photographischen Schicht zerfällt, allmählich ein kenntliches Bild erhebt, wenn die Belichtung stärker (die Photonenzahl größer) wird.

Beide Erscheinungsformen der Energie, Welle wie Teilchen manifestieren sich in eindrucksvollen technischen Effekten. Das Wellenbild unter anderem in der als *Wellenfrontrekonstruktion* oder *Holographie* bezeichneten bildtechnischen Methode; das Korpuskelbild im sogenannten *Quantenrauschen,* wie es beim Photographieren mit sehr wenig Licht in Erscheinung tritt. Die Holographie beruht auf der wellenoptischen Erscheinung der Interferenz (zur Erzeugung des Hologramms) und des wellenoptischen Effektes der Beugung (zur Sichtbarmachung der in dem holographischen Interferogramm gespeicherten Bildinformation). Ein einfaches aber eindrucksvolles Beispiel ziert die Euro-Scheckkarten von 1988/1989.

Beim Auftreffen auf einen Sensor, der die elektromagnetische Welle in eine andere Energieform verwandelt, tritt das Teilchenbild in Erscheinung. So beispielsweise beim Szintillationszähler in der Nukleartechnik, mit dessen Hilfe einzelne Licht- oder Gammaquanten gezählt werden können. Die Quantennatur des Lichts tritt ebenfalls in Erscheinung bei der Belichtung einer photographischen Schicht oder auf der Netzhaut des Auges.

So läßt sich, wie Hecht das schon 1942 getan hat, zeigen, daß schon ein einzelnes Lichtquant ausreicht, um einen blitzartigen Reiz in einem vollkommen dunkeladaptierten menschlichen Auge zu erzeugen. Natürlich kann bei derart geringen Beleuchtungsstärken, bei denen die Strahlung sozusagen in einzelne Lichtquanten zerfällt, vom Auge ein zusammenhängendes Bild nicht wahrgenommen werden. Eine eindrucksvolle Bilderserie zu diesem Thema stammt von einem der Altmeister der amerikanischen Fernseh-Entwicklung, von ´Albert Rose: Sie zeigt, wie ein Bild bei zunehmender Beleuchtungsstärke (Lichtquantenzahl) sich allmählich aus dem Chaos einzelner Lichtquanten formt und Gestalt annimmt.

Also nochmals gefragt: was ist Licht nun wirklich? Welle oder Teilchen? Und nochmals geantwortet: beides. Beides in einer total widersprüchlichen »Personalunion«...

Naturwissenschaft und Technik haben sich in dieser prekären Angelegenheit auf einen verstandesgemäßen Kompromiß eingelassen, auf einen modus vivendi, der den praktischen Umgang mit Welle und Teilchen in relativ friedlicher Koexistenz ermöglicht, ohne in jedem einzelnen Fall in ideologische Konsequenzen zu eskalieren. Allgemein akzeptiert wird in diesem Sinne die Deutung von Max Born: das Amplitudenquadrat der dem Quant zugeordneten (Licht-, Materie-) Welle sei als ein Maß für die *Wahrscheinlichkeit* anzusehen, daß sich ein Quant an einem bestimmten Ort befindet. Man spricht auch von der *Wahrscheinlichkeitswelle*. In engem Zusammenhang damit und mit der zufallsorientierten Auffassung der Mikrophysik im allgemeinen steht die berühmte Heisenbergsche Unbestimmtheitsrelation. Diesem Lehrsatz zufolge lassen sich der Impuls und der momentane Aufenthaltsort eines Teilchens nur innerhalb gewisser Fehlerbreiten bestimmen. Er läßt sich so darstellen: Eine sehr genaue Ortsbestimmung des Teilchens hat also eine große Fehlerbreite (Unbestimmtheit) des Impulses (Masse mal Geschwindigkeit) zur Folge, eine sehr genaue Bestimmung des Impulses eine besonders große Fehlerbreite des Ortes. Und das grundsätzlich!

Impulsfehlerbreite mal Ortsfehlerbreite gleich $\dfrac{\text{Plancksches Wirkungsquantum}}{2\pi}$

oder $\qquad\qquad \Delta p \, \Delta X \simeq h / 2\pi$

Im atomaren, nuklearen und subnuklearen Mikrobereich löst sich nach der im zwanzigsten Jahrhundert geschöpften Erkenntnis die anscheinende Determiniertheit, mit der uns der Makrobereich – das Ursache-Wirkungs-Feld der alltäglichen Erfahrung – entgegentritt, in stochastische Unbestimmtheit auf. Ihr kann rechnerisch nur noch mit den Gesetzen der großen Zahl, wie die Info-Institute sie benutzen, zu Leibe gerückt werden.

Diese in unserem Jahrhundert gewonnene Erkenntnis geht letzten Endes auf Albert Einstein zurück und auf seinen berühmten Aufsatz aus dem Jahre 1905 »Über einen die Erzeugung und Verwandlung des Lichtes betreffenden heuristischen Gesichtspunkt«. Nennen wir noch einige berühmte Namen zur Atom-, Wellen- und Quantenphysik: Niels Bohr, Werner Heisenberg, Max Born, Louis de Broglie, Pascal Jordan, Erwin Schrödinger, Wolfgang Pauli, Jean Dirac, Hideki Yukawa, Enrico Fermi. Und viele andere.

Einstein selbst, als er in den zwanziger Jahren gewahr wurde, was für eine begriffliche Selbstentleibung er mit seinem »heuristischen Gesichtspunkt« angerichtet hatte, distanzierte sich von der statistischen Auffassung des Mikrogeschehens und sagte: »Gott würfelt nicht.« Und das angesichts der überwältigenden Erfolge, denen die Quantenphysik mit ihrem statistischen Konzept auf dem Felde der Atomtechnik entgegeneilte.

Gehören auch die Väter der Bombe auf obige Ehrentafel? Und die von Tschernobyl?...

19

Man stelle sich die logische Verunsicherung vor, welche die Entdeckung der Quantenhaftigkeit mit sich gebracht hatte: nichts, was einst festgefügt schien, war jetzt noch sicher; immer genauer unter die Lupe genommen, löste sich das Seiende in Wahrscheinlichkeit, Unwahrscheinlichkeit, Unverbindlichkeit auf. Alles konnte sein und auch nicht sein. Doch zunächst waren praktische und wichtigere Dinge zu tun: die Bombe zu entwickeln, zu bauen und sich um deren Perfektion zu kümmern in qualitativer und quantitativer Hinrichtung. Nachdem es fünfunddreißig Jahre um die grundsätzlichen Fragen eher ruhig gewesen war, hat Max Borns Interpretation der Wellenfunktion als raumzeitliche Wahrscheinlichkeitsverteilung für den Aufenthalt eines Materieteilchens die Debatte ab etwa 1970 wieder aufleben lassen. Und bis heute haben sich schlüssige Lösungen und vor allem die berühmten *hidden parameters,* die verborgenen Verursacher, die hinter allem stecken sollten, nicht gefunden.

Denn die Materiewelle ist keine materielle Welle. Sie ist eine Art Vorstellungswelle, eine Beschreibungswelle, die erst in Wechselwirkung mit einem energiewandelnden Detektor »zerfällt« und als energetischer Akt – ein Lichtblitz im vollkommen dunkeladaptierten Auge – wirksam wird.

Wie eine Meereswelle am Felsen aufbrandet und in einzelne Tropfen – vergleichbar den Quanten – zerbirst?

So ähnlich. Denn auch die Wassertropfen, in die die Welle zerfällt, sind nicht identisch mit denjenigen, die von weit draußen auf dem Meer die Welle an den Felsen herantragen. Mit dem einen – sich dem Verständnis hartnäckig widersetzenden – Unterschied: die Wasserwelle besteht aus Materie, eben Wasser, und transportiert Energie. Die Welle der Quantenmechanik besteht aus etwas, das man nicht kennt, und transportiert eine Vorstellung, eine Beschreibung, ein Wissen, die Möglichkeit einer energetischen Wirkung und Beobachtung.

Denken Sie sich eine umlaufende Roulettekugel. Ihr entspricht eine stehende Materiewelle, deren Schwingungsbäuche und Schwingungsknoten an genau bekannten Stellen des Roulettespieles liegen. Zu vergleichen mit einer zu einem Kreis zusammengebogenen schwingenden Saite. Selbst wenn die Welle in ihren Dimensionen mit denen des Roulettespiels vergleichbar, und selbst wenn die Lage ihrer Bäuche und Knoten im Verhältnis zur Lage der Zahlen auf dem Roulettespiel genau bekannt wäre – Ihre Chance zu gewinnen wäre dann nicht schlecht, aber meinen letzten Hundertmarkschein würde ich an Ihrer Stelle nicht verwetten...

Die Logik von Ursache und Wirkung zerbricht an der Kausalmauer der Quantenphysik.

Sagen die Quantenphysiker. Ihre Aussage wird tausendfach untermauert von den grandiosen Erfolgen der aus der Quantenphysik hervorgegangenen Quanten*technik*. Der gesamten Halbleitertechnik, welche die elektronische Kommunikation und den Computer ermöglicht, der Quantenelektrodynamik, deren technische Anwendung der Laser ist, last not least der Kerntechnik, deren Produkte sattsam bekannt sind und daher an dieser Stelle nicht wiedergeschrieben werden müssen.

20

Albert Einstein gab der Quantenphysik im Jahre 1905 mit seiner schon zitierten Arbeit über den Photoelektrischen Effekt großen Auftrieb. 1917 sagte er die induzierte Emission von Strahlung voraus und lieferte damit die theoretische Basis für die technische Entwicklung des Lasers, der aber erst vierzig bis fünfzig Jahre später technisch verwirklicht wurde.

Aber Einstein glaubte nie an die Quantenphysik! Er akzeptierte einfach nicht die von den Quantenphysikern resignierend hingenommene prinzipielle Auflösung der Kausalität in prinzipiell unvorhersagbare Elementarakte der Natur. Er als Erfinder der Relativitätstheorie und der Lichtmauer glaubte nicht an die Existenz einer Kausalmauer! Nicht nur Gottes Würfel wollte er nicht wahrhaben, er vertrat auch zeitlebens die Ansicht: »Raffiniert ist der Herrgott, aber boshaft ist er nicht.«

Einstein hat das Lichtquant wohl erfunden – aber selber nicht verstanden, nicht verstehen wollen vielleicht. Er sagte: »50 Jahre des ganz bewußten Nachgrübelns haben mich der Antwort auf die Frage: ›Was sind Lichtquanten‹ um nichts näher gebracht. Heutzutage glaubt jeder Tom, Dick und Harry, daß er es weiß, aber er irrt sich.«

Abraham Pais, einer von Einsteins Biographen, berichtet: »Von 1905 bis 1923 war er der einzige oder doch fast der einzige, der seine Lichtquantenhypothese ernst nahm... Während der zweiten Periode, von 1926 bis zum Ende seines Lebens, war er wiederum fast der einzige, der eine zutiefst skeptische Haltung gegenüber der Quantenmechanik einnahm.«

Und dazu noch einmal Originalton Einstein: »Ich habe hundertmal soviel über Quantenprobleme nachgedacht wie über die allgemeine Relativitätstheorie.«

21

Aus dem Dämmerzustand der Unbestimmtheit wird ein nachmaliges Materieteilchen – ob Elektron, Proton, Meson und was auch immer – ins Licht der Realität gehoben durch den einfachen Akt des Messens oder des Beobachtens.

Das ist von ungeheuerlicher Bedeutung...

Denn es führt letzten Endes zu keiner anderen möglichen Schlußfolgerung, als daß das reale Geschehen im Universum, ja das Universum selbst, ein Produkt der Beobachtung, eine Erzeugung des beobachtenden Bewußtseins, mithin das Bewußtsein selbst ist.

Wolfgang Pauli: »Materielle oder allgemein physikalische Objekte, deren Beschaffenheit unabhängig sein soll von der Art, in welcher sie beobachtet werden, sind metaphysische Extrapolationen. Wir haben gesehen, daß die moderne Physik, durch Tatsachen gezwungen, diese Abstraktion als zu eng aufgeben mußte.«

John Wheeler: »Wird das Universum in irgendeinem seltsamen Sinne vielleicht erst durch die Teilnahme derer zum Existieren gebracht, die an den Ereignissen des Universums teilnehmen?«

Brandon Carters *starkes anthropisches Prinzip:* »Das Universum« ...muß... »so beschaffen sein, daß es irgendwann bewußte Wesen in sich einläßt.«

Gary Zukav: »*Wir* aktualisieren das Universum, *wir* machen es zur Realität. Da wir ein Teil des Universums sind, heißt das, daß das Universum (und damit auch wir) sich selbst aktualisiert, zur Realität macht.« Und: »... die Tore, durch die sich das Universum manifestiert,

Radium 226

hat eine Halbwertszeit von 1590 Jahren. Das heißt nach diesem Zeitraum ist von einem Gramm Radium nur noch ein halbes Gramm übrig, die andere Hälfte hat sich durch Alpha-Zerfall (Ausstoß eines Heliumatomes) in das Edelgas Radon 222 verwandelt:

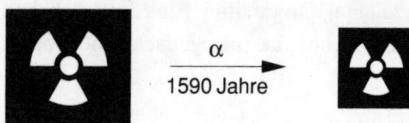

Soviel ist sicher. Alles andere nicht. Zum Beispiel: Welche Atome werden zerfallen und welche nicht?

Ein Verkehrsstatistiker wird sagen können, daß es im nächsten Jahr 12596 Verkehrsunfälle geben wird. Kann er auch die Namen derer sagen, die diese Unfälle verursachen werden?

Er kann es nicht!

Genauso wenig ist ein Kernphysiker in der Lage, vorherzusagen, welche Radiumatome zerfallen werden und welche nicht.

Und zwar prinzipiell nicht!

Das ist nur ein Beispiel für die große Unbestimmtheit in der Quantenphysik, an den Ursprüngen unserer Existenz. Das große Unbehagen der Ursachelosigkeit, das seit jeher die Frage schwelen ließ: gibt es noch unbekannte, verborgene Einflußgrößen? Gibt es »hidden parameters«? Der große ungarische Mathematiker John von Neumann verneinte diese Frage aufgrund einer mathematischen Theorie der Quantenphysik, der lange Zeit der Ruf eines Evangeliums vorauseilte. Vielleicht aber nur deshalb, weil die Theorie so schwierig war und nur von wenigen verstanden wurde. Das war 1932.

Erst David Bohm 1952 und Prinz Louis de Broglie 1960 gelang es, Hidden-Parameter-Theorien zu finden, die der Quantenmechanik nicht widersprachen.

Werden wir also demnächst wissen, wer demnächst mit seinem Auto an welchen Baum fahren wird?

sind, wie wir schon vor langer Zeit gewußt haben, wir ... Die Zahnrädchen in der Maschine werden zu den Schöpfern des Universums.«

Werner Heisenberg: »Ich erinnere mich an viele Diskussionen mit Bohr (1927), die bis spät in die Nacht dauerten und fast in Verzweiflung endeten. Und wenn ich am Ende solcher Diskussionen allein einen kurzen Spaziergang ... unternahm, wiederholte ich mir immer und immer die Frage, ob die Natur wirklich so absurd sein könne, wie sie uns in diesen Atomexperimenten erschien.«

Klingt gut. Ein Fleckchen Himmelsblau der Phantasie über den tristen Gefilden der Kausalität, den Elendsquartieren des Determinismus. Oder?

Einsteins lakonischer Kommentar: »Wenn eine Maus beobachtet, verändert das den Zustand des Universums?«

22

»Der Raum als gekrümmt ertappt«, referierte eine Tageszeitung über die Allgemeine Relativitätstheorie. Über sie soll hier nicht gesprochen werden, denn gekrümmter Raum, dehn- und komprimierbare Zeit und vierdimensionales Raumkontinuum sind nicht das Problem. Nicht Einsteins Problem, wozu Leon Brillouin sich so äußerte: »Einstein liebte sein Photon nie so zärtlich wie seine geliebte Relativität. Das Photon war gleichsam ein »natürliches« Kind, ein unehelicher Bastard. Einstein blieb stets bei seinem unerschütterlichen Glauben an Differentialgleichungen in einem kontinuierlichen Medium. Diskontinuität und Quanten kamen ihm immer ganz unnatürlich vor.« (Und vielleicht stammte daher auch seine Abneigung gegen das Zählen in der Musik...?)

Nun sind geometrische Gebilde, die über drei Dimensionen hinausgehen, schwer vorstellbar. Sie entziehen sich der Anschauung. Jegliche Kommunikation vollzieht sich in ein oder zwei Dimensionen. Akustisch als gesprochenes Wort in der einen Dimension Zeit, optisch auf den zwei Dimensionen einer Fläche, auf der geschrieben, gemalt, gezeichnet, gedruckt oder ein Fernsehbild dargeboten wird. Man hat Schwierigkeiten, den dreidimensionalen Raum zeichnerisch in der Ebene darzustellen; die Gesetze der Perspektive sind zu diesem Zweck gefunden worden. Wirklich dreidimensionale Darstellungen sind auf die Werke der Bildhauer reduziert; höchst ungern, weil kostspielig, werden sie in der maschinenbauerischen, architektonischen, anatomischen Modelltechnik angewendet oder wenn es darum geht, ein kompliziertes organisches Makromolekül anschaulich vorzuführen.

Andererseits werden dimensionale Reduktionsschlüsse verwendet, um von einer mehrdimensionalen Wirklichkeit eine dreidimensionale Modellvorstellung zu gewinnen. Die bekannteste dieser Modellvorstellungen macht uns das Wesen des *gekrümmten Raumes* verständlich: der gekrümmte Raum ist *unbegrenzt aber endlich* ebenso wie die Oberfläche unseres Erdballs unbegrenzt ist und nach allen Seiten hin beliebig bereist werden kann – mit 500 Millionen Quadratkilometern aber trotzdem endlich ist! Verzerrungen von Raum und Zeit aus ihren euklidischen Dimensionen heraus begegnen uns überdies fast täglich. So ist der visuelle Raum nichteuklidisch, wie genaue augenoptische Untersuchungen ergeben haben: betrachtet man ein hohes Objekt, beispielsweise einen Fernsehturm, genau und aus einer solchen Entfernung, daß er das gesamte Gesichtsfeld von oben bis unten einnimmt, so erscheint er dem Betrachter gekrümmt zu sein; seine architektonisch gewiß gerade Geometrie weicht in der visuellen Betrachtung von der vertikalen Geraden ab. Was dem Raumempfinden recht ist, scheint der subjektiven Zeitwahrnehmung billig zu sein. Thomas Mann hat dem Phänomen in seinem Roman »Der Zauberberg« breiten Raum gewidmet. Wir wissen aus der Alltagserfahrung, daß die Zeit einmal langsam, einmal schnell vergeht. Viel zu wenig beachtet allerdings scheint dem Autor die Doppelnatur dieser Dimension zu sein, der verdrehte Umstand nämlich, daß die Zeit gleichzeitig langsam und schnell vergehen kann, je nachdem an welchem Empfindungsmaßstab sie gemessen wird. Das tritt demjenigen mit schmerzlicher Klarheit ins Bewußtsein, der einen Personenkraftwagen auf Raten erwirbt: wie schnell rostet die Karre dahin und wie zäh zahlen sich die Raten ab!

Und auch Einsteins innere Uhr muß im Verlaufe des Juilliard-Quartettspieles ins Stocken gekommen sein, sonst wäre er bei Mozart nicht selber »...langsam, langsamer und am langsamsten...« geworden, wie es auf der ersten Seite dieses Kapitels berichtet worden ist.

Fazit: von der Linearität abweichende Metriken von Raum und Zeit sind zwar schwer vorstellbar, aber letzten Endes nicht unbegreiflich, nicht undenkbar, nicht in sich widersprüchlich. Ihr Denken erfordert ein hohes Maß an Intelligenz und intellektueller Motivation, die nicht jedermanns Sache ist. Vielleicht genügt »jedermann« schon die Beruhigung, daß eine solche Sache wenigstens im Prinzip denkbar ist. Dazu bemerkte Hannes Alfven: »Viele Menschen waren wahrscheinlich erleichtert, als man ihnen erklärte, daß das wahre Wesen der physikalischen Welt nur von Einstein und wenigen anderen genialen Geistern verstanden werden könne. So paradox es auch klingen mag, so kann es durchaus sein, daß die breite Öffentlichkeit Einstein nicht deshalb zujubelte, weil er ein großer Denker war, sondern weil er jedermann die Pflicht ersparte, selbst zu denken.«

Anders hingegen ist es mit der *Doppelnatur des Energietransportes.* Die Doppeleigenschaft von Welle und Partikel, die Identität von Raum und Punkt, von Expansion und Konzentration, von Unendlich und Null, sie ist nicht nur nicht vorstellbar, nicht nur nicht begreifbar, sie ist auch nicht denkbar, weil *in sich widersprüchlich!* Die Interpretation der Welle als einer räumlichen und/oder zeitlichen Folge von Aufenthaltswahrscheinlichkeiten (man spricht in diesem Zusammenhang auch von Wahrscheinlichkeitsdichte) führt zur Auflösung des Begriffes von Ursache und Wirkung, zur Korruption des kausalen Denkens.

23

In dem Bestreben, die Geister, die er selber gerufen hatte, ad absurdum zu führen, erfand Einstein eine Reihe von Gedankenexperimenten, welche die begrifflichen Grundlagen der Quantenphysik erschüttern sollten. Das berühmteste Gedankenexperiment ist das Einstein-Rosen-Podolsky-Paradoxon (1935), welches bis zum heutigen Tag seiner Erklärung harrt und zu der kühnsten, bereits ins Metaphysische greifenden Spekulation der theoretischen Physik geführt hat. Das vor allem auch deswegen, weil es, von Einstein und seinen Freunden zwar als reines Gedankenexperiment gedacht, in den letzten Jahren seine – schwierige – experimentelle Bestätigung gefunden hat.

Der Weg zum Verständnis des sonderbaren Verhaltens von *Photonen-Paaren* in bezug auf ihren *Polarisationszustand* soll einmal in umgekehrter Richtung gegangen werden: vom Gleichnis zum Faktum. Kehren wir also zu Kafkas armen Mann vom Lande zurück, der um Eintritt in das Gesetz bittet und vom Türhüter – in nicht ganz eindeutiger Weise, wie sich am Schluß der Erzählung herausstellt – abgewiesen wird: »Es ist möglich, jetzt aber nicht...« Wir erlauben uns, die Geschichte geringfügig abzuwandeln. In unserer Version verwehrt der Türhüter dem Mann vom Lande den Eintritt in das Gesetz nicht grundsätzlich, vielmehr macht er die Eintrittserlaubnis abhängig vom Ausgang eines Glücksspiels. Kopf oder Zahl. Wenn Kopf, dann Eintritt, wenn Zahl, dann

Die Polarisation des Lichtes

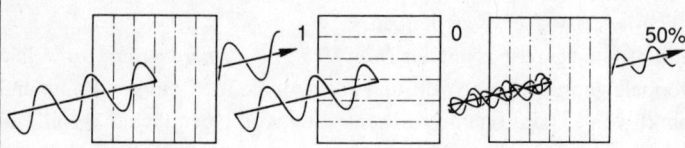

Elektromagnetische Strahlung schwingt wie eine Seil- oder Wasserwelle senkrecht zu der Richtung, in der sie sich fortbewegt. Sie ist polarisiert. Es gibt optische Medien – Kristalle, optische Dünnschichtsysteme, Kunststoffolien (Polaroid) – die nur eine Schwingungsrichtung der elektromagnetischen Strahlung durchlassen; man nennt sie Polarisatoren.

Ein senkrecht zur Schwingungsrichtung der Lichtwelle gestellter Polarisator läßt die Strahlung nicht durch, sondern absorbiert sie.

Von jeder natürlichen Lichtqelle wird unpolarisierte Strahlung, ein Strahlengemisch aus Wellen aller Polarisationsrichtungen, ausgesandt. Ein in beliebiger Richtung gestellter Polarisator läßt fünfzig Prozent der ankommenden Strahlung durch. Hinter dem Polarisator ist die Strahlung dann polarisiert.

nicht. Der Türhüter entnimmt also einer Tasche seines Pelzmantels eine Münze und wirft sie hoch. Wenn Kopf kommt, darf der Mann passieren. Wir sehen schon, worauf das hinausläuft: es steht eins zu eins, ob der Mann durch die Tür gehen darf; er hat eine Chance von fünfzig Prozent, zum Gesetz zu gelangen, nach dem ihn dürstet. Und nun zum ERP-Paradoxon. Wir stellen uns vor, der Mann vom Lande, nennen wir ihn Franz, habe einen Zwillingsbruder, Josef geheißen. Während Franz zu dem uns schon bekannten Tor strebt und um Einlaß begehrt, tut Josef genau das gleiche an einem gegenüberliegenden Tor. Und Josef erlebt dort genau das gleiche wie der uns schon bekannte Franz. Auch sein

Türhüter macht die Eintrittserlaubnis vom Ausgang des Kopf-oder-Zahl-Glückspieles abhängig, auch er gewährt seinem Bittsteller den Einlaß nur, wenn Kopf oben liegt.

Und das ist das ERP-Paradoxon: immer wenn Franzens Türhüter Kopf wirft, tut das auch Josef. Und umgekehrt. Immer, wenn Franz hinein darf, darf es auch Josef. Und umgekehrt. Frage: Besteht zwischen den Türhütern eine außersinnliche Beziehung, ja, stehen die Münzen der beiden etwa in einem spiritistischen, psychokinetischen Kontakt miteinander?

Im physikalischen Experiment spielen zwei Lichtquanten die Rollen der Zwillingsbrüder. Sie werden in einem *Zwei-Photonen-Prozeß* von einem Atom ausgestoßen und fliegen in genau entgegengesetzte Richtungen davon. An irgendeiner Stelle ihrer Flugbahn – es kann sich um Laboratoriumsdimensionen handeln, aber auch um Lichtjahrentfernungen – treffen sie auf ihre jeweiligen Tore in Form von Polarisationsfiltern. Die Wellen von Sonnenlicht und anderem gewöhnlichen Licht schwingen in allen Richtungen. Eine Polaroid-Sonnenbrille, die nur eine Schwingungsrichtung passieren läßt, läßt nur fünfzig Prozent dieses Lichtes durch, gleich wie man das Polaroidglas im Strahl der Sonne dreht. Das Bild gegenüber zeigt im Vergleich die Wirkung eines Polarisationsfilters auf unpolarisiertes Licht, in dem alle Schwingungsrichtungen vorkommen, und auf polarisiertes Licht, das sind elektromagnetische Wellen einer einzigen Schwingungsrichtung. Jetzt wird der Lichtstrom soweit gedrosselt, die Zahl der Photonen so ausgedünnt, daß nur noch einzelne Lichtquanten auf das Polarisationsfilter stoßen. Einzelne Lichtquanten können, was mit ihrer Quantennatur schon definiert ist, nicht »mehr oder weniger« durch ein Filter gehen, sondern ganz oder gar nicht. Ein Sandkorn kann nicht »mehr oder weniger« durch ein Sieb fallen, sondern entweder ganz oder gar nicht. Ja oder Nein. 1 oder 0. Dementsprechend besteht jetzt, wenn vom großen Ensemble der Lichtquanten 50 Prozent das Polarisationsfilter passieren, für das einzelne Lichtquant die *Chance* von 50 Prozent durchgelassen zu werden oder nicht. Und das völlig unabhängig davon, in welche Richtung das Filter gedreht ist. Es ist wie bei dem Mann vom Lande, der das Tor des Gesetzes zu betreten wünscht: was entscheidet, ist einzig und allein der Zufall.

Aufgrund der inneren Symmetriestruktur des Zwei-Photonen-Prozesses müssen beide Photonen sich so verhalten, als ob sie gleichsinnig polarisierten Wellen entsprächen. Wenn daher das Photon Franz das

Polarisationsfilter passiert hat – aufgrund eines Zufallsprozesses, wohl gemerkt –, so muß das sein Zwillingsbruder Josef ebenfalls tun. Wie weiß aber Josef, wie der Zufall bei Franz entschieden hat und umgekehrt?

Die Sache wird noch rätselhafter, wenn man in Betracht zieht, daß das Photon Franz, wenn es das Filter – gleich welcher Polarisationsrichtung – passiert hat, nunmehr in dieser Richtung polarisiert ist. Man sagt, seine Polarisationsrichtung sei in die des Filters *gedreht* worden. So polarisiert wird der gedrehte Franz jedes weitere Polarisationsfilter gleicher Richtung, das ihm in den Weg gestellt wird, anstandslos, das heißt mit einer Wahrscheinlichkeit von hundert Prozent, durchfliegen. Und sein Zwillingsbruder Josef auch. Das Paradoxe daran ist, daß die Polarisationsrichtung dem Photon erst beim Durchgang durch das erste Filter aufgeprägt worden ist, gleichzeitig aber auch seinem Zwillingsbruder, der sich möglicherweise Lichtjahre weit weg befindet. Wie gelangt, da doch die Lichtgeschwindigkeit die höchste Informationsgeschwindigkeit ist, die Information über die Polarisationsrichtung von Franz zu Josef?

Man kann in Fortsetzung des gedanklichen Experimentes den Scherz mit der willkürlichen Drehung der Polrichtung noch weiter treiben. Man stellt für diesen Zweck weitere Polarisationsfilter beliebiger Richtung in die Wege der Photonenzwillinge. Immer, wenn Franz bei einem Filter Glück gehabt, der Türhüter die Münze zu seinen Gunsten geworfen und Franz ein weiteres Polfilter passiert hat, ist ihm die neue Polarisationsrichtung aufgeprägt – und ebenfalls seinem Bruder Josef, der sich am anderen Ende des Laboratoriums oder –, das macht keinen prinzipiellen Unterschied, am anderen Ende der Milchstraße befindet. Was aber verbindet die beiden? Welches Medium bewirkt, daß Josef immer genauso reagiert wie Franz, wie es der mit Franz experimentierende Physiker will?

In einem über »Gott und Einstein« 1965 erschienenen Buch äußert sich der Autor Arthur C. Clark: »Licht braucht nicht nur Millionen, sondern sogar Milliarden von Jahren, um den Teil der Schöpfung zu durchqueren, den wir mit unseren Teleskopen beobachten. Wenn Gott also den Gesetzen gehorcht, die er anscheinend schuf, kann er zu jeder Zeit nur einen infinitesimal kleinen Teil des Universums kontrollieren. Die Hölle könnte (wörtlich?) in zehn Lichtjahren Entfernung ausbrechen, in allernächster kosmischer Nachbarschaft also, und die schlechte Nachricht würde ihn frühestens nach zehn Jahren erreichen. Und nochmals zehn Jahre würden vergehen, bevor Gott irgend etwas dagegen tun könnte.«

Das ERP-Paradoxon von 1935 – gelegentlich als Büchse der Pandora der modernen Physik bezeichnet – und die experimentelle Bestätigung seiner für das klassisch-physikalische Denken paradoxen Behauptung in jüngster Zeit durch Forschungsgruppen, die mit Namen wie Freedman, Clauser, Holt, Pipkin, Fry, Thomson sowie Aspect, Grangier und Roger verbunden sind, zeigen, daß Gott, sagen wir es einmal so, doch noch woanders wohnt! Wenn wir auch nicht wissen, wo. Und es wahrscheinlich – Einsteins Optimismus zum Trotz – auch niemals wissen werden.

Gott sei Dank...

24

In gewaltigen und gewagten Sprüngen haben wir eine Entwicklung naturwissenschaftlichen Denkens entworfen. Von der Greifhand des Neandertalers, mit der er Ordnung unter den Mengen umherliegender Dinge herzustellen imstande war, über die akustischen Signale zur Kennzeichnung dieser Mengen, die wir heute Zahlen nennen, stießen wir auf Abstraktionen, schließlich auf Widersprüche. Sichtlich begann etwas, das geistig zu nennen wir uns gefallen, sich abzustoßen von etwas, das wir als Körper, Ding, Materie bezeichnen. In einem sehr dehnbaren Rahmen waren jedoch diese Geistesgebilde – bis hin zur imaginären Zahl i und den weltbeherrschenden Oszillationen, die sie in Gang setzt – mit den elastischen Bändern der Abstraktion an ihr dingliches und begreifbares Fundament gebunden. In drei Jahrhunderten exakter naturwissenschaftlicher Forschung entwickelte sich eine Hierarchie von Abstraktionen, immer neue Räume betrat der menschliche Geist. Sie standen und stehen demjenigen offen, der es wagt und die oft überwältigend erscheinende Mühe nicht scheut, sie zu betreten.

»Da das Tor zum Gesetz offensteht wie immer und der Türhüter beiseite tritt, bückt sich der Mann, um durch das Tor in das Innere zu sehen. Als der Türhüter das merkt, lacht er und sagt: ›Wenn es dich so lockt, versuche es doch, trotz meinem Verbot hineinzugehen. Merke aber: Ich bin mächtig. Und ich bin nur der unterste Türhüter. Von Saal zu Saal stehen aber Türhüter, einer mächtiger als der andere. Schon den Anblick des dritten kann nicht einmal ich mehr ertragen‹...«

Sylvester 1899, Fin de Siècle, schienen alle Türen zu allen Sälen der Erkenntnis durchschritten zu sein. Das Gebäude des newton-kartesianisch-mechanistisch-materialistischen Weltbildes war komplett. Alles war durch jedes und für jeden erklär- und begreifbar. Es existierte kein Hindernis mehr, die Welt für eine insgesamt heile Welt und den lieben Gott darin für überflüssig zu halten. Im übrigen konnte man jetzt das Ganze den Ingenieuren zur praktischen Auswertung und Ausbeutung überlassen. Dementsprechend fielen auch die Sylvesterfeuerwerke aus, die zu Ehren des anbrechenden zwanzigsten Jahrhunderts abgeschossen wurden. Und zwar mit derjenigen Art von Schießpulver, die der Mönch Berthold Schwarz erfunden hatte.

Aber nur fünf Jahre sollten den Jahrhundertsylvester von demjenigen Tag trennen, an dem die Ahnung von einem ganz anderen Schießpulver in die Welt kam. Eine Ahnung, die artikulierbar war mit Hilfe der Formel $E = m.c^2$, wie Albert Einstein sie niedergeschrieben hatte. Energie ist gleich Masse mal Lichtgeschwindigkeit zum Quadrat. Einem Gramm Wasser wohnen demnach 25 Millionen Kilowattstunden inne. Auch einem Gramm Gold, Eisen oder einem Gramm Leberwurst. Überhaupt jedem Gramm Materie.

Seither schließt sich der Kreis logischen und kausalen Denkens nicht mehr. Dem orbis terrarum materialistisch fundierter Vorstellungen ist ein Segment ausgebrochen; eine Lücke, ein gap ist entstanden (um sich einmal des anglo-amerikanischen Halbleiter-Slangs zu bedienen), es klafft uns entgegen und ist durch keinerlei noch so elastische Abstraktionsleistung überbrückbar. Denn der Euklidischen Definition: *was keine Teile hat, ist ein Punkt,* möchte man die überspitzte Formulierung entgegensetzen, daß das, was alle Teile hat, demnach das nach allen Seiten hin unbegrenzt ausgedehnte Kontinuum des Raumes und der Zeit sein müsse. Das Universum. Eine Welle ist aber ihrer Definition zufolge kontinuierlich und, wenn kein dämpfender Einfluß vorhanden ist, in alle Unendlichkeit ausgedehnt. Erst im Unendlichen verschwindet ihre Amplitude. Ein Dualismus von Alles und Nichts?

Gott würfelt nicht...
Würfelt er wirklich nicht?
Oder läßt er uns bloß würfeln?
Ist das der Unterschied zwischen ihm und uns:
Er kennt den Ausgang jeder Würfelpartie – wir nicht?

25

Wenn es nach Hugh Everett und Kollegen geht, so liest sich die Geschichte von Franz und Josef anders. So nämlich:

»Franz und Josef wissen, ehe sie sich voneinander trennen und jeder für sich zu seiner Pforte des Gesetzes strebt, schon ganz genau, was sie wollen. Entweder hineingehen oder nicht. Und das führen sie dann auch durch. Und zwar ohne jedes Hickhack mit Münze werfen und so.«

Was ist daran Besonderes?

Das ist das Besondere: es gibt zwei Franz-Josefs-Paare und zwei Gesetzespfortenpaare. Das eine Paar nimmt eine Welt ein, das andere eine zweite. Zusammen ergeben die beiden Welten das, was man den Hyperraum nennt. Und in diesem Hyperraum tut das eine Paar immer genau das Gegenteil vom anderen. Geht Franz-Josef I hinein, paßt Franz-Josef II. Und umgekehrt.

In diesem Hyperraum ist es unser eigenes Bewußtsein, das sich in einem spontanen Zufallsakt für die Wahrnehmung der einen oder anderen, für das Leben in dieser oder jener Welt entscheidet. Für Franz-Josef I oder Franz-Josef II.

Wir sind es, die würfeln...

Ob wir das erste oder das zweite Fernsehprogramm einschalten sollen. Haben wir uns für den ersten Kanal entschieden, können wir den zweiten nicht sehen und umgekehrt. Im ersten Falle bleiben Franz und Josef der Pforte fern, im zweiten ignorieren sie die Drohungen des Türhüters und gehen durch. Aber wir können nur eine Geschichte von beiden erleben, die andere bleibt uns für immer verborgen.

Kommt Ihnen das nicht bekannt vor? Haben Sie noch nie im Leben vor einer Entscheidung gestanden? Und hätten Sie um alles in der Welt nicht gerne gewußt, wie es weitergegangen wäre, wenn es anders weitergegangen wäre? Wenn Sie die Alternative gewählt, den jetzigen Konjunktiv mit dem Indikativ vertauscht hätten und umgekehrt? Wie Ihr Leben jetzt beschaffen wäre, wenn Sie damals wirklich durch die Tür gegangen wären, die Ihnen zugleich offenstand und auch nicht offenstand; oder umgekehrt...

Haben Sie jetzt das rechte *feeling* für Hyperraum und Vielwelt? Dann zurück zur Physik!

Hugh Everetts Theorie zufolge existiert das Gesamt-All nicht nur in einer Version, wie wir sie jeden Augenblick erleben, sondern in einer *unendlichen Mannigfaltigkeit von Raumzeiten* (eben als Hyperraum) und dementsprechend auch in einer unendlichen Mannigfaltigkeit von Ereigniswelten.

Auf unser vor der Eintrittsentscheidung stehendes Lichtquant bezogen, bedeutet das: es ist nicht entweder senkrecht oder parallel polarisiert, sondern beides! Es existiert in zwei Raumzeiten. In der einen ist es senkrecht, in der anderen parallel zum Polarisator polarisiert. Der Experimentator erlebt aber nur jeweils eine der Welten, sein Bewußtsein entscheidet sich spontan für die eine oder die andere. Mit dieser Entscheidung – und genau in dieser liegt der Zufallsakt – springt es in eine dieser Welten über. Und es springt, wenn der Versuch mit mehreren hintereinandergeschalteten Polarisatoren weitergetrieben wird, immer in eine andere, nämlich in diejenige Welt über, in der das Photon die Polarisationsrichtung des zuletzt passierten Polarisationsfilters besitzt. Nicht Gott würfelt – Er läßt uns würfeln um den Pfad, der durch die unendliche Mannigfaltigkeit seiner Welten führt.

Wenn je die zitierte Kritik Millikans, daß es sich um »eine kühne, um nicht zu sagen tollkühne Hypothese« handele, zutreffend war – hier wäre sie am Platz! Tollkühn ist der einzig richtige Ausdruck! Aber hat Kühnheit etwas mit Wahrheit zu tun? Muß etwas deswegen falsch sein, weil damit das Ausmaß jedes bisher bekannten geistigen Wagnisses überschritten wird? Kann es wahrer sein, die Naturgesetze in sich selbst überlassenen Zufallsprozessen zerbröckeln zu sehen? Sicherlich: es ist ungewöhnlich bis erschreckend, sich vorzustellen, diese Welt existiere in einer unendlichen Mannigfaltigkeit einander mehr oder weniger ähnlicher oder überhaupt nicht ähnlicher Kopien und zur Vision gefordert zu sein, in jedem mikrophysikalischen Prozeß verästele sich diese Welt nur noch weiter und weiter, wie De Witt, Mitbegründer der Vielweltenhypothese, schreibt: »Jedes Quantenereignis, auf jedem Stern, in jeder Galaxie und in jedem Winkel des Universums zerteilt auch unsere hiesige Welt in Myriaden von Kopien.«

Doch ist, nach dem Kalkül der Vielweltentheoretiker, diese Zersplitterung – die eventuell nur in unseren naiven Augen eine Zersplitterung ist – völlig unbeobachtbar! Ein »kopiertes Bewußtsein« kann mit seinem Original nicht kommunizieren. Die einzelnen Welten des Hyperraumes sind voneinander total getrennt. Wenigstens bewußtseinsmäßig. Wenn überhaupt topologische Begriffe wie »nebeneinander« oder »ineinander« oder zeitliche Begriffe wie »gleichzeitig« oder »nacheinander« auf die Struktur des Hyperraumes anwendbar sein sollten – so böte am ehesten der Vergleich mit dem Kabelfernsehen eine Denkhilfe: hier wird auch in ein und demselben Kabel eine Vielzahl von Fernsehsendungen in Bild und Ton – sozusagen »ineinander« – übertragen, ohne daß eine Sendung die andere beeinflußt, ohne daß sie von ihr »weiß«. (Von den technischen Mängeln der Intermodulation und des Übersprechens von Kanal zu Kanal einmal abgesehen.) Aber wohlbeachtet, verehrter Leser, dieser Vergleich ist vorsorglich mit einem Konjunktivsatz angekündigt worden! Ihm fällt bestenfalls die Rolle einer Denkkrücke zu, einer symbolistischen Vorstellungsprothese...

Anderseits: Birgt ein noch so kühnes Gedankengebäude, in dem die Ordnung von Ursache und Wirkung auf zwar seltsame Weise ihre Restauration erfährt, nicht mehr an Wahrheitsmöglichkeit in sich, als das Zufalls-Chaos, in dem sich die Schöpfung nach den bisher gängigen (technisch immerhin praktikablen) Vorstellungen letzten Endes verlieren soll?

Stanley Kubrick läßt in seinem grandiosen Film: »2001: Odyssee im Weltraum« (nach dem Roman von Arthur C. Clarke) den letzten überlebenden Astronauten einer Raumfahrt zu den Grenzen des Sonnensystems, nach einer wilden Phantasmagorie des Lichtes, der Formen und der Farben, übergangs- und kommentarlos, wie alles in diesem Film, sich in einem bürgerlichen Wohnzimmer wiederfinden. Er nimmt eine Mahlzeit zu sich. Ein zu Boden fallendes und dort zerschellendes Glas ändert die Szene abermals spontan: ein Neugeborenes schwebt in einer glasigen Kugel über den Betten eines Schlafzimmers. Kubrick läßt, schlau wie er ist, den Film nichts darüber aussagen, ob die drei Erscheinungsformen des Astronauten voneinander wissen, sich ihrer Vorwelten erinnern können...

Abgesehen von der Verwertung der Vielweltenhypothese in der Science-fiction-Literatur ist nicht auszuschließen, daß diese Sache, so tollkühn sie auch sein mag, eines Tages den Herren Ingenieuren ins Auge sticht und zur Verwertung und Ausbeutung überlassen wird. Zum Wohle der Menschheit, versteht sich. Dann wird das Unbegreifliche zur Selbstverständlichkeit, mit der man lebt. Wie mit den anderen Produkten des technischen Handelns auch.

Eines ist schade: daß Einstein die Everett-De Wittschen Gedankengänge nicht mehr erlebt hat. Vielleicht wäre es ihm wie Schuppen von den Augen gefallen, vielleicht hätte er, der von sich sagte »ich glaube an Spinozas Gott, der sich in der Harmonie aller Dinge offenbart«, dann auch eingestanden: »wie dumm war ich doch, von Ihm zu glauben, Sein Reich sei nur von einer Welt; der Kosmos, wie ich ihn erblicke, Seine

Telex Kommentar ERP Paradoxon

J.P. Vigier's starre Teilchen:

Quanten sind lange starre Körper, die sich langsamer als das Licht bewegen, aber die Fähigkeit haben, in ihrem Inneren Signale mit Überlichtgeschwindigkeit zu übertragen.

So können sich Franz und Josef – zwei zu beliebigem (auch Lichtjahr-) Abstand voneinander ausziehbare siamesische Zwillinge – jederzeit ausmachen, wie sie sich im gegebenen Falle verhalten werden.

D. Bohm's unteilbare Ganzheit:

Quanten eintsprechen holographisch aufgenommenen Objekten. In einem Hologramm ist die Information über das holographierte Objekt auf der ganzen Aufzeichnungsfläche verteilt und wird erst durch geeignete Beleuchtung (Rekonstruktion) in ursprünglicher Form lokalisiert und sichtbar gemacht. Franz und Josef sind also auf dem ganzen Hologramm ausgebreitet und quasi miteinander verschmolzen. Ein leichtes für sie, in dieser Form miteinander zu kommunizieren und sich in allen Belangen zu verabreden. Erst die Rekonstruktionsbeleuchtung realisiert ihre lokal getrennte Körperlichkeit, ihr Erscheinungsbild in »dieser Welt«.

P.A.M. Dirac:

»Es scheint mir offensichtlich, daß wir die grundlegenden Gesetze der Quantenmechanik noch nicht kennen.«

»... sie ist die Beste, die wir bisher haben, aber ich glaube nicht, daß sie beliebig lange Bestand haben wird. Meiner Meinung nach ist es wahrscheinlich, daß wir irgendwann in der Zukunft eine verbesserte Quantenmechanik haben werden, die eine Rückkehr zum Determinismus bedeuten wird und damit Einsteins Ansichten rechtfertigen wird.«

Dann würfelte keiner mehr, der liebe Gott nicht und wir nicht; schade eigentlich, oder?...

einzige Schöpfung! Wie arm müßte Er uns vorkommen, wenn es so wäre, wie wir Ihn in unserer Einfalt glaubten; daß Er Seine Sache nur auf eine einzige Welt gestellt haben sollte (und noch dazu auf eine wie die unsere)! Vielleicht ahne ich jetzt, was Vollkommenheit heißt, was das All ist, von dem in den Religionen die Rede ist, und was Allmacht wirklich bedeutet...«

Es ist hier nicht der Ort, die nur andeutungsweise vorgetragene Hypothese der mehrfachen Welten durchgängig abzuhandeln. Ihr theoretisches Fundament ist tief in der Quantenphysik verankert und verlangt ein intensives mathematisches Studium. Lassen wir über die Konsequenzen, die aus dieser Hypothese entstehen, den Autor Paul Davies des überaus lesenswerten Buches »Mehrfachwelten« zu Worte kommen:

»Wir stehen erst an der Schwelle der Erfahrung einer Grauzone zwischen Bewußtsein und Materie, zwischen Philosophie und Physik, zwischen der psychologischen und der wirklichen Welt, die nicht zu umgehen ist, wenn man ein endgültiges Bild der Wirklichkeit haben will. Es mag sein, daß unsere vertrauten Vorstellungen zeitlicher Abläufe – die Existenz einer Gegenwart, der Fluß der Zeit ... die Existenz des freien Willens und die Nichtexistenz der Zukunft sowie der Gebrauch grammatischer Zeiten in unserer Sprache – eines Tages als primitive Irrlehren erkannt werden, die auf ein unzureichendes Verständnis der physikalischen Welt zurückgehen... Vielleicht brauchen unsere Nachkommen all diese Begriffe nicht mehr. Sie würden dann ein Leben führen, das sich von dem unseren sehr unterscheidet ... und ... nicht mehr von einer vergänglichen Zeit sprechen oder davon, daß sich Dinge verändern oder daß es einen einzigen gegenwärtigen Moment gibt, der sich auf eine ungewisse Zukunft zubewegt. Wir können nur raten, welchen Einfluß eine solche Entwicklung auf ihre Gedanken und ihr Verhalten haben könnte, denn ohne Erwartungen, ohne Reue, ohne Angst, ohne Vorahnung, ohne Erleichterung und ohne all die *aus dem Zeitablauf entstehenden Empfindungen* unserer Erfahrungswelt könnte ihre Weltsicht für uns unfaßbar sein.« (Hervorhebung durch den Autor.)

Gedanken und Vorstellungen von jenseits der Denkmauer? Verbotene Gedanken? Erlaubte Gedanken? Lächerliche Gedanken? Tabu? Wenn tabu: unterlag die Quadratwurzel aus einer negativen Zahl nicht dem gleichen Tabu bis Raffaelo Bombelli kam, die Dornenhecke durchschlug und das Dornröschen, das aus einer anderen mathematischen

Welt zu stammen schien, vom Schlafe auferweckte? Vielleicht haben wir keine andere Möglichkeit, die Lücke, die in der Hierarchie der Abstraktionen klafft, den begrifflichen Abgrund, der sich hinter dem letzten Türhüter der für begreifbar gehaltenen Welt auftut, mit etwas anderem zu überbrücken als mit einer Ergänzung aus der Phantasiewelt, mit einem *phantastischen Komplement?* Keine andere Wahl, als das Gewölbe des Weltgebäudes, wie wir es mit Affenhand (um mit Ortega y Gasset zu sprechen) auf dem unzulänglichen Reißbrett unserer an das Dreidimensionale geketteten Vorstellungen entwerfen, mit *Phantasiebrücken* zu schließen, mit Schlußsteinen, die von jenseits der Denkmauer stammen?

Bedurfte die Menschheit nicht in allen Stadien ihrer Entwicklung eines phantastischen Komplements für das Verständnis ihrer selbst und der Welt, in der sie lebt? Ist das phantastische Komplement, in welcher Erscheinungsform es auch immer auftritt, nicht die innerste Energiequelle des reflektierenden Lebenswillens überhaupt, ohne den diese Welt nie entstanden wäre und schon gar nicht überlebt hätte? Die Schließung des logischen *gaps,* die Überwindung des Un-be-greif-lichen durch die Phantasie hat in der zweiten Hälfte unseres Jahrhunderts die Form extrem abstrakter, mathematisch formulierter Gedankengebilde angenommen. Und es ist erstaunlich, wie aus der geistigen Durchdringung paradox erscheinender Versuchs- und Meßergebnisse Vorstellungen entstehen, die zu den zentralen menschlichen Anliegen, zu der existentiellen Urfrage »Woher komme ich, was bin ich, wohin gehe ich?« in allernächste Konjunktion treten. Werden diese Erkenntnismethoden und die daraus entspringende Weltsicht in irgendeinem kommenden Zeitalter an Stelle der historisch überlieferten Denk-, Gefühls- und Lebensinhalte treten, die der Magie, der Prophetie, der Wunderwirkung, der Begnadung, Offenbarung und Heilsverkündung entsprungen sind? Oder werden Analyse und Mystik nebeneinander existieren? Sind analytische Erkenntnismethode und mystische Erleuchtung miteinander unvereinbar oder etwa nur zwei Seiten einer dualistischen Entität?

Die Geistesarbeit, die an die Lichtmauer des Denkens heranführt und den Weg ebnet für den Tunneleffekt der Phantasie, ist gewaltig! Der Trost, der aus der Formel kommt, steht auf keinem für jedermann durch Knopfdruck verfügbarem Computerausdruck. Nur wenigen ist der Zugriff in vollem Umfang gegeben. Er ist das Resultat eines elitären Produktes aus Begabung und Motivation, Fleiß und Besessenheit in der

Verfolgung im Geistigen liegender Ziele. Das sind die Schlüssel zu den Türen, die ins Innerste führen. Das sind die Schlüssel zur Selbstbefreiung aus Kleinmut, Lebensangst, Einsamkeit und Verzweiflung, aus den Engen eines für letztgültig gehaltenen Hier- und Jetztseins.

Welches Schicksal erwartet Franz Kafkas armen Mann vom Lande?

Er erkennt »...jetzt im Dunkel einen Glanz, der unverlöschlich aus der Tür des Gesetzes bricht. Nun lebt er nicht mehr lange. Vor seinem Tode sammeln sich in seinem Kopfe alle Erfahrungen der ganzen Zeit zu einer Frage, die er bisher an den Türhüter noch nicht gestellt hat. Er winkt ihm zu, da er seinen erstarrenden Körper nicht mehr aufrichten kann. Der Türhüter muß sich tief zu ihm hinunterbeugen, denn die Größenverhältnisse haben sich sehr zu ungunsten des Mannes verändert. ›Was willst du denn jetzt noch wissen?‹, fragt der Türhüter, ›du bist unersättlich!‹. ›Alle streben doch nach dem Gesetz!‹, sagt der Mann, ›wie kommt es, daß in den vielen Jahren niemand außer mir Einlaß begehrt hat?‹ Der Türhüter erkennt, daß der Mann schon am Ende ist, und um sein vergehendes Gehör noch zu erreichen, brüllt er ihn an: ›Hier konnte niemand sonst Einlaß erhalten, denn dieser Eingang war nur für dich bestimmt. Ich gehe jetzt und schließe ihn.‹«

*

Nach Franz Kafka sollte man eigentlich nicht mehr weiterschreiben. Es sei denn über ein ganz anderes Thema. Das wird im nächsten Kapitel geschehen. Eine Schlußbemerkung sei dennoch gestattet: So verwegen, so tollkühn, irrtümlich oder wahr, ein weiterführender Weg oder auch nur eine Sackgasse die Vielweltentheorie auch immer sein mag – sie ist nur *eine* Facette unserer Ratlosigkeit vor der Schöpfung. Doch quellen Ahnungen aus Fehlern und Irrtümern. Ahnungen vielleicht des am Rande der Materie, an den Grenzen der Zeit angelangten Menschen, doch nicht nur dem puren Nichts, nicht einer permanent sich selbst zerstörenden Unmacht ausgeliefert zu sein, sondern, eingebettet in ein All, vor einer Allmacht zu stehen, die alle Irrtümer, alle Phantasien, alle Träume in sich aufnimmt und in Wahrheit verwandelt, sofern sie nur dem unermüdlichen Streben nach Wahrheit entsprungen sind.

Wie wird ein Mensch zum Physiker?

Ich kann Ihnen diese Frage nicht generell beantworten, sondern nur meinen eigenen Weg beschreiben, der mich zu dieser Disziplin hinführte. Ich hatte das Abitur hinter mir und bereits mit maßvollem Eifer ein Semester Medizin studiert, als mich eine eher lächerliche Krankheit aufs Lager warf. Im Zustand der Genesung fiel mir ein Buch in die Hände, das sich vor vierzig und mehr Jahren großer Beliebtheit erfreute. Es hieß »Du und die Natur«...

Aus war's mit der Medizin! Denn: die Zensur des damals herrschenden Regimes mußte das Kapitel über Albert Einstein und die Relativitätstheorie glatt übersehen haben, und als ich da von sich verkürzenden Gegenständen, langsamer gehenden Uhren, Masse gleich Energie und anderen mysteriösen Dingen las, da gab es für mich kein Halten mehr! Das mußte ich genauer wissen! Ich hängte den Sezierkittel und die ganze medizinische Fakultät an den Nagel und inskribierte Physik.

Daß ich im Laufe meines Lebens sodann herzlich wenig mit sich verkürzenden Gegenständen und langsamer gehenden Uhren zu tun hatte, lag eben am Laufe dieses Lebens. Dennoch bin ich, insbesondere in meinen jetzigen Jahren, da die Phase unabdingbarer Existenznotwendigkeiten hinter mir liegt, mit Herz und Seele Physiker, Naturwissenschaftler, Philosoph, Träumer und Phantast...

Landläufig werden Physik und Technik, die Naturwissenschaften und das Ingenieurwesen miteinander verwechselt, und daraus resultiert eine gewisse Abneigung vieler Menschen gegen die Beschäftigung mit den Naturwissenschaften. In Wirklichkeit klafft ein grundlegender Unterschied zwischen Naturwissenschaft und Technik. Zwar gehen beide von dem Verhältnis aus, in welchem Vorstellung und Wirklichkeit zueinander stehen. Aber während der Naturwissenschaftler danach strebt, seine Vorstellungen nach der Wirklichkeit zu gestalten, sieht der Ingenieur umgekehrt seine Aufgabe darin, die Wirklichkeit nach seinen Vorstellungen zu gestalten. Das Ziel des Ingenieurs liegt im materiellen, das des Naturwissenschaftlers im geistigen Bereich. Dieser bringt einen Gedanken hervor, jener ein Ding.

Der Abstand zwischen beiden ist literaturkundig. So läßt Friedrich Dürrenmatt in den Physikern Isaac Newton so sprechen: »Dann kommen die Techniker. Sie kümmern sich nur noch um die Formeln. Sie gehen mit der Elektrizität um wie der Zuhälter mit der Dirne. Sie nützen sie aus. Sie stellen Maschinen her, und brauchbar ist eine Maschine erst dann, wenn sie von der Erkenntnis unabhängig geworden ist, die zu ihrer Erfindung führte. So vermag heute jeder Esel eine Glühbirne zum Leuchten zu bringen – oder eine Atombombe zur Explosion.«

Und Thomas Manns subtiler literarischer Bosheit ist folgende Szene aus dem Zauberberg zu danken:

»Es war rührend zu sehen, wie Hans Castorp arbeitete, um sich artig zu erweisen und seiner Schläfrigkeit Herr zu werden. Er ärgerte sich, so schlecht in Form zu sein, und sah mit dem mißtrauischen Selbstbewußtsein junger Leute in dem Lächeln und dem aufmunternden Wesen des Assistenten Zeichen nachsichtigen Spottes. Er antwortete, in dem er von den drei Wochen sprach, auch seines Examens erwähnte und hinzufügte, daß er, gottlob, ganz gesund sei.

›Wahrhaftig?‹ fragte Dr. Krokowski, indem er seinen Kopf wie neckend schräg vorwärts stieß und sein Lächeln verstärkte . . .

›Aber dann sind Sie eine höchst studierenswerte Erscheinung! Mir ist nämlich ein ganz gesunder Mensch noch nicht vorgekommen. Was für ein Examen haben Sie abgelegt, wenn die Frage erlaubt ist?‹

›Ich bin Ingenieur, Herr Doktor‹, antwortete Hans Castorp mit bescheidener Würde.

›Ah, Ingenieur!‹ Und Dr. Krokowskis Lächeln zog sich gleichsam zurück, büßte an Kraft und Herzlichkeit für den Augenblick etwas ein. ›Das ist wacker . . .‹«

*

In diesem Buch geht es nicht um Dinge. Nicht um Maschinen, Apparate oder Systeme und das einfältige Interesse an deren Funktionieren. Dieses Buch ist der Phantasie und dem Traum gewidmet. Dem Phantasieren und Hinausträumen aus der Welt der Dinge und des Machens der Dinge. Der Suche nach dem Trost, dem Blick in den Spiegel, in dem alles anders aussieht, ganz anders. Es ist für all die geschrieben, die ein Leben lang die brennende Frage, das 3W-Mysterium, mit sich im Herzen tragen:

Woher, Wohin, Warum?

Denn alles Fleisch ist wie Gras

1

und alle Herrlichkeit des Menschen wie des Grases Blumen. Was aber ist es, das des Grases Blumen spießen läßt, blühen und verwelken? Was unentwegt kommt und immerfort geht und nie vorhanden ist? Was Sie nicht sehen, nicht hören, nicht riechen, nicht schmecken, nicht greifen und nicht begreifen können; von dem Sie durch und durch durchdrungen sind; was vor Ihnen da war, durch Sie hindurchfließt und nach Ihnen da sein wird ohne je absehbares Ende?

Was ist es, von dem der heilige Augustinus sagt: »Wenn mich niemand fragt, weiß ich es. Will ich es einem Fragenden erklären, weiß ich es nicht mehr«?

Isaac Newton hielt die Zeit für diejenige absolute Dimension der Natur, längs derer sich die Bewegungen in den von ihm für ebenso absolut gehaltenen drei Dimensionen des Raumes abspielen, Immanuel Kant für eine Anschauungsform der Wirklichkeit, und für Albert Einstein verschmolz sie mit den drei Raumdimensionen zu einem vierdimensionalen Kontinuum, in welchem nichts mehr absolut, sondern das eine vom anderen abhängig ist.

Schwierig?

Ziemlich. Noch dazu, wenn man sich vorzustellen hat, daß das vierdimensionale Raumzeitkontinuum auf komplizierte Weise *gekrümmt* ist. Schwierig zu denken; aber, wie schon im ersten Kapitel ausgeführt: nicht undenkbar, den Denkgesetzen nicht widersprechend (obschon dieselben arg strapazierend). Trösten wir uns damit, verehrter Leser (um den schon einmal zitierten Ausspruch von Hannes Alfven leicht abzuwandeln), daß es Leute gibt, die so etwas denken können und vertrauen wir darauf, daß das, was sie denken, auch richtig gedacht sein wird. Ohne eine gewisse Mindestvertrauensbasis geht ja, das wissen wir alle, nichts in diesem Leben. Also...

2

Die schwierige Seltsamkeit dessen, worüber ich im Moment zu Ihnen schreibe, fängt schon bei alltäglicheren Dingen an, als der raumkrümmungs- oder gravitationsfeldbedingten Ablenkung des Sternenlichtes von Alpha Centauri durch die Sonne. Sie halten doch Ihre Armbanduhr für eine ganz normale Sache, oder? Haben Sie sich schon überlegt, warum Sie zwar der Bewegung des Sekundenzeigers mit dem Auge folgen können, der des Minuten- und gar des Stundenzeigers aber nicht? Warum ist das Schnelle so schnell, das Langsame so langsam, die Sekunde so kurz und die Ewigkeit so ewig? Wie lange dauert ein Moment?

Karl Ernst Ritter von Baer führte 1864 den Begriff des Moments in die Sinnespsychologie ein und bezeichnete damit die kürzeste von einem Lebewesen wahrnehmbare Zeiteinheit. Das Moment des Menschen ist $\frac{1}{18}$ Sekunde lang. Kürzere Sinnesreize werden nicht mehr getrennt, sondern als miteinander verschmelzend wahrgenommen. Daher beträgt die Mindest-Bildwechselfrequenz in der Kinematographie 18 Bilder pro Sekunde. Ab dieser Frequenz werden die einzeln aufgenommenen Bewegungsphasen als zusammenhängende Bewegung wahrgenommen. Für den Gehörsinn gilt ein ungefähr gleicher Grenzwert: mehr als 16 Luftschwingungen pro Sekunde werden nicht mehr als einzelne Druckstöße ans Trommelfell, sondern als Ton gehört.

Was aber wäre, wenn unser Moment tausendmal kürzer wäre? Dann wären 18000 Einzelbilder vonnöten, um den Eindruck einer zusammenhängenden Bewegung hervorzurufen, und mit Leichtigkeit könnten wir den Weg eines aus der Pistole geschossenen Projektiles verfolgen. Umgekehrt: wäre unser Moment tausendmal länger, so könnten wir das Gras wachsen sehen und Sonne wie Stundenzeiger würden in einer Minute über Firmament und Zifferblatt wandern. Beide Erscheinungen sind ja mit den Mitteln der Zeitlupe oder des Zeitraffers technisch realisierbar. Interessant sind aber die Versuchsergebnisse mit Schnekken: sie haben ein Schnecken-Moment von $\frac{1}{4}$ Sekunde. In ihrer Welt vollzieht sich alles viel rascher als von der Menschenwelt aus betrachtet, und G. A. Brecher sagt dazu: »Es geht also in einer Schneckenwelt gar nicht so langweilig zu, wie wir uns das bisher dachten, da die Schnecken infolge eines anderen subjektiven Zeitmaßes – ihres längeren Moments – in ein ganz anderes Tempo eingepaßt sind.« Das Moment des Kampffisches (*Betta splendens*) anderseits, ebenfalls aufgrund Brecherscher

Messungen, beträgt $\frac{1}{30}$ Sekunde, was dem Kampffisch ermöglicht, schnell schwimmender Beute habhaft zu werden.

Ein wenig wissen wir jetzt über das, was der heilige Augustinus in einem Atemzug wußte und nicht wußte. Sogar eine Art von humanbezogenem Relativitätsprinzip haben wir konstatiert, auf dem unter anderem die technischen Möglichkeiten des Kinos und des Fernsehens beruhen. Wir kennen Einzelheiten und Strukturen von etwas, das wir letzten Endes doch nicht kennen, obwohl wir es unausgesetzt erleben. Es geht uns hier nicht anders als den Mathematikern, die die Struktur des Unendlichen kennen und darüber hinaus nicht nur eine Sorte von Unendlichkeit – und doch zu denken aufzuhören gezwungen sind, wo das Denken selbst, weil es nicht aufhaltbar ist, selbstquälerisch sich fortsetzt ad infinitum, per omnia saecula saeculorum...

3

Was ist die Zeit?

In der Newtonschen Mechanik, auf der das Kreisen der Planeten und das Funktionieren der Maschinen beruht, ist die Zeit der (absolute) Grundbegriff zur Beschreibung der Bewegung von Körpern im – ebenso absoluten – Raum. Mit den Newtonschen Gesetzen lassen sich die Bewegungen der Himmelskörper sowie alle irdischen Prozesse berechnen, sofern bei diesen keine Reibungsverluste auftreten, sofern die Systeme, wie der physikalische Mechaniker sagt, *konservativ* sind.

Aber wo, werden Sie jetzt fragen, treten keine Reibungen auf (selbst wenn man vom Verhältnis zu seinen Mitmenschen absieht)?

Ich kann Ihnen zwei extreme Beispiele bringen: in der Bewegung der Planeten um ihr Zentralgestirn (in allergrößter Näherung) und bei dem – wie man sich das so vorstellt – Kreisen eines Elektrons auf seinem Orbital um den Atomkern, wovon in einem späteren Kapitel noch ausführlicher die Rede sein wird. Ein drittes Beispiel ist der reibungsfrei-ähnliche Zustand der Supraleitung, des Fließens von elektrischem Strom in einem Festkörper ohne feststellbaren Ohmschen Widerstand bei niedrigen Temperaturen (um den absoluten Nullpunkt; in jüngster Zeit wurden »warme« Supraleiter gefunden, die den Effekt schon bei der Temperatur des flüssigen Stickstoffes, das sind $-196°C$, zeigen).

Wiewohl Isaac Newton den Raum als ein allen Bewegungsvorgängen zugrundeliegendes absolutes Gerüst betrachtete und die Zeit als eine ebenso absolute Größe, so ist doch mit konservativen mechanischen Systemen eine absolute Messung der Zeit nicht möglich, sondern immer nur eine Bestimmung von Zeitdifferenzen. Das sehen Sie an jeder Uhr: auf dem Zifferblatt sind Zeitbestimmungen bis maximal zwölf Stunden möglich; für jede darüber hinausgehende Zeitangabe sind Zusatzinformationen (vormittags, nachmittags, Tag, Monat, Jahr) erforderlich.

Konservative Systeme, die keine Energie verbrauchen, sondern nur in andere Formen verwandeln – die Planetenbewegung, der reibungsfreie harmonische Oszillator, der ungedämpfte elektrische Schwingkreis, mit anderen Worten alle ungedämpften periodischen Prozesse – sind zur absoluten Zeitmessung ungeeignet, weil sie aufgrund ihrer zyklischen Eigenschaften nur *mehrdeutige* Aussagen über die verflossene Zeit erlauben. Ein unendlicher Zeitmaßstab – eine schon im Begriff fragwürdige Sache – ist aus energetischen Gründen nicht realisierbar. Stellen wir uns eine unendliche Zeitskala vor, die in Form eines Lineals an unserem

Auge vorbeizieht, das für jeden Zeitabschnitt, zum Beispiel für jede Stunde, eine andere Markierung trägt. Da die Zahl der verschiedenen Markierungen per definitionem unendlich ist, muß sie auch aus einem unendlichen Zeichenvorrat zusammengesetzt sein. Auch wenn jedes Zeichen nur aus einem einzigen Atom in bestimmter Codeposition bestünde, so wäre doch die Gesamtmasse des bewegten Maßstabes unendlich und damit auch seine kinetische Energie. Keine Kraft der Welt könnte diese Uhr in Bewegung setzen!

4

Planetensysteme und reibungsfreie Uhren laufen ewig, die Zeit spielt in ihnen keine Rolle, sie altern nicht. Sie sind, obgleich bewegt, *leblos* in des Wortes ureigenstem Sinne. Alle grundlegenden dynamischen Gesetze sind unabhängig von der *Richtung* der Zeit. Nichts ändert sich, wenn man *Zeit* ersetzt durch *minus Zeit* ($t \rightarrow -t$). Die Planeten würden sich »andersherum« genauso bewegen. Der Physiker sagt schlicht: die Gesetze der Physik sind *invariant* gegen Zeitumkehr.

Nur wenn man einen Film, auf dem ein Mann vom Trampolin ins Wasser springt, umgekehrt laufen läßt, so sieht das komisch aus. Ob vari- oder invariant.

Was aber ist der Unterschied?

Der Unterschied ist das Leben. Sie gestatten mir, lieber Leser, ausnahmsweise an dieser Stelle eine abstrakte Umschreibung dessen, was Materie zum Leben erweckt: die *nicht-konservative* Wechselwirkung von Körpern untereinander und mit ihrer Umgebung. Spätestens an dieser Stelle werden Sie an mich die Frage richten, weil das Wort schon so oft gefallen ist: was heißt »konservativ« und »nicht-konservativ«?

Teplitzer besitzt einen Brillantring. Immer wenn Teplitzer in Geldsorgen ist, und das ist er relativ häufig, verkauft er den Ring seinem Freund Breslauer. Breslauer besitzt sodann den Ring solange bis er, was auch nicht allzulange auf sich warten läßt, sich seinerseits vor finanziellen Problemen sieht. Er wendet sich dann an seinen Freund Teplitzer und dieser kauft ihm den Ring wieder ab. So geht das hin und her, mehrere Jahre lang, und beide, Teplitzer wie Breslauer, leben gut damit.

Sehen Sie: das ist ein konservatives System.

Eines Tages bemerkt Teplitzer, daß Breslauer den Ring, den er vom ihm erstanden hatte, nicht mehr trägt. »Breslauer«, fragt Teplitzer, »wo ist der Ring?«. Breslauer: »Ich hab' ihn verkauft...« Rauft sich Teplitzer die Haare: »Wai geschrien, Breslauer, bis du meschugge? Den Ring hast du verkauft? Unser Geschäftskapital?«

Sehen Sie: jetzt repräsentieren Breslauer, Teplitzer und der Ring ein nicht-konservatives System.

Ein Pendel, das, wie im ersten Beitrag ausgeführt, mit losgelösten Bremsbacken im absoluten Vakuum reibungsfrei gelagert ist, schwingt in alle Ewigkeit mit gleichem Ausschlag vor sich hin. Bewegungsenergie verwandelt sich in Lageenergie, Energie der Lage in Energie der Bewegung und so fort. Lassen Sie die Luft herein, so stößt das Pendel auf deren Moleküle, teilt diesen bei jedem Stoß eine wenn auch geringe so doch endliche Energiemenge mit, den diese wiederum an andere Moleküle weitergeben, es entsteht das, was man Luftreibung nennt – und schon ist die Konservativität des Systems entschwunden. Das Pendel wird langsamer und langsamer bis es am Ende ganz stehen bleibt. Und seine Energie? Verteilt auf die unzähligen Luftmoleküle, unwiderbringlich dahin. Wie Teplitzers Brillantring.

Man bezeichnet diesen Vorgang als einen unumkehrbaren, *irreversiblen* Prozeß. Aber mit den irreversiblen Prozessen kommt Leben in die Welt der toten Materie, das ewige Einerlei des Kreisens, Schwingens, Hinundhergehens, Pendelns, der endlose Zirkel der Zeitlosigkeit transformiert sich in Schicksal...

5

Das Piktogramm auf der folgenden Seite lädt Sie zu einem Gala-Ball in einem sonderbaren Tanzpalast ein. Ich nenne ihn, um die Katze schon jetzt aus dem Sack zu lassen, den *thermodynamischen Tanzpalast*. Dieses Etablissement umfaßt in unserer Vorstellung beliebig viele Ballsäle, von denen zeichnerisch vier dargestellt sind. Jeder der Säle ist gleich groß, gleich geschmackvoll (oder -los) ausgestattet, in jedem spielt eine Kapelle gleich gut und gleich laut; kurz – jeder der Säle übt auf die Ballgäste die gleiche Attraktion aus, keiner hat gegenüber einem anderen irgendeinen Vorteil, so daß für die Teilnehmer des Tanzfestes nicht der geringste Grund besteht, einen Tanzsaal dem anderen zu bevorzugen.

Um 21 Uhr ist Saal Eins geöffnet, die Türen zu den anderen Sälen sind geschlossen. In wahrhaft drangvoller Enge, man kennt das ja, drängen sich alle Tanzpaare in Saal Eins. Nun wird, den besonderen Gepflogen-

Der thermodynamische Tanzpalast

Jedesmal, wenn eine Tür geöffnet wird, verteilen sich die Tanzpaare auf die ihnen zugänglichen Säle (weil es ja ohnehin nie genug Platz gibt, jeder Ballbesucher weiß das). Und es ist nicht anzunehmen, daß sich der Zustand von 21 Uhr zu einem späteren Zeitpunkt je wieder einstellt – falls keine anderen Einflüsse wirksam werden, wie: neue Kapelle, Buffet, Freibier, Striptease oder was es sonst noch an Attraktionen gibt. Jeder Zustand ist unumkehrbar, irreversibel. Das Schicksal nimmt seinen Lauf wie es ihn nehmen muß und nicht umgekehrt. Der »Zeitpfeil« fliegt und nichts kehrt ihn um.

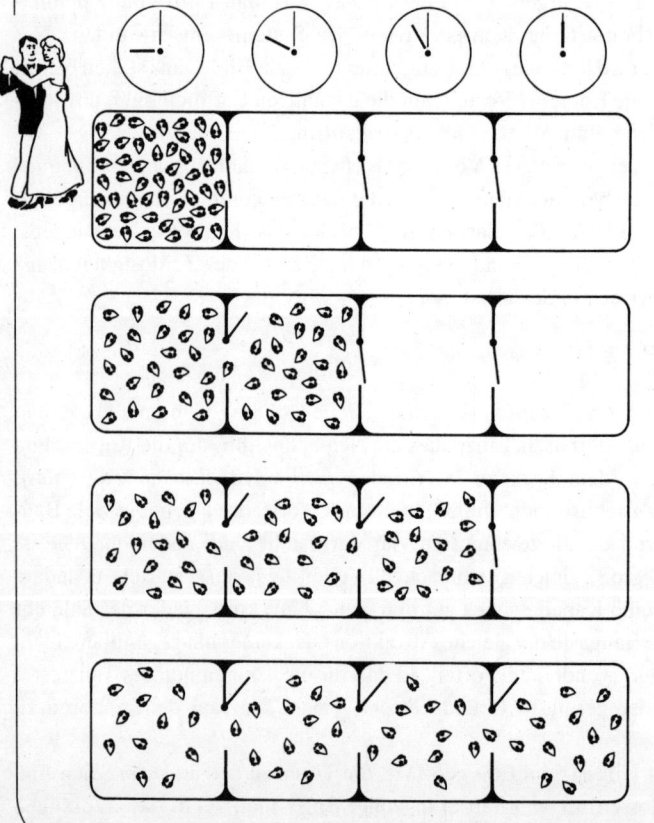

heiten der thermodynamischen Tanzveranstaltung zufolge, um 22 Uhr die Tür zu Saal Zwei geöffnet. Was passiert? Leicht zu erraten: aus der Enge des überfüllten ersten Saales hinaus werden viele Paare nach Saal Zwei hinübertanzen. Schon bald werden aber von da, wenn es hier ebenso eng zu werden droht, einige Paare nach Saal Eins zurückkehren und nach einiger Zeit werden die Tanzenden, von geringen Abweichungen abgesehen (man nennt sie die statistischen Schwankungen), sich auf beide Säle *gleichmäßig verteilen*. Ein Zustand, wie er um 21 Uhr herrschte – alle Paare in Saal Eins dichtgedrängt versammelt, Saal Zwei total leer – wird, sofern nur genügend viele Paare (= statistische Individuen) an der Veranstaltung teilnehmen –, mit an Sicherheit grenzender Wahrscheinlichkeit nicht mehr eintreten.

Die Verteilung der Tanzpaare auf die beiden Tanzsäle nach Öffnung der Pforte ist ein *irreversibler Prozeß*. Nichts stellt den Zustand 21 Uhr je wieder her. Es ist ein Tanz ohne Wiederkehr...

Wir können diesen schicksalshaften Tanz noch weiter verfolgen und werden gemäß dem soeben gezogenen Kalkül finden, daß sich, wenn um 23 Uhr der thermodynamische Tanzmeister die Tür zum dritten Saal öffnet, die Besucher nun gleichmäßig auf alle drei Säle verteilen werden. Sie erraten natürlich, wie das weitergeht, wenn nacheinander alle Türen geöffnet werden: gleichmäßig – von statistischen Schwankungen abgesehen – verteilen sich die Tanzpaare auf alle vorhandenen Säle (und wären es noch so viele) und niemals mehr tritt von selbst ein Zustand ein wie zu Beginn des Festes.

Niemals?

Wir wollen die Diskussion dieser Ausschließung auf den späteren Text verschieben und zunächst nur feststellen, daß sich zu verschiedenen Zeiten verschiedene Mengen an Tanzpaaren in den einzelnen Sälen befinden. Zählen wir die Tanzpaare in Saal Eins ab und vergleichen wir diese Zahlen mit den vollen Stunden, zu denen jeweils eine weitere Tür zu einem weiteren Tanzsaal geöffnet wird, so ergibt sich folgende Gegenüberstellung:

Uhrzeit	Tanzpaare
21 Uhr	50
22 Uhr	25
23 Uhr	17 (gerundet)
24 Uhr	12 (gerundet)

Die Wärmekraftmaschine

beruht auf dem thermodynamischen Tanzpalast-Effekt. Das Streben der tanzenden Gasmoleküle nach Ausdehnung, Gasdruck genannt, treibt den Kolben nach rechts. Dabei leistet er Arbeit. Damit die Maschine ihre Arbeit nicht nur einmal vollbringt und dann stehenbleibt, muß nach der Arbeitsphase der Zustand A zwanghaft wiederhergestellt werden. Dies geschieht mit Hilfe mechanischer Tricks (Schwungrad) sowie durch Kompression und Erwärmung (Dampfzufuhr; Zündung, Verbrennung brennbarer Gasgemische). Die investierte Heiz-Verbrennungsenergie bekommt man aber nur zum Teil als nutzbare Arbeit wieder heraus. Eine hundertprozentige Verwertung wäre gegeben, wenn das Gas im Zustand B auf den absoluten Nullpunkt abgekühlt wäre. Dem steht aber der zweite Hauptsatz der Thermodynamik (der »Entropiesatz«) entgegen, und so muß man sich damit abfinden, daß ein großer Teil der aufgewendeten Energie nicht in Arbeit umgesetzt werden kann, sondern ungenutzt entweicht. Auch hier wachsen die Bäume eben nicht in den Himmel.

Zustand A

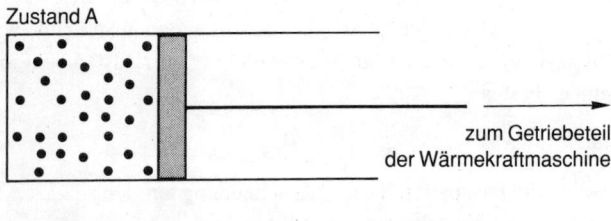

zum Getriebeteil
der Wärmekraftmaschine

Zustand B

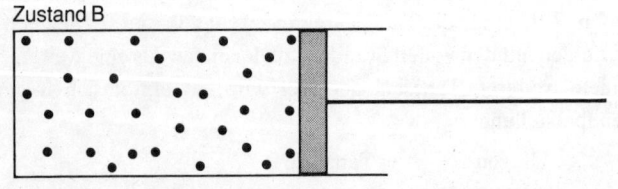

So weit geht das Piktogramm; wir können uns aber überlegen, wie das weitergeht:

01 Uhr	10
02 Uhr	8 (gerundet)
03 Uhr	7 (gerundet)
.	.
.	.
.	.
usw.	usw.

Was Sie hier von sich sehen, ist nichts Geringeres als eine fortschreitende, translatierende, niemals mehr an ihren Ausgangspunkt, zu ihrer Nullstunde zurückkehrende Uhr, die, anders als alle zyklisch arbeitenden Uhren*, an keiner Mehrdeutigkeit der Zeitanzeige mehr leidet. Man ist versucht, sie als die nahezu absolute Uhr zu bezeichnen: hätte man beliebig viele – *quasi unendlich viele* – Tanzpaare in beliebig vielen Tanzsälen, so könnte man damit beliebig lange – quasi unendlich lange – Zeiten definieren.

Die Weltenuhr, deren Stunden dem Entstehen, Werden und Vergehen des Universums schlagen, hat der Weltenuhrmacher nach diesem Prinzip angefertigt.

6

Bevor wir aber dazu kommen, möchte ich mit Ihnen noch kurz und knapp ein Kapitel Maschinenbau diskutieren, über den Bau und das Funktionsprinzip der Wärmekraftmaschinen, wie sie an der Wiege des industriellen Zeitalters standen.

Im Bild gegenüber ist der Grundriß des seltsamen Tanzpalastes umgedeutet in den Schnitt durch den Zylinder einer Dampfmaschine, und die Tanzpaare haben sich in Moleküle des Wasserdampfes verwandelt. Die hohe Temperatur des Wasserdampfes teilt diesen seinen Molekülen

---

* *auch Digitaluhren, ob mechanisch oder elektronisch angetrieben, gehen auf einen zyklischen Prozeß zurück, nämlich auf die Taktfrequenz, mit der das Zählwerk fortgeschaltet wird. Letzten Endes repräsentiert aber auch das periodisch fortgeschaltete Zählwerk ein nicht-konservatives System, weil der Vorgang der Fortschaltung an sich schon dem – im Prinzip konservativ arbeitenden – Oszillator Energie entnimmt.*

eine erkleckliche Geschwindigkeit mit. Sie rasen wie verrückt durch den Zylinder, stoßen einander wie Billardkugeln und werden von den Zylinderwänden und der Stirnfläche des Kolbens zurückgeworfen wie Squashbälle. Alle diese Vorgänge laufen streng nach den aus den Newtonschen Axiomen ableitbaren Gesetzen des elastischen Stoßes ab (das auch dem Billardspiel zugrundeliegt).

Das frontale Aufeinandertreffen zweier Kraftfahrzeuge auf gerader Landstraße bei überhöhter Geschwindigkeit gehorcht nicht mehr dem Gesetz des elastischen Stoßes. Hier wird der Impuls beider Fahrzeuge in Deformationsenergie und in eine für die Insassen lebenszerstörende Form der Energie umgewandelt.

Die vielen Stöße der Wasserdampfmoleküle, die wie Squashbälle auf Zylinderwand und Kolben prallen, äußern sich makroskopisch als Gasdruck, der auf Zylinder und Kolben wirkt. Bis jetzt haben wir den Kolben festgehalten (was der geschlossenen Tür des thermodynamischen Tanzsaales Nummer Eins entspricht) und spüren den Gasdruck als diejenige Kraft, die wir nach Newtons lex tertia, dem Prinzip von Aktion und Reaktion benötigen, um den Kolben in seiner Position festzuhalten.

Was aber passiert, wenn der Kolben nun losgelassen wird?

Der Gasdruck wird den Kolben nach rechts bewegen. Dabei vergrößert sich der dem Gas zur Verfügung stehende Raum, das Gasvolumen vergrößert sich in demselben Maße, und der Druck des Gases sinkt, weil jetzt pro Quadratzentimeter Wandfläche (Zylinder + Kolben) weniger Moleküle auftreffen und dort ihre Stoßkraft ausüben. Und weil der Kolben bewegt worden ist, hat das expandierende Gas *Arbeit* geleistet. In dem soeben beschriebenen Vorgang erkennen Sie die Elementarphase oder *Arbeits*phase der Wärmekraftmaschine. Ob es sich nun um die klassische Wattsche Dampfmaschine handelt, den Ottomotor, die geniale selbstzündende Verbrennungskraftmaschine von Rudolf Diesel oder um irgendeine andere technische Ausformung: das Prinzip der thermodynamischen Kraftmaschine bleibt immer das gleiche. Der arbeitleistende Expansionsvorgang des unter Gasdruck stehenden Zylinderraumes ist ebenso irreversibel wie die Verteilung der Tanzpaare auf die Ballsäle. Zur Realisierung einer zyklisch arbeitenden Wärmekraftmaschine muß daher der Anfangsszustand A zwanghaft wiederhergestellt werden. Dies geschieht durch Kompression und Erwärmung. Die Kompressionsleistung wird dabei dem im Schwungrad gespeicherten kinetischen Energievorrat der Maschine selbst entnommen, die Wärme wird entweder von außen zugeführt (Feuerung, Dampfkessel) oder durch Verbrennung von Kraftstoff im Zylinderraum selbst erzeugt. Insgesamt leistet die Wärmekraftmaschine bei jedem Kompressions/Dekompressions-Zyklus Arbeit: das Schwungrad dreht sich, das Auto fährt, das Flugzeug fliegt, das Dampfschiff pflügt die Wogen. Dabei spielt die Differenz zwischen zwei Temperaturen eine Rolle: der hohen Temperatur des Wasserdampfes oder des verbrennenden Treibstoff/Luftgemisches im Zylinder und der verhältnismäßig niedrigen Temperatur der Auspuffgase. Je höher die Temperaturdifferenz ist, desto wirtschaftlicher arbeitet die Wärmekraftmaschine, desto höher ist ihr Wirkungsgrad. Könnte man die Abgase der Maschine auf den absoluten Nullpunkt abkühlen, so würde der Wirkungsgrad hundert Prozent erreichen. Das heißt, alle hineingesteckte Wärmeenergie würde total in Arbeit umgesetzt. Man kann aber einen Körper nicht bis auf den absoluten Nullpunkt abkühlen, schon gar nicht die Abgase einer Wärmekraftmaschine, und da liegt der Hase im Pfeffer. Denn dieses Unvermögen ist nicht etwa nur auf einen eventuell noch behebbaren Mangel der Kühltechnik zurückzuführen, sondern ein physikalisches Prinzip. Ihm ist sogar ein eigener Lehrsatz gewidmet. Es ist dasjenige Schlüsselprinzip der Natur, das den Lauf der Welt in Gang setzt und uns einen ahnungsvollen Schimmer davon vermitteln kann, wie wir die Zentralfrage dieses Aufsatzes, die Frage nach der *Zeit,* beantworten könnten.

7

Das absolute, unantastbare, keiner Infragestellung aussetzbare Credo, die allerheiligste Kuh der exakten Naturwissenschaften ist der erstmals 1845 von Robert Mayer formulierte Satz von der Erhaltung der Energie: *Energie kann weder erzeugt noch vernichtet, sondern nur in andere Energieformen umgewandelt werden.* Chemische Energie in Wärme, Bewegungsenergie in Elektrizität, Elektrizität in Strahlung, Strahlung in chemische Energie, und so weiter. Keine einzige Kilowattstunde, Wattsekunde wird dabei erzeugt oder verloren, wird vernichtet oder geboren. Die Gesamtenergie des Weltalls bleibt konstant. In der Thermodynamik wird der Satz von der Erhaltung der Energie als *Erster Hauptsatz* bezeichnet.

Aber...

Auch Geld bleibt ja im Grunde genommen immer Geld. Wenn man von Inflationen absieht. Sie können Ihr Geld von einem Konto auf ein anderes transferieren oder von einer Währung in die andere umwechseln. Ein seriöses Bankinstitut wird Sie dabei absolut nicht betrügen, keineswegs, aber es wird für die Dienstleistung einen Gegenwert verlangen, Spesen nämlich, und oft nicht zu knapp. Und genau das tut die Natur auch, wenn in ihr Energie von einer Form in die andere verwandelt wird. Die Spesen, welche die Natur ihrem eigenen Kleingedruckten zufolge für jeden Energietransfer fordert, heißen Entropie.

Sie sehen, verehrter Leser, es wird uns nichts geschenkt! Im Geschäft nicht, im Leben nicht und von der Natur schon gar nicht! C'est la vie...

Entropie ist ein griechisches Wort, das von dem Physiker Rudolf Clausius im Jahre 1868 gewählt wurde, um jenen Energiebetrag zu bezeichnen, der bei jedem natürlichen und technischen Energieumsatz an Umsatzsteuer an die Natur bezahlt werden muß. Und was treibt die Natur mit dieser Umsatzsteuer? Etwas Sonderbares. Sie verwandelt sie in Wärme. In die ziel- und regellose Bewegung der Atome und Moleküle, die selber keinerlei Arbeit mehr zu leisten imstande ist. Außer, sozusagen, nur warm zu sein.

Bei jeder Energieumwandlung verliert ein Teil der daran beteiligten Energie – und damit das ganze Universum – an Arbeitsfähigkeit.

Das ist der wesentliche Inhalt des Zweiten Hauptsatzes der Thermodynamik. Er erscheint in verschiedenen begrifflichen und praktischen Ausformungen, von denen ich Sie nur mit einigen bekanntmachen möchte, die der alltäglichen Erfahrung entsprechen:

1. Wärme kann nicht von einem kälteren auf einen wärmeren Körper übergehen.

2. Von zwei nebeneinander befindlichen Körpern erwärmt sich nicht plötzlich der eine und der andere kühlt sich ab. Was, wenn die an diesem hypothetischen Vorgang beteiligte Wärmemenge dieselbe bliebe, dem Ersten Hauptsatz der Wärmelehre *nicht* widerspräche.

3. Bei Energieumsetzungen in einem abgeschlossenen System nimmt die Arbeitsfähigkeit der inneren Energie nur ab und die Entropie nur zu.

4. Ein Krug geht solange zum Brunnen, bis er bricht. Aber man kann die Scherben desselben, solange man will, entweder nebeneinanderlegen oder zusammenschütteln oder/und vom Brunnen wegtragen – es wird niemals mehr ein Krug daraus...

Sie halten sicher die ersten beiden Sätze für trivial und ohne jeden Neuigkeitswert, den dritten für hochgestochen und den vierten für den größten Blödsinn, der Ihnen je untergekommen ist.

Ja, ja. Und doch wohnt darin das Gesetz und ihm entspringt der Lauf der Welt.

8

Wir wollen uns jetzt mit einem Begriff beschäftigen, den Sie ohnehin schon zur Genüge kennen. Je nach charakterlicher Veranlagung lieben Sie ihn, stehen ihm gleichgültig gegenüber oder halten ihn gar für lästig. Sie haben doch im Büro eine Schreibtischlade? Zu Hause einen Haushalt? Eine Familie oder Liebesverhältnisse? Vielleicht stellen Sie gerne die Figuren des königlichen Spiels aufs Brett oder teilen am Abend die Skatkarten aus. Gehen sonntags auf den Fußballplatz oder zum Pferderennen. Können sich in den Anblick einer Blume verlieren oder in den des nachtglitzernden Sternenhimmels.

Bleistift, Papier, Radiergummi; Tassen, Teller, Servietten; Ehemann, Ehefrau, Schwiegermutter, Freundin; Bauer, Springer, Läufer; Dame, König, As; Stürmer, Tormann, Libero; Sieg und Platz; Großer Bär und kleiner Bär, Venus und Polarstern...

Sie stehen alle zueinander in bestimmten Ordnungsverhältnissen. Die Büro- und Haushaltsartikel in einem räumlichen, die Menschen in einem familiären; die Ordnung der Schachfiguren, Spielkarten und Fußballer ist in den Spielregeln enthalten und die Sterne gehorchen den Ordnungsgesetzen kosmischer Kräfte. Der Begriff *Ordnung,* von dem wir hier sprechen, obwohl Sie ihn ohnehin schon kennen oder fürchten gelernt haben, spielt in allen unseren weiteren Phantasien die zentrale Rolle. Denn an Ordnungen, ursprünglich an den primitiven Anordnungen der Gegenstände im Raum, wie sie die Greifhand der Hominiden vor fünf Millionen Jahren herzustellen lernte, rankt sich das Denken empor sowie die Ordnung des Denkens, die Abstraktion.

Was ist Ordnung?

Versuchen Sie einmal, die allgemeine Definition des Begriffs Ordnung zu formulieren ohne Bezugnahme auf konkrete Objekte wie Steine, Sterne, Stifte, Stempel, Untertassen, Unterhosen, Hammelherden und Fußballmannschaften. Sie werden dann finden – insbesondere wenn Sie beispielsweise an Ihren Werkzeugkasten im Keller denken –, daß eine in

der Verneinung angesiedelte Definition dieses Begriffes naheliegt, nämlich:

Ordnung ist das, was nicht von selbst entsteht.
Woraus sich sofort der Gegenbegriff ergibt: Unordnung ist das, was
ganz von selber kommt. Wenn man es nur läßt. Oder: jeder einmal
geordnete Zustand dieser Welt (Werkzeugkasten) strebt von selbst dem
Zustande der Unordnung zu. Und nicht umgekehrt.
Die Frage ist, warum wir nun gerade dem *Sich-nicht-von-selbst-Einstel-
len* so großes Gewicht zumessen und nicht seinem Gegenteil. Ein Maler
oder Bildhauer könnte ja auch an einem wilden Agglomerat oben
genannter Requisiten höchstes ästhetisches Entzücken empfinden; tatsächlich sind die Galerien voll solcher Bilder – dieser wichtigen Frage
werden wir uns in den Abschnitten 13 und 14 zuwenden. Geduld, es folgt
noch, ehe der letzte Trost kommt, ein letztes Kapitel Thermodynamik.

9

Der Leser ahnt natürlich längst, daß das Ganze wiederum in den
sonderbaren Tanzpalast, die Wärmekraftmaschine und die irreversiblen
Prozesse mündet. Richtig. Ordnung und Unordnung sind, unseren oben
gewonnenen Erkenntnissen zufolge, Anfangs- und Endzustand eines
nichtumkehrbaren Prozesses. Um 21 Uhr, wenn alle Tanzpaare im Saal
Eins versammelt und alle anderen Säle leer sind, herrscht im Palast der
Zustand höchster Ordnung ebenso, wie wenn Sie alle Ihre Nägel in dem
dafür vorgesehenen Fach Ihres Werkzeugkastens eingeordnet haben.
Überlassen wir den Palast sich selber, indem wir den Zwangszustand der
verschlossenen Türen aufheben, so geht sein Zustand maximaler Ordnung peu à peu in den maximaler Unordnung über. Und die Weltenuhr
setzt sich in Gang...
Daß Ordnung und Unordnung in den allerverschiedensten Erscheinungsformen auftreten können, wollte ich Ihnen mit der Parabel vom
Krug nahebringen, der zum Brunnen geht: der Krug in seiner unversehr-
ten Form repräsentiert die vom Töpfer geschaffene Ordnung des Mate-
rials in der vom Töpfer imaginierten Form. Ordnung und Form sind hier
identisch. Fällt der Krug zu Boden und zerbricht, wird die eintretende
Unordnung der Stücke nie mehr von selbst zu ihrer ursprünglichen
Ordnung/Form zurückkehren. Das liegt auf der Hand. Die Töpfer
würden sonst arbeitslos. Leicht wird der Leser den Übergang von der
rein *räumlichen* zur *zeitlichen* Ordnung finden: ein Musikstück etwa, das

aus dem Radio kommt, repräsentiert eine rein zeitliche Ordnung von Tönen. Strawinsky konnte daher mit vollem Recht sagen: »Musik ... ist ... eine Ordnung zwischen dem Menschen und der Zeit.« Sehen Sie in der Oper ein Ballett, so gesellt sich zur rein zeitlichen Ordnung der Töne, wie das Orchester sie spielt, die Ordnung der Tänzer in Raum *und* Zeit, die *raumzeitliche* Ordnung des Tanzes.

Die Zustände und das Geschehen der Welt werden durch raumzeitliche Ordnungen repräsentiert. Der Begriff der raumzeitlichen Ordnung ist der generelle Oberbegriff über alle Zustände und Vorgänge in dieser Welt. Auch für die Zustände und Prozesse der organischen Materie. Für Leben und Sterben.

Auch für das Bewußtsein, die Seele, den Geist?

10

Bevor ich dieses heiße Eisen nur anblicke, von Anfassen ganz zu schweigen, noch eine rekapitulierende und mit einer Frage verbundene Feststellung: Die Zustände und Vorgänge in der Natur werden durch raumzeitliche Ordnungen repräsentiert, wohin aber strebt ein einmal gegebener (oder herausgegriffener) Ordnungszustand? Wohin wohl?

Die Antwort liegt, nach all dem oben Gesagten, auf der Hand. Ehe ich Sie aber mit dem Weltuntergang erschrecke, noch ein Schrecken minderer Art: etwas Mathematik. Ordnung und Unordnung sind mathematisch, zahlenmäßig erfaßbare Begriffe. Um dies unmittelbar bildlich zu verstehen, betrachten wir den nebenstehenden Kasten. Hier ist der thermodynamische Tanzpalast drastisch auf zwei Säle und die Zahl der Paare auf ebenfalls zwei reduziert worden. Das erleichtert die Rechnung und zeigt doch alles, was zu zeigen ist. Um 21 Uhr ist Saal Eins mit den beiden Paaren restlos gefüllt. Das ist der Zustand höchstmöglicher Ordnung, er ist, und darauf kommt es an, auf eine und nur eine einzige Weise realisierbar. Ein Platztausch der Paare wäre irrelevant, er änderte am *Bild* der Ordnung nichts. Anders hingegen, wenn um 22 Uhr die Tür geöffnet wird. Jetzt können sich die Paare auf sechs mögliche Arten auf die beiden Säle verteilen, es gibt sechs *Ordnungsbilder* oder *Konfigurationen*. Je größer die Zahl der Konfigurationen, der möglichen Anordnungen von Objekten, desto größer die Unordnung. Auf je mehr Fächer Ihres Werkzeugkastens die Nägel verstreut sind, desto größer Ihre Unordnung. Aber auch um so größer die Wahrscheinlichkeit! Ein

Zur Wahrscheinlichkeit von Ordnungszuständen und Lottogewinnen

Wir vereinfachen den Tanzpalast von Seite 76 drastisch auf zwei Säle, in denen je zwei Tanzpaare Platz haben. Zu Beginn der Veranstaltung ist der erste Saal mit den beiden Tanzpaaren bis auf den letzten Platz gefüllt, der zweite Saal ist gesperrt und daher leer:

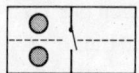

Dieser Zustand ist der größtmögliche Ordnungszustand. Er ist nur auf eine einzige Art, nämlich die gezeichnete, realisierbar (ein Platztausch der Tanzpaare innerhalb des Saales ist molekularphysikalisch gesehen ohne Bedeutung). Die Zahl der möglichen Positionen W ist also = 1. Dieser Zustand ist, weil er nur auf eine Art zustandekommen kann, auch der unwahrscheinlichste. Seine Entropie ist

$S = 3{,}83 \cdot 10^{-27} \cdot \ln 1 = 3{,}83 \cdot 10^{-27} \cdot 0 = 0$, weil jeder Logarithmus von 1 gleich 0 ist.

Wird die Tür um 21 Uhr geöffnet, so haben die beiden Paare nunmehr sechs Tanzmöglichkeiten

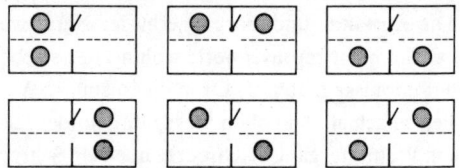

Unordentlich, wie er ist, hat dieser Zustand die sechsfache Wahrscheinlichkeit des ersteren. Demnach ist jetzt die Entropie:

$S = 3{,}83 \cdot 10^{-27} \cdot \ln 6 = 3{,}83 \cdot 10^{-27} \cdot 1{,}79 = 6{,}86 \cdot 10^{-27}$

Allgemein ist die Anzahl der Möglichkeiten, k Tanzpaare auf n Plätze zu verteilen, (oder k Zahlen aus n Zahlen zu erraten) gleich der Anzahl der Kombinationen von n Elementen zu k-ten Klasse ohne Wiederholung:

$$C_n^k = \frac{n!}{(n-k)! \cdot k!} \quad \text{mit } n! = 1 \cdot 2 \cdot 3 \cdot 4 \cdot 5 \cdot 6 \ldots n$$

Wendet man das auf das Zahlenlotto 6 aus 49 an, so hat man

$$C_{49}^6 = \frac{49!}{(49-6)! \cdot 6!} = \frac{49 \cdot 48 \cdot 47 \cdot 46 \cdot 45 \cdot 44 \ldots}{(43 \cdot 42 \ldots) \cdot 1 \cdot 2 \cdot 3 \cdot 4 \cdot 5 \cdot 6} = \frac{10.068.347.000}{720}$$

= 13.983.816 Möglichkeiten.

Die Entropie des Zahlenlottos ist demnach
$S = 3{,}83 \cdot 10^{-27} \cdot \ln 13.983.816 = 3{,}83 \cdot 10^{-27} \cdot 16{,}45 = 6{,}3 \cdot 10^{-26}$.
Die Chance, einen Sechser im Lotto zu gewinnen, steht bei einem Spiel rund Eins zu 14 Millionen!

Unordnungszustand ist gegenüber einem Ordnungszustand immer der wahrscheinlichere. Streuen Sie Ihre Nägel einmal blindlings über den Werkzeugkasten aus. Was erwarten Sie? Daß alle Nägel sich brav in einem einzigen Fach einfinden? Doch wohl nicht! Denn die Wahrscheinlichkeit für das Eintreten solch einer Ordnung ist gering im Vergleich zu der aller anderen Verstreuungsmuster oder Konfigurationen, im Fachjargon »Komplexionen« genannt.

Da man, wie das gegenüberstehende Bild ausweist, den Status von 22 Uhr durch sechs verschiedene Konfigurationen zweier Tanzpaare realisieren kann, ist er auch sechsmal so wahrscheinlich wie der Zustand von 21 Uhr. Oder umgekehrt. Wir können daher noch eine andere, vielleicht sogar noch griffigere Definition des Begriffes Ordnung hinschreiben:

Ordnung ist der unwahrscheinlichere Zustand.

Die Zahl der Konfigurationen, mit der ein bestimmter Zustand – zum Beispiel sechs Nägel auf 49 Fächer eines Werkzeugkastens – realisiert werden kann, ist ein Maß für die Unordnung dieses Zustandes und somit ein Maß für die *Entropie* dieses Zustandes*. Und da die Unordnung in einem System – wie schon erkannt – von selber nur zunehmen und nicht abnehmen kann, kann auch die Entropie nur zu und nicht abnehmen. Das ist der berühmte zweite Hauptsatz der Thermodynamik.

In nebenstehendem Kasten ist die Formel angegeben, mit deren Hilfe sich Komplexionszahlen mit mehr als zwei Objekten auf mehr als zwei Plätzen errechnen lassen. Wenn Sie sich die Mühe machen, die Formel gründlich anzusehen, gewinnen Sie vielleicht die eine oder andere Erkenntnis über Chancen im Glücksspiel. Nicht ohne Grund steht oben ein Beispiel von 6 Nägeln auf 49 Plätzen...

11

Das Hineinschlittern der Ordnung in die Unordnung – zahlenmäßig ausdrückbar durch die *Maßzahl Entropie* – ist gleichbedeutend mit der Abnahme der *Arbeitsfähigkeit der Energie* im gesamten Weltall.

Dieser Verlust an Arbeitswert betrifft nicht nur die Energie direkt, sondern jegliches in unserer Welt aus einem Ordnungs- in einen Un-

---

*für Mathe-Freunde: die Entropie ist proportional dem natürlichen Logarithmus der Komplexionszahl W: $S = k.lnW$.

Der Urknall

Daß er wirklich stattgefunden hat und zwar in der Weise, wie sie im folgenden tabellarisch gezeigt wird, ist am besten belegt durch die Existenz der kosmischen Hintergrundstrahlung, die von Arno A. Penzias und Robert W. Wilson 1964 mit einer Radioantenne besonderer Bauart entdeckt wurde. Sie entspricht der Wärmestrahlung eines 3,5 K (minus 269.66 Grad Celsius) „warmen" Körpers und wird als *Nachhall* des Urknalls gedeutet.

Zeit	Vorgang	Zustand	
		Temperatur	Materie
0	Urknall	größer als 100 Milliarden Grad	Materie und Antimaterie 1:1
0,01 Sekunden	Expansion	100 Milliarden Grad	Ein Überschuss an Photonen beleuchtet die Szene blendend (siehe Bibel »Und Gott sprach es werde Licht. Und es ward Licht«.
			Wegen der vielen Photonen ist das Weltall zwar hell, es bleibt aber undurchsichtig wie eine Waschküche.
1 Sekunde	Expansion	10 Milliarden Grad	Es gibt Photonen, Elektronen, Positronen, Neutrinos
14 Sekunden	Elektronen und Positronen vernichten einander	3 Milliarden Grad	83 % Protonen 17 % Neutronen
3,5 Minuten	Kondensation	1 Milliarde Grad	74 % Wasserstoff 26 % Helium
8 Stunden	Ende Kondensation	250 Millionen Grad	Bildung der Elemente
200.000 Jahre		6000 Grad	
250.000 Jahre	Das Weltall klärt sich und wird durchsichtig Bildung von Protogalaxien		
10 bis 20 Milliarden Jahre	Staub, Gas, Sterne und Galaxien in heutiger Form		

ordnungszustand Übergehendes – Ressourcen, Wirtschaft, Umwelt, Gesundheit, Jugend, Alter. Das hat Jeremy Rifkin in seinem schaudernd-faszinierenden Buch »Entropie« beschrieben. Unser Schicksal ist der Wärme-, Unordnungs-, Abnutzungs-, Zerstreuungs-, Zerbröselungs-, letztendlich Wertlosigkeitstod. Schöne Aussichten?

Sören Kierkegaard hält »das Leben« für die »Krankheit zum Tode«. Der Weltentod allerdings, und das mag ein kleiner Vorschuß auf den Trost aus der Formel sein, der Weltentod läßt noch einige Milliarden Jahre auf sich warten. Mehrere Male werden bis dahin Nord- und Südpol miteinander vertauscht sein, die Landkarten umgedruckt, und die Kinder in Erdkunde umlernen müssen. Gar nicht zu reden von neuen Eiszeiten...

Es spricht manches dafür, daß das Universum, in dem wir leben, aus einer gigantischen Explosion, dem *Urknall,* dem *Big Bang* hervorgegangen ist. Das mag so vor zehn oder zwanzig Milliarden Jahren gewesen sein. Seitdem birst es auseinander wie die Silbersterne einer Rakete, und diese Silbersterne – die Milchstraßen, Spiralnebel, Galaxien – bewegen sich um so schneller von unserem eigenen Standort, dem Sonnensystem fort, je weiter sie ohnehin schon von uns entfernt sind. Die Physiker, Astronomen, Optiker und Radiotechniker haben ungemein raffinierte Methoden entwickelt, um das festzustellen. Der Nobelpreisträger Steven Weinberg hat darüber ein wunderbares Buch geschrieben mit dem Titel »Die ersten drei Minuten«.

Ob nun das Universum zehn oder zwanzig Milliarden Jahre alt ist, wissen wir zwar nicht so genau – die ersten drei Minuten nach dem Big Bang, die kennen wir besser! Oder glauben wenigstens, sie zu kennen. Man nennt die Gesamtheit der Kenntnisse über die Entstehung des Weltalls das »Standardmodell« und Steven Weinberg sagt dazu: »Können wir uns des Standardmodells wirklich sicher sein? Werden es nicht neue Entdeckungen zu Fall bringen...? ... Doch auch wenn es schließlich verdrängt werden sollte, wird das Standardmodell eine wertvolle Rolle in der Geschichte der Kosmogonie gespielt haben.«

Aus heutiger Standardsicht benötigte das ursprünglich auf unwahrscheinlich kleinen Raum komprimierte Universum 700.000 Jahre, um sich auf die Temperatur von 3.000 Grad Celsius abzukühlen, bei der sich Atome und Moleküle bilden konnten. Durch diesen Kondensationsprozeß wurde das ursprünglich strahlungsundurchlässige Universum – man stelle sich eine mit Wasserdampf gesättigte Waschküche vor – plötzlich durchsichtig und nichts mehr stand der Entstehung und dem Erstrahlen des nachtglitzernden Sternenhimmels, wie wir ihn heute sehen, entgegen.

Es gibt natürlich eine Menge Fragen. Was vor dem Urknall gewesen ist, »wer«, um mit Roman Sexl zu sprechen »urgeknallt hat« und was hinterher kommt, wenn alles sich im Wärmetod aufgelöst haben wird.

12

Wendet man das Modell des thermodynamischen Vergnügungsetablissements auf das Universum an, so kommt man zwangsläufig zu dem Schluß, daß zum Zeitpunkt der Zündung der Universalbombe – als noch alle Türen zu waren – die allergrößte Ordnung in der Welt geherrscht haben muß, im Vergleich zu allen späteren Zuständen. Das zumindest im räumlichen Sinne, weil man sich alle Materie oder das, woraus nachher Materie entstand, auf engsten Raum zusammengedrängt vorzustellen hat. Wie die Tanzpaare in Saal Eins um 21 Uhr! Die Welt hatte sozusagen, jetzt verzeihen Sie mir einen bayerischen Kraftausdruck, »ihren Dreck im Schachterl«.

Und dann öffnete sich die Büchse der Pandora...

Wir haben gelernt, das Werden, Sein, Vergehen, Entstehen, die Welt im Kleinen und im Großen als eine Summe raumzeitlicher Ordnungszustände zu betrachten. Wir haben auch gelernt, daß Ordnungszustände fern dem »thermodynamischen Gleichgewicht« (wie man die totale Unordnung fein umschreibt) unwahrscheinliche Zustände sind, was Sie am ehesten bei Betrachtung Ihrer Schreibtischlade verstehen werden. Je geordneter ein Zustand – gleich welcher Objekte –, je ferner dem thermodynamischen Gleichgewicht, desto unwahrscheinlicher ist er.

Demzufolge muß der Zustand der Welt zu Beginn des großen Tanzes der unwahrscheinlichste gewesen sein. Kann ein Zustand von derart gigantischer – man ist versucht zu sagen: verbotener – Unwahrscheinlichkeit von selbst *zufällig* entstehen? Oder bedurfte es eines Schöpfungsaktes? Diese Frage ist nur eine andere Form von Roman Sexls Frage »Wer hat urgeknallt«?

Viele Menschen, unter ihnen der Biologe Jacques Monod glauben daran, daß die Welt ein Zufallsprodukt und nichts als ein Zufallsprodukt ist: »Der alte Bund ist zerbrochen; der Mensch weiß endlich, daß er in der teilnahmslosen Unermeßlichkeit des Universums allein ist, aus dem er zufällig hervortrat. Nicht nur sein Los, auch seine Pflicht steht nirgendwo geschrieben.«

Die Geschichte hat allerdings einen logischen Haken. Wenn einmal Zufall, dann immer Zufall. Da muß man konsequent sein. Wenn also erstens alles um uns und wir selbst ein Produkt puren Zufalles sind, wenn sich zweitens das Weltgeschehen in jedem Augenblick nach den thermodynamischen Spielregeln, insbesondere nach dem zweiten Hauptsatz der Thermodynamik entwickelt, so ist jeder ältere Zustand der Welt – und unserer selbst – der unwahrscheinlichere gegenüber dem jeweils auf dem Fuße folgenden jüngeren. Wenn alles per Würfelspiel geworden ist und alles hinter uns liegende das mit viel geringerer Wahrscheinlichkeit zu Erwürfelnde ist als die Welt und wir selbst in diesem gegenwärtigen Moment, in dem ich dieses hier niederschreibe – oder Sie es lesen –, so wäre es doch noch am *relativ wahrscheinlichsten,* daß die Welt und Sie und ich genau erst in dem Augenblick, in dem ich dieses niederschreibe oder in dem Sie es lesen, entstünde. Vielmehr: wenn Sie diese Zeilen lesen, dann hätte *ich* gar nicht erst schreiben müssen, sondern Buchstabe für Buchstabe würde in dem Moment, in dem Sie ihn lesen, entstehen. Und nicht nur das: Sie und alles um Sie herum gleichfalls. Durch puren Zufall. Das ganze Universum samt Ihrem Bewußtsein und Ihrem Gedächtnis, Ihren Geschichtskenntnissen, Ihren Freunden, Mann, Frau, Kind, Tante, Onkel und so weiter. Zusammen mit Ihrer – nunmehr fiktiven – Vergangenheit und Ihrer – überhaupt nur noch fiktiven – Identität!

13

Der Strom der Phantasien, der uns mitzureißen droht, mündet in nichts anderes als in puren *Solipsismus,* die Lehre, daß nichts wirklich sei außer dem eigenen Bewußtseinsinhalt. Mündet in das Kalkül, daß einzig ich selbst existiere und alles andere nur meine Vorstellung ist. Aber der Solipsismus spielt in der Philosophie eine ähnliche Rolle wie das perpetuum mobile in der Technik. Mit dem Unterschied, daß sich zwar das perpetuum mobile exakt widerlegen läßt, der Solipsismus aber nicht. Wissenschaftlich ruchlos und verpönt sind sie aber alle beide. Unsere Hasardwelt, wie wir sie entworfen haben, ist demnach ein Paradoxon, das auch als Boltzmannsches Paradoxon bekanntgeworden ist.
Wenn aber nicht purer Zufall, was dann? Wenn schon Urknall, erste drei Minuten, Materiekondensation und so weiter, wie sollen dann so wunderbare raumzeitliche Ordnungen wie das Universum, die Galaxien, die Sonnensysteme, die Zellen, Pflanzen, Tiere, das ganze Leben, der Mensch, sein Geist entstanden sein, wenn doch alles immer nur dem Zustande größerer Unordnung entgegenstrebt?

Eine gute Frage.

Gibt es auch eine gute Antwort auf diese gute Frage? Es gibt zwei Antworten, die versuchen, gut zu sein. Die erste Antwort liegt in der Erkenntnis, daß sich die Zunahme der Entropie, also der Unordnungszuwachs, auf ein thermodynamisch abgeschlossenes System bezieht. Ungeachtet dessen, was sich in einzelnen Abteilungen dieses Systems abspielt. Nicht verboten durch den Zweiten Hauptsatz der Thermodynamik ist, daß sich ein Teilsystem zu unerhörter Höhe und Blüte entwickelt, wenn nur in einem anderen Teil des Gesamtsystems alles derart drunter und drüber und bergab geht, daß insgesamt die Entropiebilanz stimmt.

Die Reichen werden eben dann immer reicher, wenn die Armen immer ärmer werden. Aber die Armen werden mehr arm als die Reichen reich werden. Die Differenz heißt Entropie. Und am Ende hat keiner mehr was. Denn alles Fleisch ist wie Gras...

Ein im wahren Sinne des Wortes einleuchtendes Beispiel bietet eine von einem hohen Turm abgeschossene Feuerwerksrakete. Es gibt zwei Möglichkeiten. Entweder sie zündet nicht (vielleicht, weil das Pulver im Raketenkopf naß geworden ist), dann fällt der ganze Raketenkopf in einer Wurfparabel zur Erde. Oder sie zündet wie sie soll – dann sprühen einige Sterne hoch über ihre Flugbahn hinaus in die Luft, andere schießen zu Boden. Aber: der *Massenmittelpunkt* aller ausgeworfenen Teile der Rakete vollführt ungerührt seine Wurfparabel und endet genauso dort am Boden wie wenn die Rakete überhaupt nicht explodiert wäre. Das ist das *horizontale Raketengleichnis*.

14

Wir kommen zur zweiten möglichen Antwort. Sie beruht auf der Unterscheidung der Begriffe *Ordnung* und *Muster*. Nehmen Sie ein Brett und bohren Sie Löcher hinein. Realisieren Sie damit ein Muster nach ihrem Geschmack. Dann nehmen Sie eine Handvoll Murmeln – mehr Murmeln als Sie Löcher gebohrt haben – und streuen Sie diese über das Brett. Was wird passieren? Nach einigem Rütteln und Schütteln werden sich in alle Löcher Murmeln gesetzt haben und die überschüssigen Kugeln werden vom Brett gerollt sein. Die Murmeln markieren nunmehr das von ihnen gewollte Muster. Sie haben dem ursprünglichen Chaos der Murmeln Ihre Ordnung aufgeprägt! Mit Ihren Löchern. Ihr Muster ist das Gesetz, nach dem das Chaos sich geordnet hat.

So mag auch, um eine vorher gestellte Frage zu beantworten, in dem apparenten Formen- und Farbenchaos eines abstrakten Gemäldes für das Auge seines Schöpfers – und hoffentlich auch des Betrachters – ein von einem ästhetischen Schaffensgesetz geprägtes Muster erkennbar sein.

Der allgemeine Begriff Ordnung, wie wir ihn bis jetzt verwendet haben, ist der Oberbegriff zum Muster. Jedes Muster repräsentiert eine Ordnung, aber nicht jede Ordnung ein Muster – wenn wir unter Muster etwas verstehen wollen, was in irgendeinem Sinne einen Sinnzusammenhang aufweist. Das ist jetzt echt metaphysisches Glatteis.

Die Muster, nach denen Atome zu Molekülen, Moleküle zu Zellen, Zellen zu Organen und Organe zu Lebewesen zusammengesetzt sind, repräsentieren mit Gewißheit raumzeitliche Zustände von unvorstellbar hohem Ordnungsgrad. Und doch muß dieser Ordnungsgrad unter dem des Weltzustandes zum Zeitpunkt des Urknalls liegen. Allein daraus erhellt, daß Ordnung und Muster nicht dasselbe sind. Offenbar ist der »Zustand Leben« identisch mit einem »Zustand kritischer relativer Unordnung«.

Und die Seele? Der Geist? Das Bewußtsein?

Das ist ein Eisen, verehrter Leser, ein heißes, ein *ganz heißes* Eisen! Erwarten Sie, daß ich Ihnen auf eine Frage Antwort gebe, an der sich die Menschheit vom Neandertaler bis zum Nobelpreisträger die Zähne ausgebissen hat? Immerhin hat Hoimar von Ditfurth in seinem Buch »Wir sind nicht nur von dieser Welt« eine erregende Hypothese gewagt, die so recht das vertritt, was ich meine, wenn ich vom Trost schreibe, der aus der Formel kommt:

»Wenn an diesen Formulierungen und Umschreibungen dessen, was sich sprachlich nicht mehr ausdrücken läßt, ein wahrer Kern ist, dann können wir das Verhältnis zwischen Geist und Materie, zwischen unserem Gehirn und unserem Bewußtsein bildlich etwa analog zu dem Verhältnis zwischen Licht und Spiegel verstehen. Im leeren Raum bleibt Licht unsichtbar. Es leuchtet erst, wenn es auf eine Oberfläche trifft, die fähig ist, es zu reflektieren. So hell ein Spiegel auch immer leuchtet, in keinem Fall erzeugt er das Licht selbst, das er ausstrahlt. ... das Gehirn erzeugt den Geist nicht, der vermittels dieses Organs in unserem Bewußtsein aufgetaucht ist. Das Psychische, der Tatbestand des Seelischen, der sich aus den Gesetzen unserer materiellen Wirklichkeit auf keinerlei Weise ableiten läßt, könnte dadurch zustandekommen, daß die Evolution es fertiggebracht hat, unser Gehirn auf einen Entwicklungsstand zu bringen, der in ihm einen ersten Reflex des Geistes entstehen läßt!«

Im Sinne unserer Definitionsversuche über Ordnungen und Muster verkörpert der Hoimar von Ditfurthsche »Entwicklungsstand des Gehirnes« ein raumzeitliches Muster, das durch seinen spezifisch-komplexen Ordnungszustand – der vom thermodynamischen Gleichgewicht ebenso weit entfernt ist wie von der komprimierten Raum-Zeit-Materie-Packung zur Stunde Null – in Resonanz gerät mit etwas, was wir »Geist« nennen. Dieser Resonanz- oder Spiegelungsvorgang wäre dann identisch mit dem, was wir als Bewußtsein erleben.

Was aber »Geist« wirklich ist, wissen wir damit immer noch nicht. Oder?

Nein. Im letzten Aufsatz werden wir noch einen letzten Anlauf wagen auf ein – allerdings bereits in die Science-fiction-Sphäre ragendes – Modell, das uns mit etwas Phantasie eine blasse, schemenhafte Ahnung vermitteln sollte davon, was es mit dem hinterfragten Satzgegenstand auf sich haben könnte.

15

Das Standardmodell lehrt zwar, was in den ersten drei Minuten nach dem Urknall und danach geschehen ist, es gibt uns aber zur Zeit keine Auskunft darüber, ob unsere kosmische Heimat »offen« ist oder »flach« oder ob sich das Drama des Weltgeschehens bei verschlossenen Türen abspielt.

Entscheidend für die Antwort ist die *Massendichte* des Universums, eine auf astrophysikalischen Messungen und Schätzungen beruhende Rechengröße, die Omega genannt wird. Omega gibt das Verhältnis der berechneten Dichte des Universums zu jener kritischen Dichte an, bei der die Gravitationskräfte ausreichen, um die heutige Expansion des Weltalls einmal zu stoppen. Ist Omega kleiner als Eins, so spricht man von einem *offenen* Universum. Es expandiert ewig. Ist Omega genau gleich Eins, dann dehnt das Weltall sich zwar aus, aber die Expansionsgeschwindigkeit wird immer kleiner und wird nach unendlicher Zeit Null. Das ist das *flache* Universum. Ist Omega schließlich größer als Eins, so gilt das Universum als *geschlossen:* die Dichte ist so hoch, daß ihre potentielle Energie die Expansionsenergie übertrifft; die Expansion wird gebremst, und das Universum wird in einen heißen, dichten Feuerball zusammenstürzen. Schöne Aussichten?

Neueste Untersuchungen deuten darauf hin, daß Omega den Wert 0,05 hat. Demnach wäre das Universum also offen und sein Schicksal verlöre sich mit zunehmend rasender Geschwindigkeit in alle Unendlichkeit des Raumes und der Zeit. Die Theoretiker allerdings neigen eher der Ansicht zu, daß Omega den Wert Eins hat, unsere kosmische Heimat mithin »flach« ist; auch der Ausdruck »inflationäres Weltall« ist für diesen Zustand schon gebraucht worden.

Viele Naturwissenschaftler sehen Fragen um Anfang und Ende der Welt mit skeptischen Augen: ob man, bevor das Universum entstand – also bevor es geknallt hat –, überhaupt von Zeit sprechen könne. Und ob man auch nachher, wenn alles in der Wärmesuppe schwimmt, von Zeit würde sprechen können?

Das mag insofern etwas für sich haben, weil das, was Sie und ich als vergehende Zeit, als die ablaufende Dimension empfinden, deswegen so empfinden, weil es von irreversiblen entropischen Prozessen getragen wird. Sie lassen eine Zeitumkehr, eine Vertauschung von Vergangenheit und Zukunft nicht zu. Jeder Sinneseindruck und seine bewußte Verarbeitung, jedes Erlebnis mithin, läuft in dem lebendigen, metabolischen, Energie verbrauchenden System, das *wir* sind, als irreversibler entropischer Prozeß. In der Wärmesuppe hingegen läuft nichts mehr, die Weltenuhr, deren Gang der Gang vom Höheren zum Tieferen, vom Komplizierteren zum Primitiveren, vom Heißen zum Kalten ist, diese Weltenuhr steht still, hat sich im end- und ziellosen Hinundher der Atome und Moleküle des thermodynamischen Gleichgewichtes aufgelöst. Die Wärmekraftmaschine namens Universum hat ihren Dampf abgelassen. Aus. Frage: Wird sie wieder einmal unter Dampf gesetzt, wenn ja, wer setzt sie unter Dampf oder setzt sie sich gar selber unter Dampf? Folgt der arbeitleistenden Dekompressionsphase (die wir erleben) die energieaufnehmende Kompressionsphase? Die Erörterung solcher Fragen führt zum *pulsierenden Weltall,* ein Modell, das sich seit Jahrzehnten äußerst befruchtend auf die kosmologische Diskussion ausgewirkt hat. Steven Weinberg schreibt dazu: »Manche Kosmologen finden das Modell eines schwingenden Universums aus philosophischen Gründen anziehend, vor allem wohl, weil es … das Problem der Genesis geschickt umgeht.« Mit dem pulsierenden Weltalle würde ja auch so etwas einhergehen wie eine pulsierende oder oszillierende Zeit…

Gibt es eine Art »Überzeit«, eine Dimension, in die unsere thermodynamische Zeit gewissermaßen eingebettet ist? »Verbotene Fragen über die Zeit« hat der leider viel zu früh verstorbene Physiker Roman Sexl in seinem wunderschönen Buch »Was die Welt zusammenhält« solche Fragen genannt.

Na schön. Schnellfahren ist auch verboten...

Diese Fragen – und wenn sie noch so verboten sind – tauchen auf, weil, wie ich das schon im Vorwort zu erläutern versucht habe, die menschliche Denkmaschine einen fatalen Konstruktionsfehler hat: sie läßt sich nicht abdrehen, sie muß immer weiter fortdenken. Ins Größte und Kleinste, alles Größte und alles Kleinste immer noch über- und unterschreitend.

John Horton Conway, dessen geniales Spiel uns im nächsten Beitrag beschäftigen wird, hat dies in eine der Mengenlehre nahestehende Theorie der Zahlen gefaßt, die er in der Monographie »All Numbers, Great and Small« niedergelegt hat. Michael Guillen schreibt dazu in seinem Buch »Brücken ins Unendliche«:

»Conways Aufsatz weist auf das grenzenlose Potential der leeren Menge, aber auch des menschlichen Verstandes hin. Die menschliche schöpferische Energie ist wie ›nichts‹, sie ist potentiell. Sie ist auch ein nichtabtrennbarer Teil des Lebens, wie zahllose Experimente bestätigen. Menschen, die sich in stillen, dunklen, körperwarmen Wassertanks einschließen lassen, erleben einen Reizentzug und beginnen nach einiger Zeit zu halluzinieren. Dies ist so, als ob der menschliche Geist nicht aufhören kann, etwas aus Nichts zu machen, sogar – oder gerade dann – wenn er ins Nichts eintaucht.«

Damit mag unsere zwanghafte, unentrinnbare Vorstellung zusammenhängen, daß die Überzeit weder Anfang noch Ende hat und demnach einen unbeschränkten Zeitvorrat repräsentiert. Die Ewigkeit ist eben ewig, was denn sonst? In dieser zeitlichen Unendlichkeit müssen alle Ereignisse, deren Wahrscheinlichkeit nicht identisch Null ist, sich unendlich oft ereignen. Und deswegen muß unser Verstand sich zwanghaft vorstellen, dieses Universum habe in seiner gegenwärtigen Gestalt sowie in einer unendlichen Mannigfaltigkeit von Varianten schon unendlich oft bestanden und würde auch in Zukunft unendlich oft bestehen. Das ist die »sukzessive Mehrweltenhypothese« im Vergleich zu Paul Davies' »simultaner« Mehrfachweltenhypothese. Aber wer möchte angesichts des ausgesprochen zweifelhaften Charakters von Begriffen wie *nacheinander* und *nebeneinander* außerhalb des durch den irreversiblen Prozeß unseres Welt- und persönlichen Schicksals vorgegebenen Zeitpfeiles »sukzessive« und »simultan« sauber auseinanderhalten?

Verfallen Sie, verehrter Leser, nicht dem Trugschluß, obige Ausführungen könnten *wahr* sein in einem nüchtern naturwissenschaftlichen Sinne. Sie sind die Konsequenz des Konstruktionsfehlers, an dem die Denkmaschine krankt, nichts anderes.

Oder gibt es gar keinen Konstruktionsfehler? Ist etwa die Stelle an der Kiste, an der jeder Durchschnittsingenieur den AUS-Schalter angebracht hätte, die Sollbruchstelle? (Aber der liebe Gott, so würde vielleicht Albert Einstein sich ausgedrückt haben, ist ja kein Durchschnittsingenieur, sondern mindestens Professor!) Die Sollbruchstelle menschlicher Naivität, mechanistisch-materialistischer Denkweise? Der »archimedische Punkt«, an dem unser Denken sich selbst aus den Angeln hebt, heben soll? Der Ort des Durchgriffes einer unvorstellbar-dimensionalen Welt in unsere vierdimensionale Raumzeitkammer? Der Fluchtpunkt, auf den unser Ich zustürzt, der es einsaugt; der Punkt – um es einmal so zu sagen – »ichsten Ichs«? Vielleicht sollte man sich einmal eine umfassende Sammlung aller verbotenen Fragen anlegen. Über die Zeit wie hier und über noch alle anderen heißen Begriffe. Vielleicht würde in dieser Anthologie ein Muster erkennbar werden? Ein Muster aller Muster?...

Brauchen wir sieben Himmel?

Manche Menschen glauben, und Sie gehören vielleicht auch dazu, nicht einmal einen Himmel zu brauchen. Menschen dieser Kategorie nennen sich Atheisten. Keine Angst, ich möchte Sie hier nicht katechisieren. Dieses Buch ist nicht nur weder ein Mathematikbuch noch ein Physikbuch, es ist auch kein Religionsbuch. Und ich würde das heiße Eisen auch nicht anfassen, denn jeder missionarische Eifer ist mir fremd. Aber in letzter Zeit sind gerade aus den Reihen der theoretischen Physiker Stimmen zu diesem Thema laut geworden. Lassen wir nur noch einmal Paul Davies zu Worte kommen: »Es mag seltsam erscheinen, aber meiner Auffassung nach bietet die Naturwissenschaft einen sichereren Zugang zu Gott als die Religion.«

In der Beantwortung der Woher-*Frage sind die traditionellen Religionen so besonders erfolgreich ja nicht gewesen und von den Paläontologen, Biologen, Astronomen und Kosmologen bei weitem überflügelt und an Glaubhaftigkeit übertroffen worden. Doch sagen viele Menschen, darauf käme es gar nicht an, denn wenn auch die Naturwissenschaften zur Entstehung des Universums und des Lebens mehr oder weniger Plausibles sagen können – in der Beantwortung moralischer Fragen jedoch müßten sie passen. Aus dem Kreisen der Planeten und der Elektronen, aus der Desoxyribonucleinsäure-Formel und den Mendelschen Gesetzen ließe sich nämlich der Dekalog – um nur ein einfachstes Beispiel zu nennen – nicht herleiten. Bei aller gebotenen Hochachtung vor den Leistungen der Naturwissenschaften: Antworten auf Fragen dieser Art müsse man wohl transzendierenden geistigen Erkenntnisakten oder Offenbarungsereignissen überlassen.*

Richtig, – oder?

Konrad Lorenz schreibt, daß ein »... Spiegel eine nicht spiegelnde Rückseite hat, eine Seite, die ihn in eine Reihe mit den realen Dingen stellt, die er spiegelt: Der physiologische Apparat, dessen Leistung im Erkennen der wirklichen Welt besteht, ist nicht weniger wirklich als sie.« Über diese »Rückseite des Spiegels« hat der so berühmte wie liebenswerte Arzt und Naturforscher ein ganzes Buch geschrieben. Also, warum schauen wir uns nicht die Rückseite an; oder die »Unterseite« des Menschen, wie der Technische Überwachungsverein die eines Automobils, wenn es auf Herz und Nieren geprüft wird. Warum fragen wir nicht versuchshalber einmal einen Autofahrer? Er würde uns, als einen ersten Anhaltspunkt, wie Menschen mit Menschen umgehen sollten, den §1 der deutschen Straßenverkehrsordnung (StVO) herleiern: »...so zu verhalten, daß kein anderer gefährdet oder beschädigt oder mehr als nach den Umständen erforderlich ist, behindert oder belästigt wird.«

Na also! Ist das nicht schon etwas?

Wenn wir nämlich die Nichtgefährdung und Nichtbeschädigung unter den Oberbegriff Lebensnotwendigkeit und die Nichtbelästigung und Nichtbehinderung unter den Oberbegriff Lebensqualität stellen, so haben wir schon eine Art systematischer Einsicht gewonnen, was man nicht nur im Straßenverkehr sondern auch im Verkehr mit Mit- und Umwelt tun und lassen soll. So besehen, repräsentiert der § 1 StVO eine schon ziemlich hohe Verallgemeinerungsstufe dessen, was auf dem Berge Sinai unter Blitz und Donner an konkreten Einzelheiten verkündet worden ist. Wenn Staatsmänner sich dazu verstehen könnten, ihr Handeln an den Maximen des § 1 StVO zu orientieren?

Wo aber bleiben da Glaube, Liebe und Hoffnung?

Eine nur zu berechtigte Frage. Unser Ableitungsversuch menschlicher Verhaltensweisen aus dem § 1 StVO bewegte sich durchaus im Negativen und förderte nichts zutage im Positiven. Richtig. Sie sagte zwar dem Menschen, was er zu vermeiden habe, nicht aber was er tun solle. Sie lehrt ihn, um sich, wie es uns ziemt, mathematisch auszudrücken, wie die Menge des Bösen hienieden zu verringern, nicht aber wie die Menge des Guten zu vermehren sei.

Ja, soll denn die Menge des Guten überhaupt vermehrt werden? Eines ist doch sicher: wenn ich die Menge des Bösen verringere, unter dem Strich gerechnet, dann habe ich effektiv Böses aus der Welt geschafft. Ich habe also sicherlich nichts Falsches getan. Vermehre ich hingegen die Menge des Guten, mit was für Wohltaten auch immer: welche Garantie habe ich dafür, daß damit einhergehend sich nicht auch in irgendeinem Winkel der Welt, aufgrund irgendeines noch unbekannten Erhaltungs- und Symmetriesatzes, die Menge des Bösen vermehrt hat? Eine wahrhaft knifflige Frage! Man wird einwenden, daß zu ihrer Beantwortung Cantors dürre Mengenlehre allein nicht ausreicht. Ja, ja. Behalten wir die Begriffe als solche bei und erweitern sie auf den Gesichtspunkt hin, daß das Streben des Menschen, die Menge des Guten zu mehren und die Menge des Bösen zu mindern, die Dynamik dessen in Gang gesetzt hat, was man Schicksal nennt. Das persönliche Schicksal jedes einzelnen, seiner Familie, seiner Gesellschaft, seines Volkes, der Völker der Welt. Dieses so bittersüße, komische, tragische, tragisch-komische, absurde, hanebüchene Welttheater.

Vielleicht aber läßt das Gedankenspiel mit den schematischen Begriffen der leeren, vereinigten, durchschnittenen Menge und den Mengen als solchen uns Distanz gewinnen, ein wenig wenigstens, von jenem bluttriefenden Thriller, der durch das Streben aller nach dem Guten angetrieben wird. Hermann Hesse liefert dazu den Spiegelgedankengang:

> *Im Leeren dreht sich, ohne Zwang und Not*
> *Frei unser Leben, stets zum Spiel bereit.*
> *Doch dürsten heimlich wir nach Wirklichkeit.*
> *Nach Zeugung und Geburt, nach Leid und Not.*

Daß selbst der liebe Gott sich mit Gut und Böse nicht eben leicht tut, hat schon David Hume 1779 beschrieben: sofern nämlich das Böse in der Welt zu Gottes Plan gehörte, schreibt er, wäre Gott nicht gut; liefe es aber seinem Plan zuwider, so wäre er nicht allmächtig. Güte und Allmacht schlössen demnach einander aus...

Vielleicht liegt es aber gar nicht am lieben Gott, sondern daran, daß uns die richtigen Begriffe fehlen oder daß die Begriffe, die wir haben, einfach zu kleinkariert sind. Vielleicht sind Gut und Böse gar nicht so gut und böse wie es uns scheint? Vielleicht sind Gut und Böse nur zwei verschiedene Aspekte ein und derselben Sache? Zwei verschieden aussehende niedrigdimensionale Schnittmuster durch ein und dieselbe höherdimensionale Wirklichkeit? Was haben Kreis und Dreieck miteinander gemeinsam? Nichts auf den ersten Blick. Und doch sind Kreis und Dreieck die zweidimensionalen Schnittfiguren durch einen einzigen dreidimensionalen Körper, den Kegel. Soviel über den Zusammenhang zwischen Geometrie und Moral.

Nun, um Fragen der Moral geht es in unserem Buche ohnehin nicht. Uns beschäftigt vielmehr die Frage des Verhältnisses zwischen dem, was diesseits und dem was jenseits von Denkmauern liegt. Im vorangegangenen Kapitel haben wir erkannt, daß das Universum, wie wir es mit unseren Sinnen erfassen, einen raum-zeitlich-energetischen Ordnungszustand fernab vom thermodynamischen Gleichgewicht repräsentiert. Wir sind mit dem Ablauf der Zeit, der von irreversiblen Änderungen dieses

Ordnungszustandes markiert wird sowie mit den Infinitesimalbegriffen Ewigkeit und Unendlichkeit konfrontiert worden und sahen uns vor die Infinitesimalmauer des Denkens gestellt.

Es ist im Grunde genommen eine ganz einfache Frage, die uns beschäftigt. Aller diesseitigen Erfahrung nach sind (relative) Ordnungszustände das Produkt eines in das relative Chaos eingreifenden Geistes. Was immer man auch unter solch einer nebelhaften Entität verstehen mag. Das gilt für die Aufstellung eines Schachspieles ebenso wie für die Anordnung der Basen auf der DNS, die beispielsweise darüber entscheiden, ob das daraus entstehende Lebewesen ein Hund wird oder eine Katze.

Es ist unvorstellbar, daß der grandiose Ordnungszustand, den unsere Welt verkörpert, ohne einen ordnenden Geist entstanden sein sollte. Wie, wann und wo auch immer man sich sein ordnendes Eingreifen oder bzw. seine Urheberschaft vorstellen mag. Als Schöpfung einer Grundordnung, wie sie uns in der bodenlosen Tiefe der Naturgesetzlichkeit entgegenzutreten scheint oder als ein permanentes Wirken, wie religiöse Systeme es gern haben wollen. Ich gestehe, daß ich letzterem Gedanken in erster Näherung weniger abgewinnen kann, weil ich mir den lieben Gott – die Vokabel immer in der Form gebraucht, wie auch Albert Einstein es getan hat – lieber als den genialen Konstrukteur vorstelle als den Troubleshooter, der mit Schraubenschlüssel und Ölkanne allerorten und jederzeit im Schweiße seines Angesichtes die klappernde Maschine am Laufen hält.

Jeder Geist denkt sich was, sonst wäre er kein Geist. Und sollte der ordnende Geist, wie beschaffen auch immer, sich nichts gedacht haben bei der Herstellung des Ordnungszustandes, der wir sind? Sollten wir wirklich, wie Jacques Monod es so gern möchte, nur das »sinn- und zwecklose Zufallsprodukt der Materie« sein?

Ich glaube das nicht. Aber mein Glaube, auf naturwissenschaftlichen Einsichten fußend, ist letzten Endes nichts anderes als Teil des phantastischen Komplementes, mit dem wir – jederzeit, permanent, unbewußt – die Mauern, die unser Denken eingrenzen, überbrücken und/oder durchtunneln. Die Licht-, die Infinitesimal-, die Kausalmauern. Bin ich eingebettet in eine jenseits dieser Mauern mich umschließende unräumliche, unzeitliche, unkausale Entität?

Ich glaube das! Und jeder glaubt es, auch wenn er es nicht zu glauben vermeint, glauben Sie mir! Jeder Mensch, so hat einmal ein Pfarrer gesagt, denkt ab seinem 45. Lebensjahr einmal am Tag an seinen Tod. Und mit dem Tod als Phasengrenze zwischen Raumzeit und Nicht-Raumzeit hat es doch eine ganz eigenartige Bewandtnis im Erleben und

Erlebenwollen jedes Menschen. Von denjenigen angefangen, die gerne Sophokles oder Shakespeare auf dem Theater sehen, bis zu denjenigen, die glauben, nicht ohne die wöchentliche TV-Freitagsleiche auskommen zu können. In irgendeiner Form ist der Durchgriff der Nicht-Raumzeit in die Raumzeit jedes Menschen – und gebärde er sich noch so nüchtern, diesseitsorientiert und atheistisch – vorhanden, präsent, allgegenwärtig.

So besehen, ist die eingangs gestellte Frage obsolet. Wir brauchen nicht – wir haben schon! Religio heißt zu deutsch »Rückbindung«. Jeder hat seine Rückbindung an Herkunft, Sein und Hingehen. Nur die Formen sind verschieden. Sehr verschieden, zugegeben. Es sind Formen, wie sie Entwicklungsstand, Tradition, Bildung, sozialer und politischer Bindung, Herzensbedürfnis, letzten Endes nostalgischer Hingezogenheit entsprechen. So besehen steht es uns nicht gut an, zu lächeln über Pfarrer, Rabbiner, Mullahs oder Gurus. Aber auch nicht über die Quantenfeldtheoretiker, die eine analytische Annäherung suchen an das Unanäherungsbare, an einen Trost, der aus der Formel kommt...

Der nächste Aufsatz bietet Entspannung von anstrengenden Kalkülen und Durchtunnelungsversuchen. In diesem Aufsatz versuche ich an einem einfachen Solitärspiel zu zeigen, wie nur drei Worte – drei einfache Spielregeln – lebensähnliche Ordnungszustände entstehen und vergehen lassen. Sie können sich dazu denken, was Sie wollen.

Conways Spiel

1

»Das Nichts selbst nichtet«, lehrt uns der dem Existentialismus nahestehende Philosoph Martin Heidegger, und im darum herumgesponnenen Text liest sich das so: »Das Nichts ist weder ein Gegenstand noch überhaupt ein Seiendes. Das Nichts kommt weder für sich vor noch neben dem Seienden, dem es sich gleichsam anhängt. Das Nichts ist die Ermöglichung der Offenbarkeit des Seienden als eines solchen für das menschliche Dasein.« Heidegger spricht von einer »Hineingehaltenheit des Daseins in das Nichts« sowie vom Menschen als dem »Platzhalter des Nichts«...

Ich weiß gar nicht, wo Sie da eine Schwierigkeit sehen. Oder? Gewiß läßt sich das Ganze auch simpler und heimnisentwester in die Ausgedrücktheit bringen, um es einmal so auszudrücken. Mit den Mitteln der elementaren Mathematik per exemplum, wie wir sie schon im ersten Aufsatz erörtert haben. Daher wissen wir, daß Minus mal Minus Plus ergibt, die doppelte Verneinung (das »nichtende Nichts«) also zwangsweise in ihr Gegenteil umschlagen muß, in die Bejahung. Es bleibt ihr gar nichts anderes übrig. Und weil das Gegenteil des Nichts das Etwas ist, das Etwas aber etwas real Existierendes, also Seiendes ist, schlägt das Nichts in seiner doppelten Verneinung eben in »Sein« um. Ist das nicht sonnenklar?

Ich bin überzeugt, daß es eine Menge Leute gibt, die mit dieser meiner Interpretation der Worte des berühmten Existentialprofessors nur wenig zufrieden sein werden. Auch gut. Ersatzweise biete ich ihnen zur Einstimmung in das nun folgende Kapitel einen Vers von Hermann Hesse an, auch ein berühmter Mann. Der Vers stammt aus dem »Glasperlenspiel«:

> »Wir lassen vom Geheimnis uns erheben
> Der magischen Formelschrift, in deren Bann
> Das Uferlose, Stürmende, das Leben
> Zu klaren Gleichnissen gerann.«

John Horton Conway, dem Entdecker der surrealen Zahlen und des grenzenlosen Potentiales der leeren Menge, verdanken wir eine Formelschrift, die zeigt, was für eine faszinierende Fülle von Seinsmöglichkeiten dem Raum an sich innewohnen. Der leeren Menge, dem leeren Raum, dem Nichts...

Der Conwaysche Raum ist im einfachsten Fall eine beliebig ausgedehnte Ebene, die mit Hilfe waagrechter und senkrechter Striche in ein Muster quadratischer Zellen eingeteilt ist:

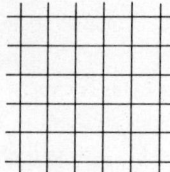

In dieser Ebene hat jede Zelle acht Nachbarzellen, nämlich die orthogonalen (links, rechts, oben, unten) und die diagonalen:

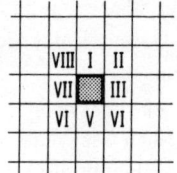

Jede Zelle kann zwei Zustände annehmen, die man im Prinzip beliebig bezeichnen kann: schwarz, weiß; heiß, kalt; 0,1. Am einfachsten ist die Kennzeichnung eines der beiden möglichen Zustände durch Besetzung der Zelle mit einem Spielstein. Eine Zelle kann demnach mit einem Spielstein besetzt sein (Zustand 1) oder nicht (Zustand 0). Das wesentliche an Conways Formel ist aber die Regel, daß der Zustand jeder Zelle vom Zustand der acht Nachbarzellen abhängt, was durch die drei Worte *Geburt, Leben, Tod* beschrieben wird:

Geburt: Eine Zelle wird mit einem Stein besetzt ($0 \rightarrow 1$), wenn genau drei Nachbarzellen mit einem Stein (1) besetzt sind.

Leben: Eine Zelle, die besetzt ist (1), bleibt besetzt, oder »am Leben« ($1 \rightarrow 1$), wenn zwei oder drei Nachbarzellen ebenfalls besetzt sind.

Tod: Ein Stein muß aus einer Zelle genommen werden ($1 \rightarrow 0$), wenn nur eine oder überhaupt keine Nachbarzelle besetzt ist (»Tod durch Einsamkeit«) oder wenn vier oder mehr Zellen besetzt sind (»Tod durch Übervölkerung«).

Wir sehen das gleich an den drei einfachsten Spielfiguren, dem *Einzelstein (Singulett),* dem *Doppelstein (Dublett)* und dem *Dreifachstein (Triplett).*

Ein Singulett stirbt, weil es überhaupt keine Mitsteine hat, den Tod durch Einsamkeit:

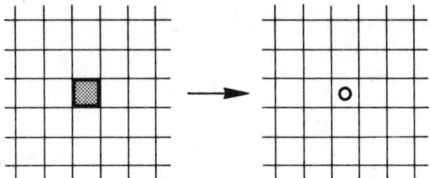

Ein Dublett gleich welcher Form (ortho- oder diagonal) ist ebenfalls zum Einsamkeitstode verurteilt, weil jeder seiner Steine jeweils nur einen Nachbarn hat:

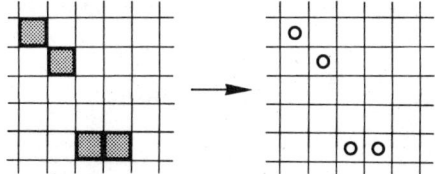

An Tripletts gibt es lebenfähige und lebensunfähige. Das diagonale Triplett stirbt, aber einen langsameren Tod als Dubletten und Singuletts. In der ersten Generation ist der mittlere Stein noch lebensfähig, weil er zwei Nachbarn hat. Die Außensteine hingegen haben nur je einen Nachbarn und sind daher gleich dem Tod durch Einsamkeit geweiht:

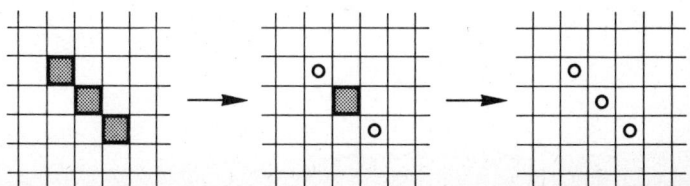

Der Gleiter

ist eine unter periodischer Formänderung wandernde Life-Figur. Er nimmt in jeder 5. Generation seine ursprüngliche Form an und bewegt sich dabei um ein diagonales Feld weiter. Die Richtung der Bewegung – Nordost, Südost, Südwest, Nordwest – hängt von der Orientierung des Gleiters ab sowie davon, ob seine Form die hier gezeigte oder eine an einer der Achsen gespiegelte Form hat.

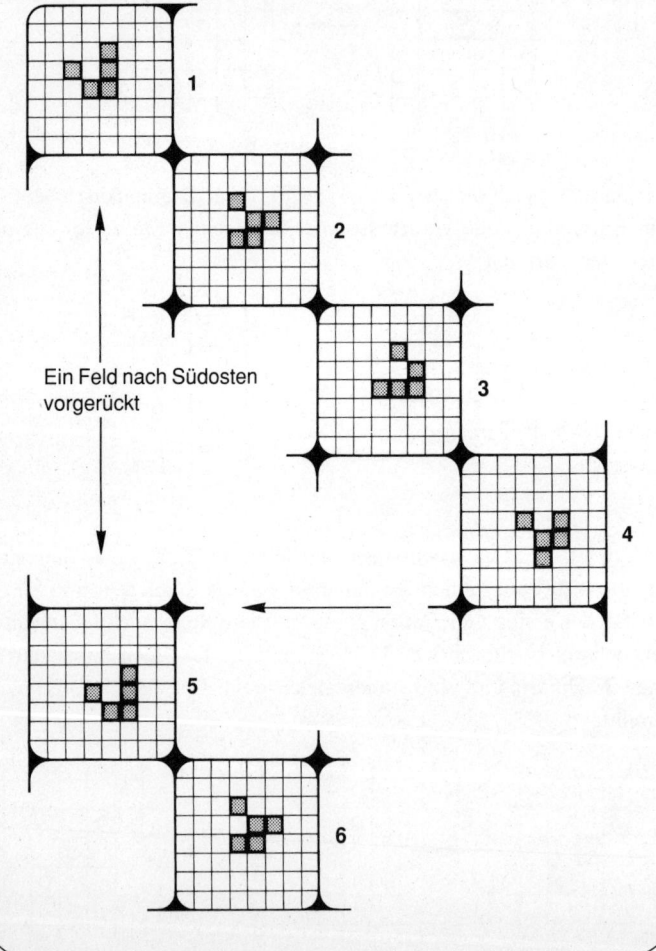

Ein Feld nach Südosten vorgerückt

Übrig bleibt ein Singulett, dessen trauriges Schicksal wir ja schon kennen; so also stirbt das diagonale Triplett in insgesamt zwei Spielschritten (oder Generationen). Ganz anders hingegen verhält sich das lineare Triplett:

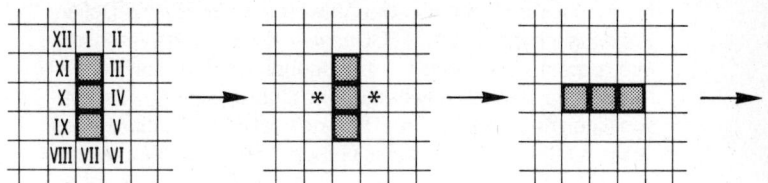

Hier kommt zunächst die »Geburtsformel« zur Anwendung, weil, wie die genaue Betrachtung der obigen Abbildung ergibt, die Zellen IV und X je drei besetzte Nachbarzellen haben. Wir kennzeichnen sie vorläufig mit einem * oder besetzen sie mit einem andersfarbigen Hilfsstein. Der mittlere Stein bleibt in seiner Zelle, weil er der Überlebensregel genügt und zwei besetzte Nachbarzellen hat. Die beiden äußeren Steine jedoch müssen entfernt werden, weil sie nur je einen Nachbarn haben und daher dem Einsamkeitstode anheimfallen; die provisorisch eingesetzten Hilfssteine gelten nicht als Nachbarn. Sie werden jetzt durch Spielsteine ersetzt, und man sieht, daß sich dadurch das vertikale Triplett in ein horizontales verwandelt hat. Da nun auf diese Figur genau dasselbe Spielschema angewendet werden kann, das aus dem vertikalen das horizontale Triplett entstehen ließ, wird sich die horizontale wieder in die vertikale Figur zurückverwandeln. Daraus ergibt sich der folgende endlose Spielverlauf:

> Generation 1 . . . . . vertikales Triplett
> Generation 2 . . . . . horizontales Triplett
> Generation 3 . . . . . vertikales Triplett
> Generation 4 . . . . . horizontales Triplett
> .
> .
> .

bis in alle Ewigkeit. Die Figur heißt deshalb *Blinker*.

Die Gleiter-Kanone

ist eine komplizierte Life-Figur, die von R.W. Gosper und seinen Mitarbeitern am Massachusetts Institute of Technology ersonnen wurde. Sie war die Antwort auf ein Fünfzig-Dollar-Preisausschreiben, das J.H. Conway mit der Frage veranstaltete, ob eine Life-Figur bis ins Unendliche wachsen könne. Antwort: Ja, denn die Gleiterkanone stößt in jeder 30. Generation einen neuen Gleiter aus! Hier gezeigt ist der Embryo eines Gleiters (Generation 0), seine Geburt (1) und sein Wandern in zwei Generationen seiner Wanderschaft hinter seinem schon früher geborenen Bruder her (2 und 3).

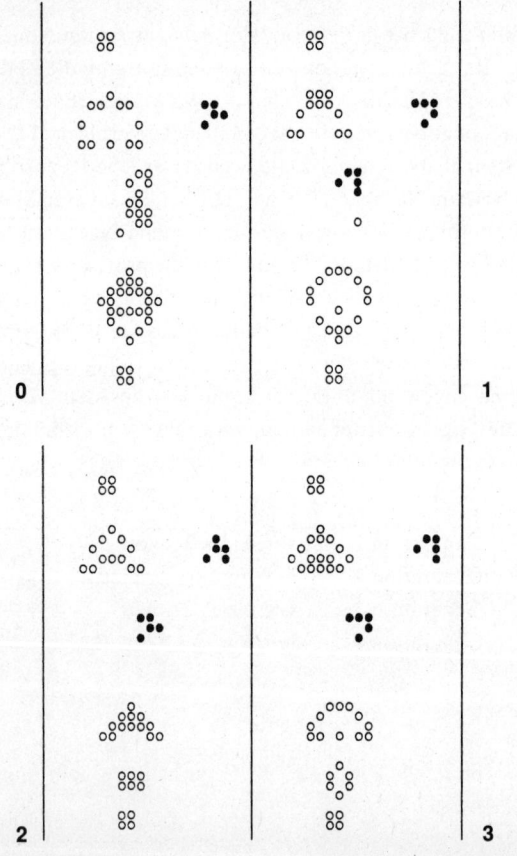

apple II computer plot

Virus kills Mosaic

Die Mosaik-Zelle wird von einem in eine Lücke zwischen zwei besetzten Positionen infiltrierten Virus in 26 Schritten getötet. Die Leiche besteht aus zwei stabilen Blöcken und zwei Bienenstöcken. Nistet sich das Virus symmetrisch zwischen vier Diagonalsteinen ein, so frißt die Zelle in einer Immunreaktion das Virus.

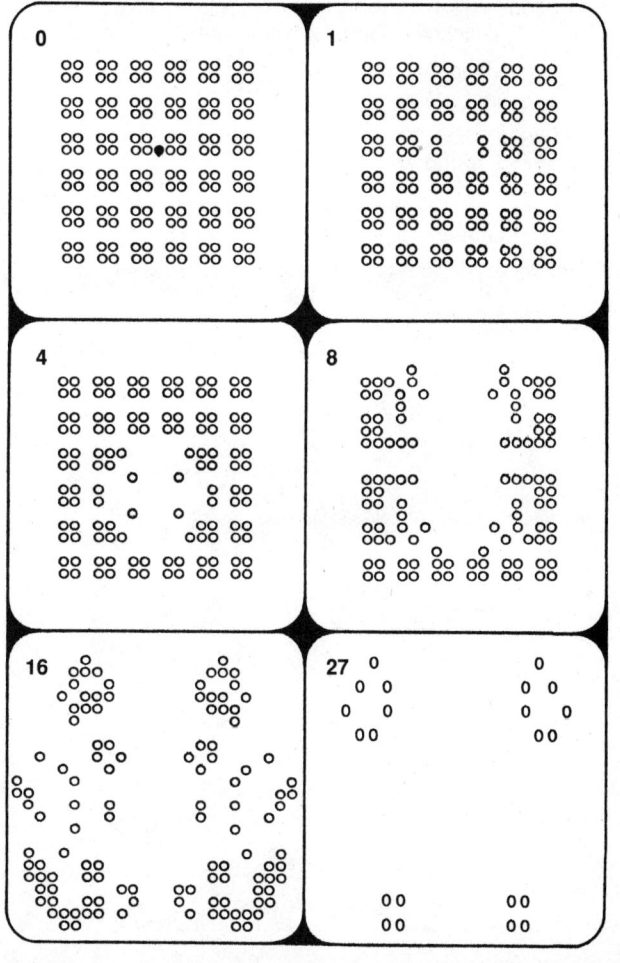

apple II computer plot

109

Im Spiel 3-D-Life 4555 von Carter Bays

hat jede Zelle 26 Nachbarzellen, und es wird wohl niemanden überraschen, daß dies zu noch viel phantastischeren Figuren führt, als beim zweidimensionalen Originalspiel. Die Notation 4555 bedeutet folgendes:

4 lebende Nachbarn muß eine lebende Zelle haben, damit sie nicht an Einsamkeit stirbt,

5 lebende Zellen darf eine lebende Zelle höchstens haben, damit sie nicht an Überbevölkerung stirbt,

5 lebende Nachbarzellen muß eine tote Zelle haben, damit sie wiedergeboren wird,

5 lebende Zellen darf eine tote Zelle höchstens haben, damit sie wiedergeboren wird.

Es gibt auch eine 5766-Version von Carter Bays. Das Bild zeigt einen schraubenförmigen Gleiter in Life 4555.

aus Scientific American

4

Conway hat dem 1968 von ihm ersonnenen Spiel den Namen LIFE gegeben. Wir werden gleich sehen, welche nicht anders als phantastisch zu nennenden Lebensmöglichkeiten die drei Raumzustands-Übergangsregeln Geburt-Leben-Tod in sich bergen. Die Vielfalt der möglichen Figuren und ihre – meist überraschende – Entwicklung ist großartig. Das Schicksal der einfachsten von ihnen haben wir soeben kennengelernt. Es gibt aber auch stabile Figuren wie beispielsweise den *Viererblock*

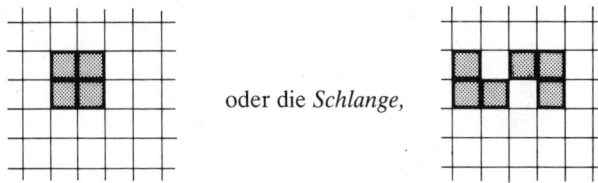 oder die *Schlange,*

oszillierende Formen, wie den ebenfalls schon gezeigten Blinker oder dislozierende Konfigurationen wie die *Gleiter* und *Raumschiffe,* die sich unter periodischer Verformung und Rückverwandlung über das Spielfeld bewegen. Besonders interessant sind aber gebärende und verzehrende Konstellationen wie die *Gleiterkanone* von Gospers. Sie »schießt« alle dreißig Generationen einen Gleiter ab, der über das Spielfeld wandert und wahlweise einem *Fresser* überantwortet werden kann.

Einfachere Figuren wie den Blinker und den aus fünf Steinen bestehenden Gleiter können Sie, verehrter Leser, leicht auf einem selbst angefertigten Spielfeld mit Münzen oder Hosenknöpfen durchspielen. Sie werden dabei sehr schnell den Reiz des Spiels kennenlernen und in seinen Bann geschlagen werden. Nach seinem Bekanntwerden versetzte es die intellektuelle Welt rund um den Erdball in Staunen und Erregung, Preisausschreiben wurden veranstaltet (die Gleiterkanone ist das Resultat davon) und ein Informationsblatt erschien. In jüngster Zeit wurde das Spiel von Carter Bays von zwei auf drei Dimensionen erweitert. Jede Zelle ist im Raum ein Würfel statt ein Quadrat und hat nun 26 Nachbarn statt 8.

5

Bei den komplizierteren Figuren wie der Gleiter-Kanone und dem Mosaik-Virus wird das Spiel mit wirklichen Spielsteinen auf einem wirklichen Spielfeld recht mühsam. In der räumlichen Version ist es mit

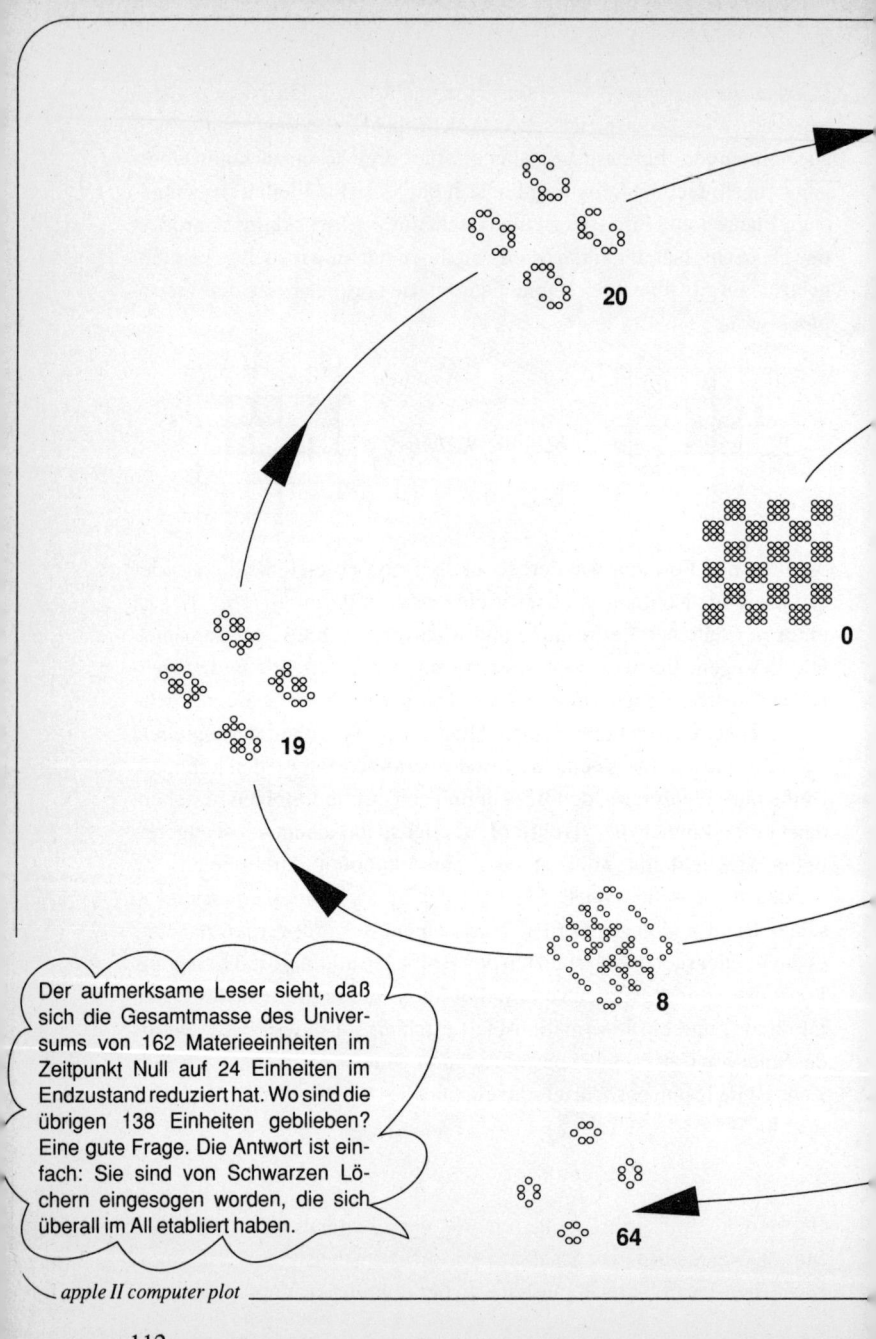

Der aufmerksame Leser sieht, daß sich die Gesamtmasse des Universums von 162 Materieeinheiten im Zeitpunkt Null auf 24 Einheiten im Endzustand reduziert hat. Wo sind die übrigen 138 Einheiten geblieben? Eine gute Frage. Die Antwort ist einfach: Sie sind von Schwarzen Löchern eingesogen worden, die sich überall im All etabliert haben.

apple II computer plot

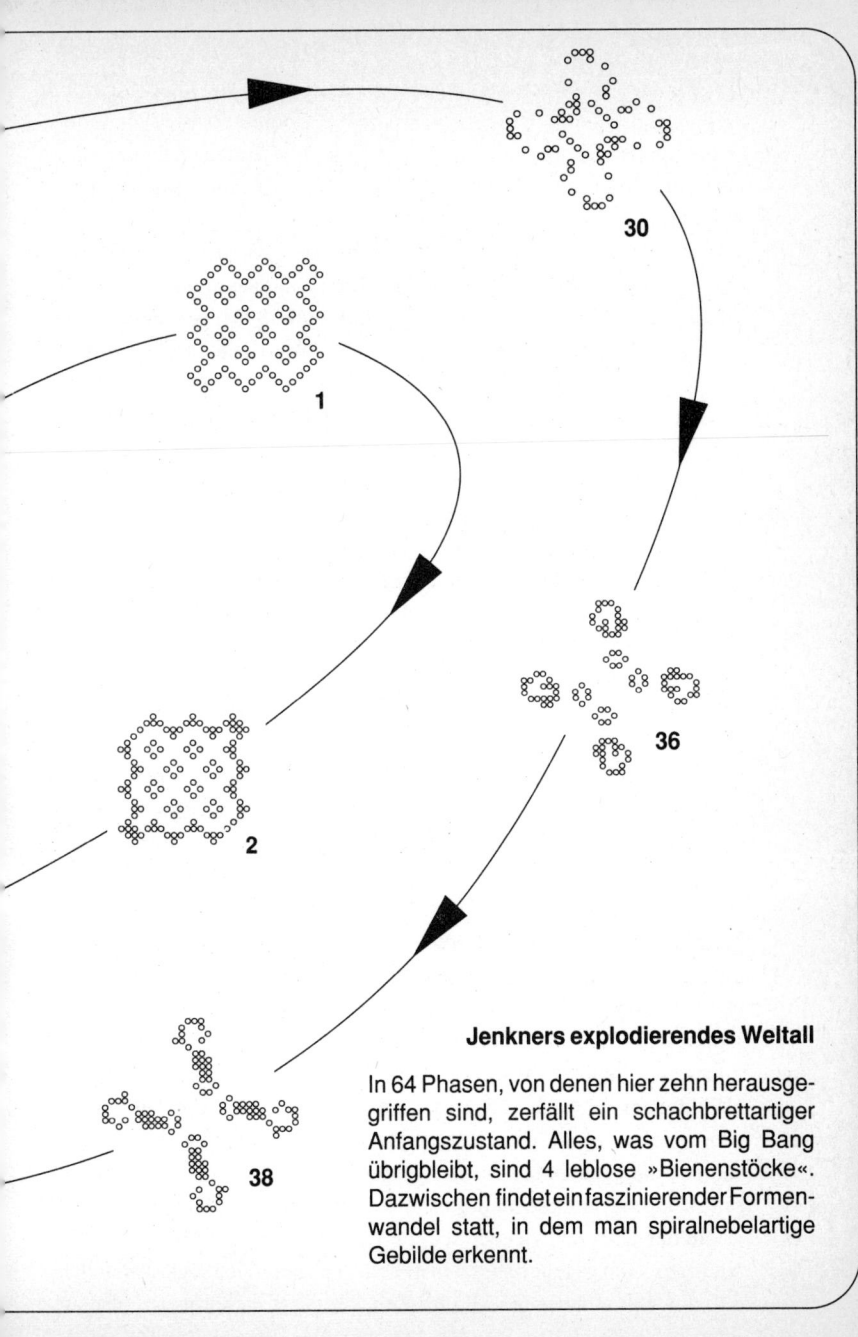

Jenkners explodierendes Weltall

In 64 Phasen, von denen hier zehn herausgegriffen sind, zerfällt ein schachbrettartiger Anfangszustand. Alles, was vom Big Bang übrigbleibt, sind 4 leblose »Bienenstöcke«. Dazwischen findet ein faszinierender Formenwandel statt, in dem man spiralnebelartige Gebilde erkennt.

diesen Mitteln überhaupt unausführbar. Hier hilft nur noch der Computer. Es hat sich in der Zeit nach Veröffentlichung der Idee herausgestellt, daß LIFE so richtig die Domäne des Computers ist. Programme gibt es in der Software-Literatur der Computerfirmen. Alle gezeigten Figuren wurden auf einem APPLE II mit dem dazugehörigen Programm erzeugt.

Die Figur *Virus Kills Mosaic* besteht aus einer Anzahl stabiler Blöcke (Quadrupletts). Weil jeder einzelne Block in sich stabil ist und die Blöcke voneinander so weit entfernt sind, daß sie sich gegenseitig nicht beeinflussen, ist das ganze Mosaik stabil. Wird jedoch ein *Virus* (in Form eines einzelnen Spielsteines) an die im Bild bezeichnete Stelle gesetzt, dann beginnt in der Nachbarschaft des Virus das Mosaik sofort wegen Übervölkerung zu zerfallen. Das Virus tötet seine Wirtszelle! Virus Kills Mosaic ist demnach eine unperiodische, zerfallende Figur, an der sich allerlei Symmetriebetrachtungen anstellen lassen. Hinweis für Spieler: das hier gezeigte Mosaik hat vier Symmetrieachsen – aber das Virus in seiner zerstörenden Position sitzt zwangsweise sowohl zur horizontalen als auch zu den diagonalen Achsen unsymmetrisch. Betrachten Sie bitte die letzte Figur und deren Symmetrieverhältnisse...

Oder *Jenkners explodierendes Weltall.*

Diese Figur wurde von meinem Studienkollegen Kurt W. Jenkner entdeckt und spiegelt in symbolischer Weise den Übergang eines Zustandes hoher Ordnung in ein – allerdings nicht unstrukturiertes – Chaos wider. Verfolgen Sie bitte, wie sich die ursprünglich strenge Form des Weltalles zum »Zeitpunkt Null« sukzessive auflöst und in die verschiedensten Muster übergeht, mit verschiedenen Symmetrien und verschiedenen Graden der Geschlossenheit. Vollends in Spielphase 19 haben sich Figuren gebildet, die an Spiralnebel oder Milchstraßensysteme erinnern, weswegen dieses Spiel auch so getauft wurde.

Elwyn R. Berlekamp, John H. Conway und Richard K. Guy schreiben im zweiten Band ihres Buches »Gewinnen« über das Game of Life:

»Wohl niemand wird ... der Versuchung, Parallelen zu realen Lebensprozessen zu ziehen, widerstehen. Hat man eine ›Ursuppe‹ von Aminosäuren, die groß genug ist und genügend viel Zeit hat, dann können selbstreproduzierende und sich bewegende Automaten einfach aufgrund der Übergangsregeln, die mit der Struktur der Materie und den Naturgesetzen gegeben sind, entstehen. Man kann sich sogar vorstellen, daß die zugrundeliegende Raum-Zeit ihrerseits ›gekörnt‹ ist, also aus diskreten Einheiten zusammengesetzt, und daß das ganze Universum eigentlich nichts anderes ist als ein Zellenautomat, den ein riesiger Computer dirigiert – dies ist ein Vorschlag von Edward Fredkin (M. I. T.) und anderen. Ein bewegtes Teilchen auf dem absoluten Mikro-Niveau könnte dann nichts weiter sein als so etwas wie einer von unseren Gleitern, der so aussieht, als bewege er sich auf dem Makro-Niveau, während es sich in Wahrheit immer nur um Zustandsänderungen elementarer Raum-Zeit-Zellen handelt, die nach noch zu entdeckenden Übergangsregeln ihre Zustände ändern.«

Ist das nicht eine grandiose Idee?

5

Die Conway-Fredkinsche Ursuppen-Idee ließ uns natürlich nicht los, und mein Freund Kurt – vor vierzig Jahren machten wir auf gemeinsamer radioaktiver Spurensuche an der Universität Wien unsere Doktorarbeiten – schuf in kürzester Zeit ein Computerprogramm, welches wir GENESIS nannten. In diesem Programm wird die Erzeugung einer Spielfigur dem *Zufall* überlassen. Das Spielfeld auf dem Computer-Bildschirm repräsentiert nun die Ursuppe, aus der sich durch Zufall und naturgesetzliche Auswahlregeln Modelle für lebendige Materie entwickeln.

In einer ersten Variante von GENESIS wurden die einzelnen Zellen eines zehn mal zehn Zellen umfassenden, in die Mitte des Bildschirms gesetzten Unterspielfeldes nach einem Zufallsprogramm zu 25 Prozent mit Steinen besetzt. Der Computer erzeugte also für jede der hundert Zellen eine Zufallszahl zwischen 1 und 4 und besetzte die Zelle dann mit einem Stein, wenn ein 4 kam. Das so geschaffene Zufallsmuster wurde den LIFE-Regeln unterworfen. Als markante Figuren haben sich bei diesem konkreten Spiel in der vierten Generation ein Block, in der achten Generation ein Blinker – der bereits als »lebende« Figur oder zumindest als eine Lebens-Vorform angesehen werden kann – und in der neunten Generation nochmals ein Block gebildet.

In einer zweiten GENESIS-Variante wurde das gesamte Spielfeld in 36 Unterspielfelder zu je drei mal drei Zellen eingeteilt. Innerhalb jedes Unterspielfeldes wurden nun eine bis sieben Zellen mit Steinen besetzt. Diese Zahlen wurden deswegen gewählt, weil sie die Zahl 5 enthalten, und der einfache Gleiter aus 5 Steinen besteht. So wurde dem Zufall

GENESIS I

Kann in einer »Ursuppe« durch Zufall Leben entstehen? Antwort: Ja, wenn der Zufall auf ein Substrat trifft, das bestimmten Regeln unterworfen ist. (Auf das »Wort, das am Anfang war«?). Die Genesis-Variante des Game of Life zeigt die Antwort im Modell. Von einem aus zehn mal zehn Zellen bestehenden »Unter-Spielfeld« wurden 25 Zellen mit Steinen besetzt. Auf welche der 100 Zellen ein Stein kam, entschied ein Computerinternes Zufallsprogramm.

Auf das so entstandene eins-zu-vier-Zufallsmuster wurde das Life-Programm losgelassen.

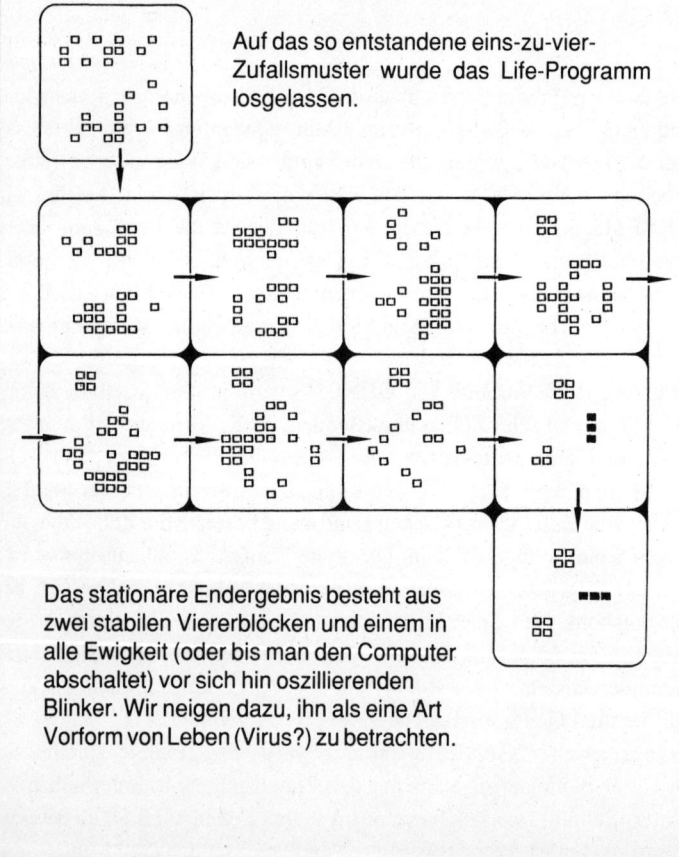

Das stationäre Endergebnis besteht aus zwei stabilen Viererblöcken und einem in alle Ewigkeit (oder bis man den Computer abschaltet) vor sich hin oszillierenden Blinker. Wir neigen dazu, ihn als eine Art Vorform von Leben (Virus?) zu betrachten.

apple II computer plot

GENESIS II

Bei dieser Variante wurde das Spielfeld in 36 Unterspielfelder eingeteilt. In jedem wurden ein bis sieben Steine zufällig verteilt. Man kann diese Verteilung als modellhafte Herstellung günstiger Evolutionsbedingungen auffassen. Es bildeten sich bei dem hier dargestellten Spiel ein Gleiter sowie die Vorform eines Gleiters. Während der erste Gleiter das Life-Schicksal überstand, wurde der zweite von einer krebsartig wuchernden Umwelt aufgefressen. Das letzte Bild zeigt die elfte Generation, in der sich die ursprüngliche Geometrie bereits weitgehend aufgelöst hat.

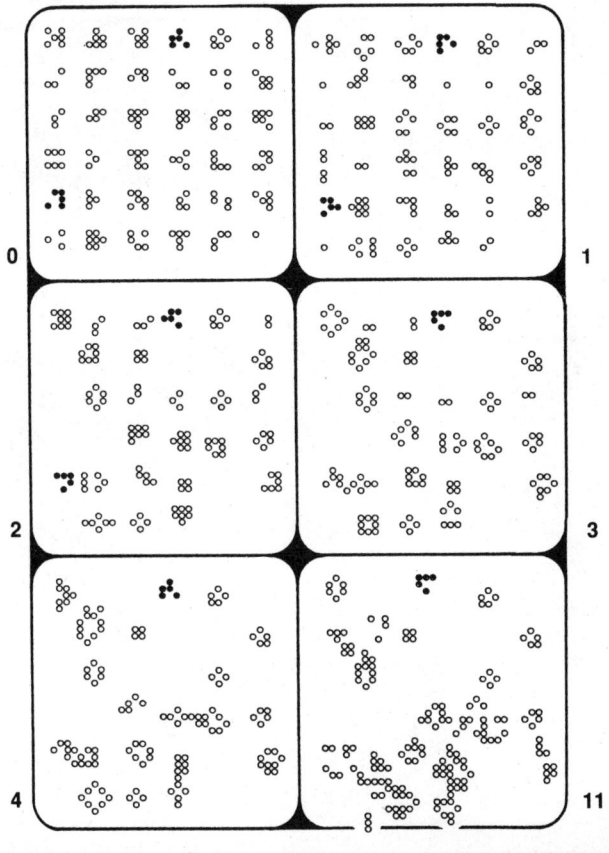

apple II computer plot

117

Fulguratives Paneikonikon

Unter Fulguration versteht man das Entstehen komplexer Strukturen aus der Zusammenfügung einfacherer. Dabei treten neue Systemeigenschaften auf, die aus den Eigenschaften der einfacheren (System-)Elemente nicht ableitbar sind. Wirklich nicht? Das Beispiel des Dreiecks, das aus drei Punkten („Nichtsen") besteht, legt die Frage nahe, ob Fulguration nicht etwas mit den „Substrat"-Eigenschaften zu tun haben könnte.

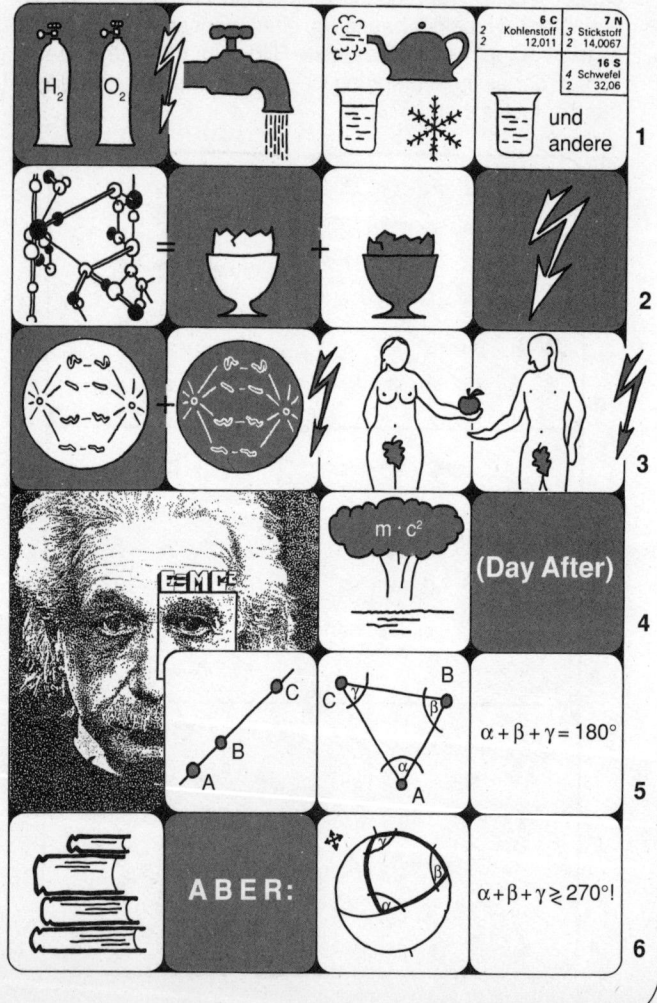

siehe auch Seite 254

gewissermaßen der Anreiz gegeben, Gleiter zu erzeugen. Man kann diesen Anreiz wahrscheinlichkeitsmathematischer Natur vielleicht als Modell für eine der Lebensentwicklung besonders günstige Umweltkonstellation ansehen. In der Tat entstanden bei diesem Spiel ein Gleiter und die Vorform eines Gleiters. Während jedoch der erste Gleiter sich in seiner Umwelt behaupten konnte – sie entblößte sich zunehmend von anderen Spielsteinen –, wurde der zweite Gleiter schon in seiner dritten Generation von der ihn umgebenden, sich quasi-chaotisch entwickelnden Spiel-Umwelt aufgefressen.

Wohl niemand wird hier der Versuchung widerstehen . . . (siehe oben). Viele Stunden haben Kurt und ich vor dem Bildschirm des APPLE II verbracht und immer neue Genesis-Varianten ausprobiert. Die Faszination der Entstehung von Zufallsmustern und deren LIFE-Entwicklung – all das läuft ab wie ein Film – läßt sich jedoch gedruckt nur schwer darstellen. Ich kann dem interessierten Leser nur den Rat geben: Versuchen Sie GENESIS auf einem Computer, dem eigenen oder dem Ihres Nachbarn.

*

6

Play Spin Off. Würde das Fortspinnen der Fredkin-Conwayschen Gedanken zu einer wahren Erkenntnis führen, dann müßte sich Galileo Galilei seines Abschwur-Meineides wegen posthum keine Gewissensbisse mehr machen. Aber auch die Schadenfreude wäre dahin. Denn sie bewegte sich dann wirklich nicht. Nichts überhaupt bewegte sich, nichts Materielles, Körperliches. Die Erde nicht, der Mond nicht, kein einziges Stück des Stoffes, aus dem wir und alles um uns gemacht ist. Denn nicht die Körper bewegten sich durch den Raum, sondern lediglich die Zustände des Raumes auf dem Mikroniveau. Was immer man darunter verstehen mag, und wie immer sie beschaffen sein mögen.

Auch bei einer Grippewelle, die sich epidemisch über das Land ausbreitet, bewegt sich nichts. Die Patienten liegen ja krank im Bett . . .

Von Konrad Lorenz stammt der Begriff *Fulguration*. Er versteht darunter das spontane Auftreten einer System-Eigenschaft durch das Zusammentreten von Elementen. Dabei ist die neu aufgetretene (fulgurierte)

---

* *Das Raketensymbol zeigt, daß jetzt die Science-fiction-Mauer durchtunnelt wird.*

Eigenschaft des Systems weder eine Eigenschaft der Elemente, noch läßt sie sich aus deren Eigenschaften ableiten. Neuerdings wird statt Fulguration auch das Wort *Emergenz* gebraucht. Wasserstoff und Sauerstoff sind Gase mit bestimmten Eigenschaften. Wird Wasserstoff mit Sauerstoff verbrannt, so entsteht daraus Wasser, bei normaler Temperatur kein Gas mehr, vielmehr eine Flüssigkeit mit total anderen Eigenschaften. Treten Sauerstoff, Wasserstoff, Kohlenstoff und Stickstoff in geeigneten Mengenverhältnissen zusammen, so entsteht Eiweiß – ein Stoff mit ganz anderen Eigenschaften. Verbinden sich schließlich Eiweißkörper zu hochkomplizierten organischen Gebilden, so kann daraus ein Virus, eine Zelle, ein Organismus entstehen – Lebendigkeit emergiert, fulguriert, taucht, blitzt auf...

Ein einfaches Beispiel für Fulguration bieten drei mathematische Punkte. Sind sie längs einer Geraden aufgereiht, so zeigen sie nichts Aufregendes. Rückt man allerdings einen der Punkte aus der Geraden heraus, so entsteht ein Dreieck – und das hat eine ganze Menge Eigenschaften, über die jeder einzelne Punkt in keiner Weise verfügte, über die aber jeder Schüler ein leidvolles Lied singen kann. Um nur eine von ihnen hervorzuheben: die Winkelsumme im Dreieck beträgt 180 Grad! Eine Eigenschaft ist somit buchstäblich aus dem Nichts entstanden. Ein Punkt ist nach Euklid das, was *keine Eigenschaften hat.* Andere Eigenschaften, die durch das Herausrücken eines von drei Punkten auf einer Geraden entstehen, sind der *Pythagoräische Lehrsatz,* der *Sinussatz,* der *Cosinussatz,* endlich die ganze Trigonometrie.

Welche Zauberkraft hat aus dem buchstäblichen Nichts dreier Punkte ein ganzes Pandämonium an Eigenschaften entstehen lassen? Haben wir jetzt etwa gar das Nichts selber dabei ertappt wie es gerade nichtet?

Kehren wir zu John Horton Conway und seiner glasperlenspielartigen Formelschrift zurück. Auch hier entsteht aus drei Spielsteinen, wenn man sie nur in geeigneter Weise anordnet, ein lebendiges Etwas, das zuvor in keinem der Steine steckte: der Blinker. Einmal geschaffen, blinkt er in alle Ewigkeit vor sich hin. Über das Geheimnis, das den Blinker entstehen läßt, wissen wir allerdings schon etwas mehr: da ist erstens die quadratische Struktur des Spielfeldes als Substrat, zweitens die Definition dessen, was man unter Nachbarschaft zu verstehen hat, und drittens ein Satz von drei Spielregeln über Neubelegung, Platzhaltung und Entleerung einer Spielfeldzelle mit einem Spielstein. Ohne Beschränkung der Allgemeinheit ausgedrückt, lautet das so: eine Fläche beliebiger Ausdehnung ist in quadratische Zellen eingeteilt, deren jede in Abhängigkeit vom Zustand der Nachbarzellen zwei mögliche Zustände annehmen kann. Belegt oder unbelegt, Eins oder Null.

Und daraus entsteht Leben?

Daraus entsteht, wir haben es ja gesehen, die modellhafte Lebendigkeit der Conwayschen Figuren! Nicht aber die Spielsteine als solche werden lebendig, fulgurieren, emergieren – sie erwecken vielmehr nur das Spielfeld zum Leben, sie *holen* gewissermaßen, aufgrund der vorher schon festgesetzten Regeln, aus diesem Spielfeld die faszinierende Vielfalt neuer Eigenschaften, das Leben *heraus,* das latent in ihm schlummert.

Zurück zum Dreieck. Lassen die drei Punkte, wenn einer von ihnen aus der Geraden gerückt wird, in *unvorhersehbarer* Weise eine *unahnbare* Menge neuer, zuvor nicht vorhandener Eigenschaften und Beziehungen erst entstehen, über die ganze Bibliotheken schon geschrieben worden sind?

Oder haben diese drei Punkte besagte Eigenschaften und Beziehungen nur markiert, abgesteckt, herausgeholt, so wie auch der Stabsoffizier den Schlachtenverlauf auf der Generalstabskarte mit Stecknadeln absteckt?

Was aber ist die Generalstabskarte, auf der drei euklidische Punkte (Nichtse) eine ganze Bibliothek menschlichen Wissens abzustecken imstande sind?

Ist es nicht etwa die Summe der Eigenschaften des leeren Raumes an sich, in dem diese drei Punkte einige abstecken, *herausholen?* Eigenschaften, die nicht erst mit diesen drei Punkten entstehen, sondern schon in Ewigkeit vorhanden sind und in aller Ewigkeit weiterbestehen werden?

Darf man daher unter Fulguration/Emergenz *die durch Elemente bewirkte Markierung* oder *Hervorholung von Eigenschaften in oder aus einem bereits vorhandenen Vorrat* verstehen?

Machen wir eine Gegenprobe! Behalten wir die Elemente bei, aber ändern wir das Substrat. Die Winkelsumme eines auf einem ebenen Reißbrett mit Hilfe dreier Punkte emergierten Dreiecks ist doch 180 Grad, oder? Ändern wir jetzt das Substrat, den Zeichen»raum«: stecken wir das Dreieck nicht auf dem ebenen Reißbrett, sondern auf dem runden Globus ab.

Was sehen wir da?

Wir sehen nichts weniger Erstaunliches als ein Dreieck, dessen Winkelsumme *größer als 180 Grad* ist. Wenn Sie vom Nordpol zum Äquator fliegen, auf diesem zehntausend Kilometer nach Osten und dann wieder zum Nordpol zurück, so haben Sie ein Dreieck geflogen, dessen Winkelsumme genau 270 Grad ist!

Damit ist aber gezeigt, daß die Systemeigenschaft *Winkelsumme* nicht von den Eigenschaften der sie absteckenden Elemente, sondern von den Eigenschaften des Substrates abhängt, auf dem besagte Elemente besagtes System markieren. Aus dem besagte Elemente besagte Eigenschaften, die schon vorher in ihm stecken, hervorholen. Im äußerst einfachen Falle hat der Übergang von der Ebene zur Kugel, vom ebenen zum gekrümmten Raum einen völlig neuen Satz von Eigenschaften emergieren lassen. Er ist als Unterschied zwischen der ebenen und der sphärischen Trigonometrie dem Mathematiker seit altersher wohlbekannt.

Sind etwa die Eigenschaften anderer fulgurierter/emergierter Systeme (aller Systeme?) nichts anderes als spezielle *Hervorholungen* von Eigenschaften aus einem immer schon vorhandenen Eigenschaften-Vorrat? Ist die Welt, in der wir leben, sind wir selber, das ganze Universum etwa nichts anderes als eine spezielle Hervorholung von Eigenschaften und Beziehungen aus einem immer schon vorhandenen, unermeßlichen Vorrat an Eigenschaften und Beziehungen? Aus einer (unendlichen?) Summe aller möglichen Raum-Zeit-Eigenschaften?

Vielleicht wäre es in diesem Falle sinnvoll, anstelle von Fulguration/Emergenz den Begriff *Apportanz* zu verwenden?

Wenn wir in Ansatz bringen, daß der Raum und die Zeit, wie wir sie erleben, mithin mehr sind als die nach links und rechts, nach oben und unten, vorn und hinten sowie nach gestern und morgen ausgedehnte Leere, die sich in unserem Erleben mit Objekten und Ereignissen bevölkert; wenn wir weiterhin einräumen, daß die soeben beschriebenen Dimensionen etwa nur die drei- bis vier-, also niedrigerdimensionalen Schnitte durch eine höher-, möglicherweise unendlichdimensionale (Über-?)Wirklichkeit sind, die alle Universen und alle Ereignisse, sämtliche Vielfachwelten, unsere vielfältigen Leben und Schicksale als hervorholbare, apportierbare Möglichkeit enthält...

...so möchte man ein weiteres Mal mit Einsteins fiktivem Zitat ausrufen: »Vielleicht ahne ich jetzt, was Vollkommenheit heißt, was das All und was Allmacht wirklich sein könnten...«

Haben wir in den vorausgegangenen Zeilen, Abschnitten und Kapiteln die Infinitesimalvokabel etwa zu stark strapaziert? Oder die Wand, welche Physik von Metaphysik, Hüben von Drüben, Wissen von Spekulation trennt, zu oft und oft zu leichtfertig zu durchtunneln versucht? Der Autor befindet sich hier in einem jahrtausendealten Dilemma. Es steckt in der Unmöglichkeit, die Denkmaschine irgendwo im Finitesimalen zu bremsen und nicht immer zu einer gegebenen Größe eine noch größere sich vorzustellen. Hier kopuliert besagtes Dilemma noch mit einem anderen und auch nicht jüngeren Zankapfel der Philosophie, mit dem zwischen Determinismus und Indeterminismus. Oder mit der allmächtigen und allwissenden Vorsehung im Gegensatz zur freien Willensentscheidung und moralischen Verantwortung. Oder dem Kausalitätsprinzip der älteren Physik im Vergleich zum Roulette-Prinzip der modernen Quantenmechanik. Oder, oder, oder.

Conways Game of Life ist, wie bereits Manfred Eigen und Ruthild Winkler in ihrem wunderbaren Buch »Das Spiel« angemerkt haben, ein deterministisches Spiel und deswegen zur modellhaften Darstellung von Lebensphänomenen nur bedingt geeignet. Es ist richtig: eine gegebene Spielfigur entwickelt sich mit unentrinnbarer kausaler Konsequenz, und die Entfaltung einer Konstellation – sei sie oszillierend, dislozierend, periodisch, aperiodisch und kompliziert wie auch immer – darf geradezu als Schulbeispiel für eine Kausalkette angesehen werden.

(Daß es den Mathematikern, den Erfinder des Spieles selber nicht ausgenommen, beim heutigen Wissens- und Fähigkeitsstande nicht möglich ist, eine Figur und deren Entwicklung vorauszuberechnen, hat alles mit dem heutigen Wissens- und Fähigkeitsstande der Mathematik zu tun und nichts mit dem Prinzip des Spieles. Conway drückt diese Schwierigkeit in seinem Buch »Gewinnen« mit der Kapitelüberschrift »Die Unvorhersagbarkeit des Lebens« aus und bekräftigt seine Aussage nach einigen Überlegungen mit den lapidaren Worten »LIFE ist wirklich unvorhersagbar«).

Wenn wir, die Fredkinschen Vorstellungen und das Lorenzsche Fulgurationsprinzip weiterspinnend, uns alle möglichen Ereignisse als in der Regelhaftigkeit eines Substrates – der Raum-Zeit beispielsweise – gespeichert vorstellen, so können wir sie uns nicht anders als determiniert vorstellen. Insbesondere dann, wenn, wie manche Physiker annehmen, die Raum-Zeit zwar unbegrenzt (wie eine Kugeloberfläche), aber dennoch endlich (wie eine Kugeloberfläche) ist – so hat sie, wie der Computer-Bildschirm, nur einen endlichen, determinierten Vorrat an Figuren und deren Schicksalen. Ein drei-mal-drei-Spielfeld, wie wir es als Unterspielfeld in GENESIS II verwendeten, hat einen Vorrat von 510 Spielvarianten. Bei größerer Zellenzahl steigt – nicht anders wie beim Zahlenlotto – die Zahl der Möglichkeiten zwar ins (menschlich) Unermeßliche, aber nicht ins (mathematisch) Unendliche. Demnach hat ein endliches Conway-Fredkin-Universum einen endlichen Vorrat determinierter Schicksale. Eine beengende Vorstellung?

Sie ahnen jetzt sicher schon, wohin der Tunnel durch die Infinitesimalmauer führen soll. Nichts Geringeres eröffnet er uns nämlich als den Fluchtweg in den Indeterminismus! Dabei ist es gar nicht vonnöten, sich mit Albert Einstein anzulegen und seine Allgemeine Relativitätstheorie, soweit sie eine gekrümmte endliche Raumzeit postuliert, in Zweifel zu ziehen. Nicht die Länge, Höhe und Breite der drei Raumdimensionen müssen strudelteigartig in ein Unendliches gezogen werden, um einem beschränkten Ereignisvorrat zu entfliehen – nein, in der *Zahl* der Dimensionen selber liegt (möglicherweise), sobald sie nur jedes endliche Maß übersteigt, der Weg ins Freie aus dem Kerker totaler Vorbestimmtheit.

Damit aber nähern wir uns wieder John Wheelers unendlich-dimensionalem *Hyperraum,* wie er bereits im ersten Kapitel im Zusammenhang mit der Vielwelten-Hypothese von Hugh Everett andeutungsweise erwähnt worden ist. Conway-Fredkinsche und Wheelersche Vorstellungen vereinigten sich demnach zu einem Infinitesimalausweg aus der deterministischen Misere trotz durchgängigen Obwaltens eindeutiger Wirkungen von eindeutigen Ursachen.

Ist der »Alte Bund«, wie Jacques Monod sich ausdrückt, wirklich »zerbrochen«? Hat der Mensch wirklich zur Kenntnis zu nehmen, »daß er in der teilnahmslosen Unermeßlichkeit des Universums allein ist, aus dem er zufällig hervortrat«? Muß er unumstößlich »aus seinem tausendjährigen Traum erwachen und seine totale Verlassenheit, seine radikale Fremdheit erkennen«? Und: »..., daß er seinen Platz wie ein Zigeuner am Rande des Universums hat, das für seine Musik taub ist und gleichgültig gegen seine Hoffnungen, Leiden oder Verbrechen.«?

Zufällig hervortrat?

Oder ist er in einem kausalen Conway-Fredkin-Wheeler-Universum (mit infinitesimaler *Determinismus-Brechung,* um es einmal so zu nennen) mit unumstößlicher Sicherheit seit eh und je enthalten?

Schon immer dagewesen, daseiend, da sein werdend?

8

Hier ist das Ende unseres ersten Tunnelausfluges durch die Science-fiction-Mauer. Genaueres über die Wechselwirkung einer n-ten Dimensionenschale mit einer von ihr »umschlossenen« (n-1)sten Dimension innerhalb einer beliebig-stufigen Dimensionenhierarchie untersuchen wir im letzten Kapitel Phantastisches Finale: der Hyperspiegel.

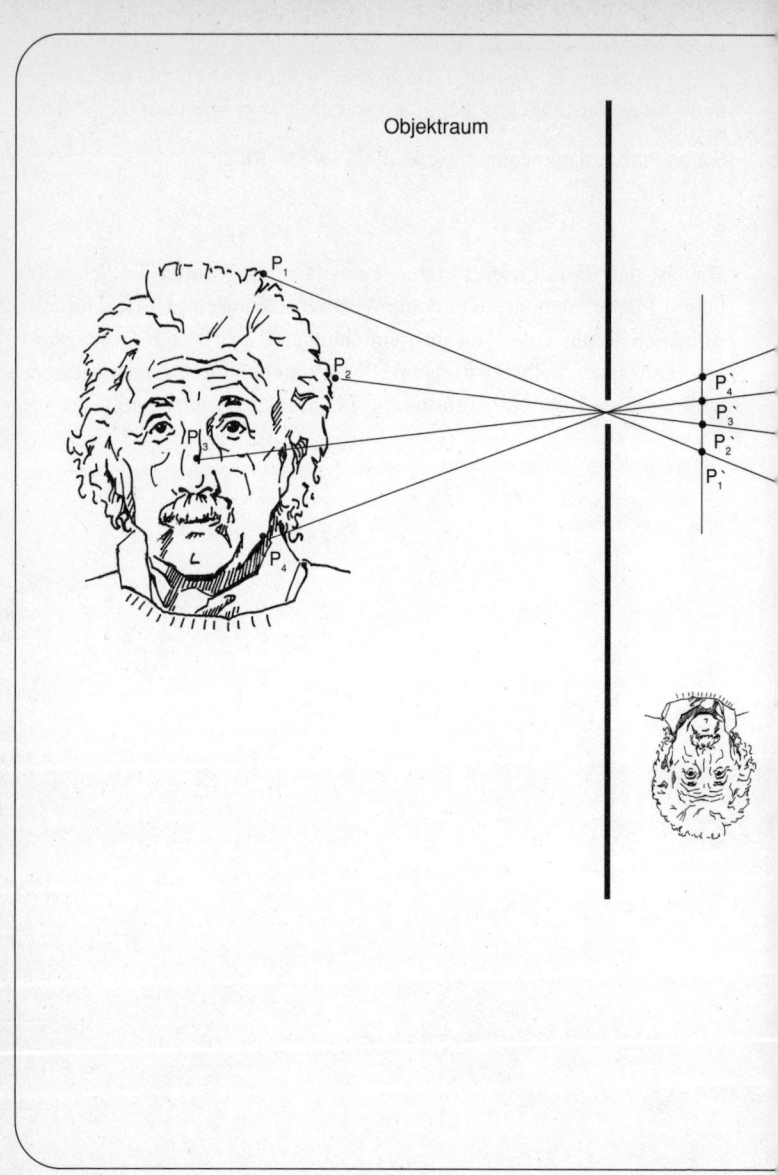

Objektraum

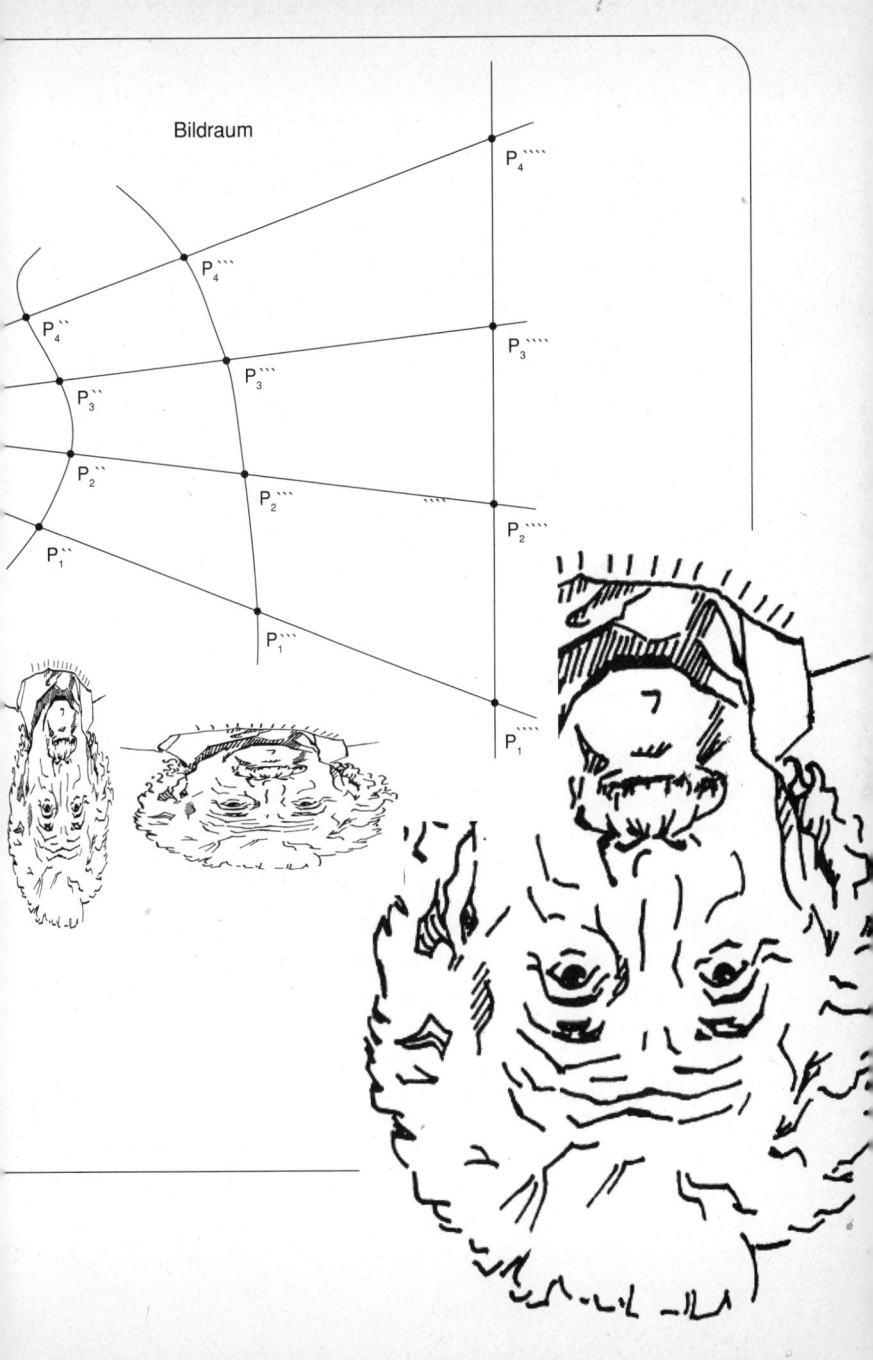

Bildraum

Von Punkten und Bildern

Die Methode dieses Buches ist die Vermittlung von Bildern. Der Leser soll ein Bild der Welt gewinnen, wie sie im Vordergrunde auf ihn wirkt und eine Ahnung bekommen von der endlosen Kette an Wirkungen, die, einem unbekannten Hintergrund entsprechend, des Vordergrundes Schein erzeugen.

Ein Bild ist das Ergebnis eines Zuordnungsprozesses. Einer Menge von Punkten eines Objektraumes wird mit Hilfe eines Abbildungsprozesses die Punktmenge eines Bildraumes zugeordnet. Die beiden Mengen sind einander in irgendeiner Weise ähnlich. So entsteht aus der Tiefe des Raumes einer sich bis an den Horizont erstreckenden Landschaft über das photographische Objektiv ein ebenes Bild der Landschaft: als eine Menge von Punkten auf dem Papier, die den Punkten der wirklichen Landschaft, den Regeln der Perspektive gehorchend, zugeordnet sind.

Wir können dieses Bild auch mit einer Videokamera abtasten und die räumliche Ordnung der Bildpunkte in die zeitliche Ordnung des für die Übertragung geeigneten Fernsehsignales verwandeln. Auch das ist ein Abbildungsprozeß: Raum wird in Zeit abgebildet.

Die Menge der Zimmer eines Hotels ist abgebildet in der Menge der zugeordneten Zimmerschlüssel auf dem Schlüsselbrett der Reception, und diese wiederum bildet sich auf der Menge der Logiergäste ab, die diese Schlüssel benutzen.

Die Wirkungsweise des Pendels ist in der Funktion des elektromagnetischen Schwingkreises abgebildet, die Menge der Tanzpaare eines sonderbaren Tanzpalastes auf die treibende Kraft in einer Dampfmaschine und den Gang der Weltenuhr.

Eine bildhafte Entsprechung entdeckten wir zwischen den Zuständen des harmonischen Oszillators und ebenfalls oszillierenden psychischen Prozessen; eine Abbildung der komplexen Zahl in den komplexen Zuständen des Seelenlebens.

Im nächsten Kapitel wird eine parabolische Kurve auf Gedeih und Verderb eines Hasenvolkes abgebildet und dieses wiederum auf einen staatseigenen Konzern, der rote Zahlen schreibt. Weiterentwicklungen dieser Abbildungskette enden bei den schwer durchschaubaren Vorgän-

gen, die zur hydrodynamischen Turbulenz, zum aerodynamischen Flug und schließlich zum Schmetterlingseffekt führen; von ihm ist anzunehmen, daß er ein Gutteil des Wettergeschehens beherrscht. Und nicht nur das. Auch das Schicksal von Menschen, Familien, Generationen und Völkern. Die Abbildungskette erfährt so eine Metamorphose von der projektiv-geometrischen in die logische und von der logischen in die symbolische Form.

Berechenbares Chaos –
unvorhersagbare Wirklichkeit

1

» – Zusammenbruch, sagte Mr. Cunningham. Herz.
Er klopfte sich traurig an die Brust.
. . .
Mr. Power blickte mit wehmütiger Beklommenheit auf die vorbeigleitenden Häuser hinaus.
– So plötzlich ist er gestorben, der arme Kerl, sagte er.
– Der beste Tod, sagte Mr. Bloom.
Ihre weit aufgerissenen Augen blickten ihn an.
– Kein Leiden, sagte er. Ein Moment bloß, und alles ist vorbei. Wie
wenn man im Schlaf stirbt.« (James Joyce, »Ulysses«)

2

Nicht jedermann wird vorgewarnt wie Jedermann. Nicht jedermann
vernimmt den berühmt-berüchtigten Jedermannruf, wie er über den
Domplatz von Salzburg schallt, wenn allsommerlich das Spiel vom
Leben und Sterben des reichen Mannes über die offene Bühne geht.
Manchen ereilt der Tod schnell, laut- und schmerzlos, mitten im vollen
Leben, in voller Fahrt. Ohne Bremsstrecke, ohne Vor- und Hauptsignal; keine Ankündigung, keine Androhung, nichts, rein gar nichts.

Der Zustand schlägt einfach um: von lebendig nach tot. Wie ein
Kippschalter, Licht an, Licht aus. Aus. . .

3

Die Dynamik von Leben und Sterben – Geborenwerden und Überleben
bei günstigen Lebens- und Umweltbedingungen, Sterben bei Einsamkeit und Übervölkerung – bestimmt das Schicksal der GENESIS-I-
Generationen im Spiel. Hier ist ein statistisches Schaubild, das zeigt,
wieviele lebendige Zellen in der ersten GENESIS-Generation durch
Einwirkung der LIFE-Spielregeln übrigbleiben, wenn ein aus dreißig

mal dreißig gleich 900 Zellen bestehendes Unterspielfeld in der nullten Generation nach dem Zufallsprinzip mit verschieden vielen lebenden Zellen besetzt worden ist:

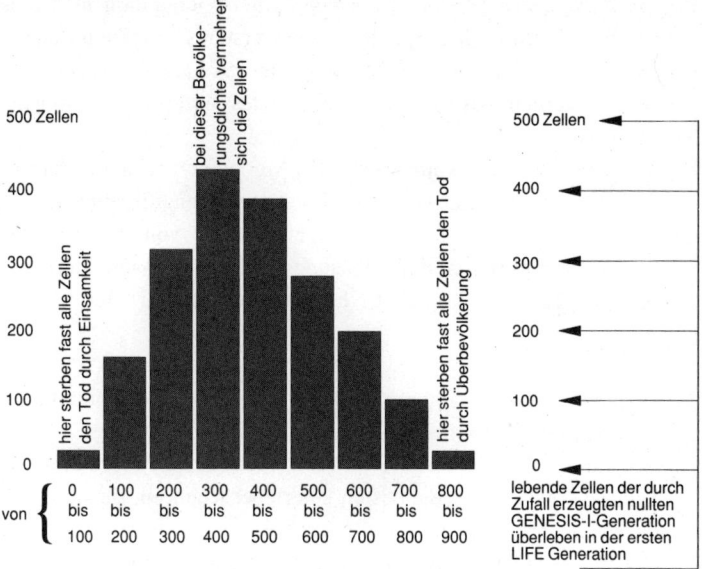

Schicksal verschiedener Anfangspopulationen bei GENESIS

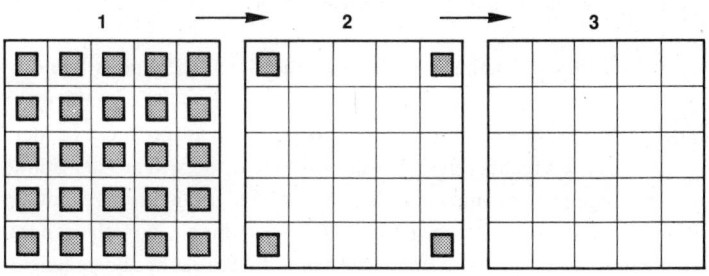

alle "inneren" Zellen eines vollbesetzten abgeschlossenen Spielfeldes (Biotop) . . . . . .

sterben an Überbevölkerung, weil jeder von ihnen mehr als drei besetzte Zellen benachbart sind. Lediglich die Eckzellen haben genau drei Nachbarn und überleben daher in der ersten Generation . . . .

aber sie sterben in der zweiten Generation an Einsamkeit!

Fazit: Ein vollbesetztes Biotop stirbt auf jeden Fall!

Werdegang der Vollpopulation

131

Es ist ohne weiteres klar, daß ein Spielfeld, das in der nullten Generation keine lebenden Zellen enthält, auch in allen folgenden Generationen tot bleiben muß; aus nichts wird nichts. Ferner geht aus den LIFE-Regeln hervor, daß von einem in der nullten Generation lückenlos besetzten abgeschlossenen Spielfeld in der ersten Generation nur die vier Eckzellen überleben, die dann in der zweiten Generation an Einsamkeit sterben. Also auch ein vollbesetztes Biotop stirbt unweigerlich.

Wir lösen uns nun vom konkreten LIFE-Modell und seinen einfachen Spielregeln und verallgemeinern die statistischen Ergebnisse des GENESIS-Experiments auf Generationenwechsel von Populationen mit beliebig komplizierten Fortpflanzungs-, Überlebens- und Sterbensdynamiken, behalten vom GENESIS-Modell jedoch vier eherne Grundsätze bei:

1. Aus einer *Nullpopulation* geht immer wieder nur eine Nullpopulation hervor, denn, wie immer: aus nichts wird nichts.
2. Eine mittlere Population hat, wie der Berg in der GENESIS-Statistik (Seite 131 oben) zeigt, die besten Überlebenschancen, sie kann sich sogar vermehren.
3. Eine *Vollpopulation* stirbt aus, hat demnach eine Nullpopulation zur Folgegeneration.
4. Das Spielfeld muß abgeschlossen sein (Zaun; Insel).

Auf Basis dieser Erkenntnisse läßt sich die GENESIS-Statistik in eine glatte, schematisierte Kurve verwandeln, wobei Populationszahlen nur noch in Verhältniszahlen der Vollbesetzung (100) ausgedrückt werden. Das Diagramm rechts zeigt an zwei Beispielen, wie sich aus der Stärke einer Ausgangspopulation die Stärke ihrer Folgegeneration ermitteln läßt. Diese Operation kann wiederholt werden, indem die Folgegeneration zur Ausgangsgeneration gemacht und die Stärke der Folgegeneration der Folgegeneration, also der Enkelgeneration ermittelt wird. Dieser Vorgang läßt sich beliebig oft wiederholen und liefert die Bevölkerungsentwicklung über beliebig viele Generationen hinweg. Man bezeichnet die mathematische Operation, bei der das Ergebnis einer Rechnung immer wieder als Ausgangsgröße eingesetzt wird, als *Iteration*. Zu welch faszinierenden Ergebnissen die *iterative Dynamik* der Kurve in obigem Diagramm führt – sie wird auch als *logistische Kurve* bezeichnet –, werden wir gleich sehen.

Dabei wollen wir uns nicht länger in der verdünnten Atmosphäre der Abstraktion bewegen, sondern uns eine konkrete Vorstellung von den zur Welt kommenden, lebenden und sterbenden Wesen machen, die wir der Dynamik der logistischen Funktion unterwerfen: wir nehmen als Beispiel ein Hasenvolk, das in dem abgeschlossenen Lebensraum einer Insel wohnt, sich von dem, was der Boden bietet, ernährt, von Feinden (Füchsen, Jägern, aber auch von Krankheiten und Umweltgiften) bedroht wird oder sich selbst – indem es alles vorhandene Gras auffrißt – ausrotten kann.

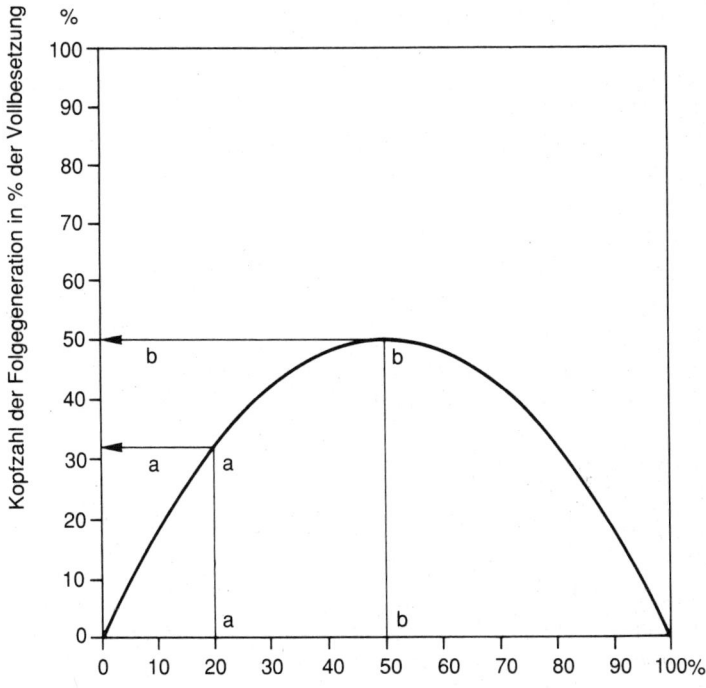

Kopfzahl einer Ausgangspopulation in % der Vollbesetzung

Entwicklung von Populationen verschiedener Kopfzahl innerhalb einer Generation. Eine Ausgangspopulation von 20 (ergibt eine Folgegeneration von etwa 32 (Pfeil a). Eine Ausgangspopulation von 50 ergibt eine Folgegeneration von wieder 50 (Pfeil b).

Iteration der logistischen Kurve im Windmühlendiagramm

Pflanzt sich eine Population nach einer logistischen Kurve fort, deren Maximum den Wert 50 hat, so pendelt sich unabhängig von der Stärke der Ausgangspopulation immer wieder der Populationswert 50 ein. In den beiden Diagrammen ist das für Ausgangspopulationen 20 und 90 gezeigt.

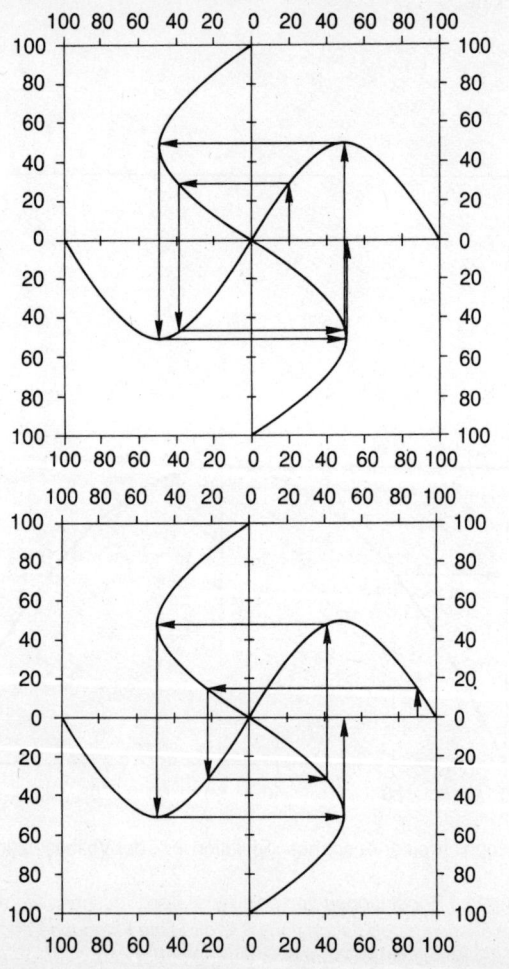

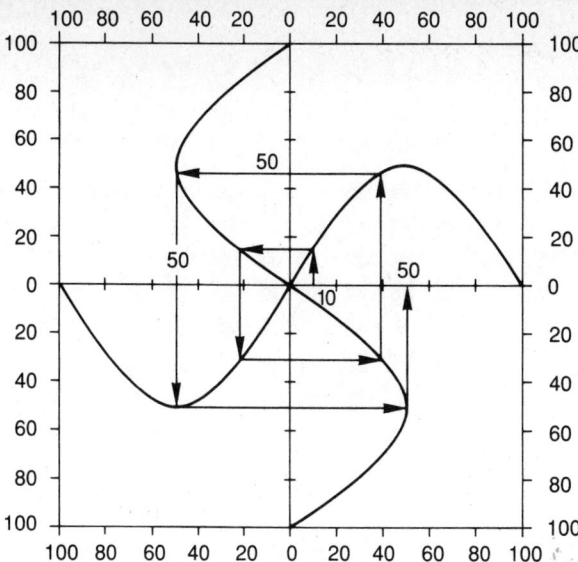

4

Ohne jede Rechnung kann der Leser die iterative Dynamik des Hasenvolkes mit graphischen Mitteln in Gang setzen. Für diesen Zweck dient ein Windmühlendiagramm, in dem die logistische Kurve 4 mal eingetragen ist:

Um in obigem Diagramm die Kopfzahl einer beliebigen Generation zu ermitteln, muß man von einem Ausgangswert auf dem rechten Abschnitt der horizontalen Achse aus immer nur entgegen dem Uhrzeiger von Kurve zu Kurve weiterschreiten und findet auf der jeweils nächstliegenden Achse den Wert für die nächste Generation. Am Ende des Buches ist ein leeres Windmühlendiagramm zu finden, in welchem eine ganze Schar verschiedener logistischer Kurven dünn vorgedruckt ist. Wer sich die Vorlage kopiert, kann nach Herzenslust den iterativen Forschungen frönen.

Die Windmühlenkurve links hat eine Besonderheit: sie pendelt sich immer auf das Kurvenmaximum ein, das hier beim Fünfzig-Prozent-Punkt liegt. An diesem Punkt ist die Folgegeneration gleich stark wie die Ausgangsgeneration. Unter den durch diese spezielle Kurve symbolisierten Lebensbedingungen vermehrt sich weder das Hasenvolk, noch vermindert es sich; es bleibt bei seinem Fünfziger-Punkt.

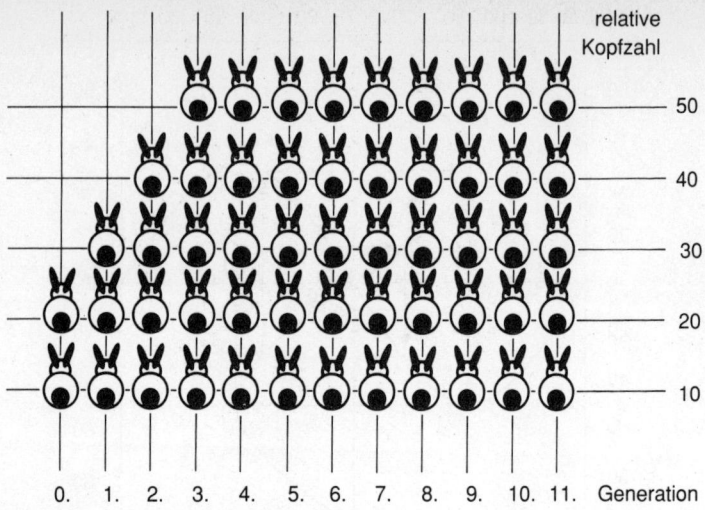

In diesem Bild erkennt man eine Besonderheit: mit welchem Ausgangswert
auch immer das Hasenvolk startet – nach einigen iterativen Zyklen erreicht es
immer wieder den Wert fünfzig und pflanzt sich von da an nur noch mit diesem
stabilen Wert fort. Und das, wenn nichts dazwischen kommt, in alle Ewigkeit.
(Die Chinesen träumen von solch einem Zustand...)

5

Es liegt in der Natur der hier verwendeten Hasenkurve, daß sie auf der
horizontalen Ausgangspopulations(AP)-Geraden des Diagramms symmetrisch zum Fünfziger-Punkt liegt, und daß die Folgepopulation (FP)
an diesem Punkt auch wiederum den Wert fünfzig hat. Das führt zu der
schon oben erwähnten Stabilität des Hasenvolkes. Eine *goldene Kurve*
könnte man diese Kurve nennen, denn sie läßt nicht nur das Hasenvolk
ein goldenes Zeitalter erleben, auch die Füchse kommen dabei nicht
schlecht weg und die Firma Halalimann & Söhne, Wildbret-Groß- und
Einzelhandel kann ihren Umsatz längerfristig vorausplanen.

Bemerkenswert ist der *goldene Punkt* der goldenen FP-Kurve; ihr
Maximalwert fünfzig liegt genau über dem AP-Wert fünfzig. Fünfzig zu
fünfzig ergibt eins. Wir nennen *eins* den Lebenswert LW der logistischen
Kurve.

Leider aber ist in der Welt und im Leben nicht alles Gold; ja man kann
wohl sagen, daß Gold eher die Ausnahme ist. So gibt es denn auch
Hasenkurven, die zwar noch symmetrisch zum AP-Punkt 50 verlaufen,

deren Kulminationspunkt jedoch entweder höher oder tiefer liegt. Dementsprechend ist der Lebenswert nicht mehr die goldene Eins, sondern kleiner oder größer. Das Bild Seite 138 zeigt Kurven mit den Lebenswerten LW = 0,5, LW = 1, LW = 1,5, LW = 1,915 und LW = 2. Wären unsere Inselhasen Lebensbedingungen ausgesetzt, die einer logistischen Kurve mit dem Lebenswert LW = 0,25 entsprächen – ein Lebenswert unterhalb der Todeszone –, so würde das den rapiden Tod

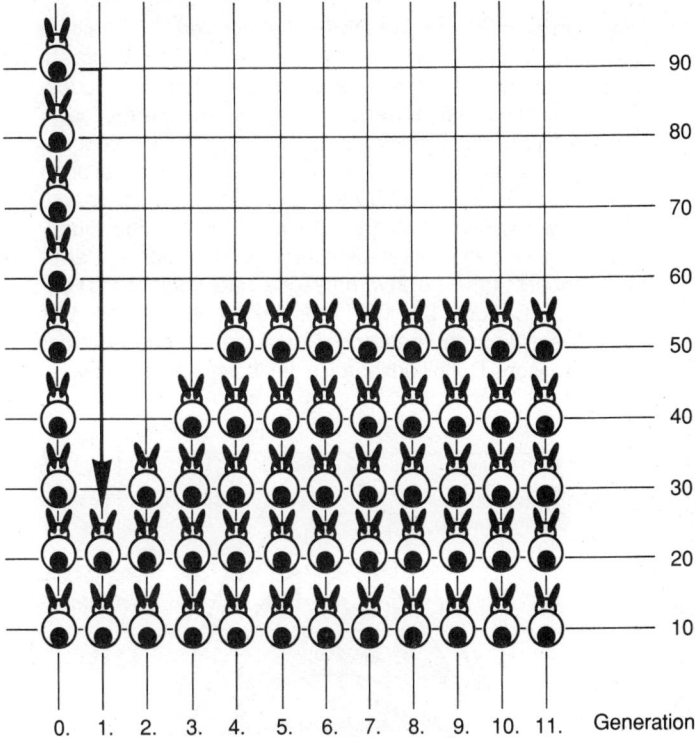

In diesem und im Bild zuvor sind die Ergebnisse der iterativen Operationen veranschaulicht. Die Hasenpopulation pendelt sich auf den Endwert 50 ein, ob mit einer niedrigen Ausgangspopulation (20) gestartet wird oder mit einer hohen (90). Besonders der letzte Fall zeigt die Wirkung der Übervölkerung: die Hasenpopulation stirbt vom Wert 90 in der ersten Folgegeneration aus auf den Wert 20, um dann wieder dem stabilen Endwert zuzustreben. Mit einem Wort, die Hasen haben sich gesundgeschrumpft, und mancher Direktor eines verstaatlichten Industriekonzerns, der rote Zahlen schreibt, könnte sich von ihnen eine Scheibe abschneiden.

Die Logistische Kurve

im Text auch *Hasenkurve* genannt, ist eine Parabel, die der Gleichung

$$FP = \frac{LW}{50} \cdot AP (100 - AP)$$

gehorcht, mit
- FP... Folgepopulation (0 bis 99,99...)
- LW...Lebenswert (0 bis 2,00)
- AP... Ausgangspopulation (0 bis 100).

Während die *goldene Kurve* mit dem Lebenswert LW = 1 einem Volk ewiges Leben mit gleichbleibender Bevölkerungszahl verspricht, sterben Völker, deren Kurve unter der *Todes-Grenzkurve* liegt, einen langsameren oder schnelleren Tod, je nachdem. Von der G*abelungs-Grenzkurve* mit dem Lebenswert LW = 1,5 an alternieren die Kopfzahlen der Generationen zwischen zwei und mehr Werten hin und her, ab der *chaotischen Grenzkurve* mit LW = 1,9142 alternieren die Populationszahlen im einzelnen zwar berechen-, demographisch aber total unüberschau- und unvorhersagbar; hier beginnt das »determinierte Chaos«. Die *Maximalkurve* mit dem Lebenswert LW = 2 beschließt die chaotische Domäne; hier endet auch der mathematische Definitionsbereich der logistischen Funktion.

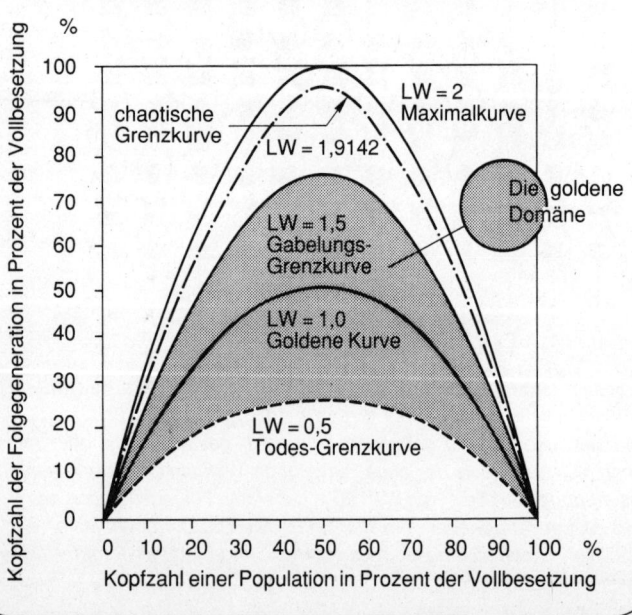

138

des Volkes zur Folge haben. Von 90 Hasen in der Startpopulation blieben in der ersten Generation 45, in der zweiten Generation 2 und in der dritten Generation nur noch ein ganzer Hase übrig, dessen Fortpflanzung an den Regeln der Natur scheiterte.

Die folgende Statistik sucht diesen Fall zu zeigen, so gut dies eben mit graphischen Mitteln möglich ist.

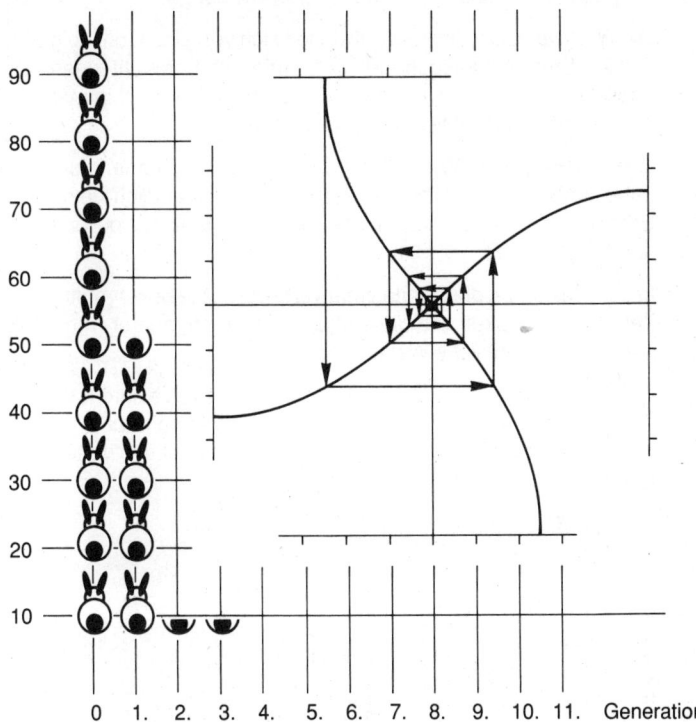

Dieser Ausschnitt aus dem Windmühlendiagramm für den Lebenswert LW = 0,25 zeigt die sich nach innen um den Nullpunkt windende Iterationsspirale; sie ist bei LW = 0,25 eine Todesspirale.

Einen *ersten Schlüsselfall* repräsentiert der Lebenswert LW = 0,5. Auch mit diesem Lebenswert stirbt das Hasenvolk, aber es stirbt so langsam und unmerklich, daß wir auf eine graphische Darstellung verzichten müssen. Statt dessen sei ausnahmsweise eine Tabelle abgedruckt (siehe Seite 141).

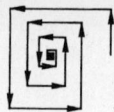 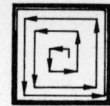

Die *iterative Todesspirale* wickelt sich von einem beliebig großen Startwert aus nach innen um den Nullpunkt und erreicht ihn nach (theoretisch) unendlich vielen Windungen.

Die *iterative Lebensspirale* entwickelt sich von einem beliebig kleinen Startwert ausgehend nach außen und erreicht einen endlichen Endwert in (theoretisch) unendlich vielen immer dichter am Endwert liegenden Windungen.

Beim Lebenswert LW = 0,5 schlägt die Todesdomäne in die Lebensdomäne um: schon eine (theoretisch) unendlich kleine Erhöhung des Lebenswertes über die Zahl 0,5 hinaus bewirkt diesen *Umschlag*.

In der Praxis sind die Infinitesimalwerte durch die beschränkte Zeichengenauigkeit und die endliche Zahl rechenbarer Kommastellen auf endliche Werte vergröbert.

Die Graphik zeigt das Streben der Populationskurve unterhalb der Lebensdomäne auf den Wert Null und die Annäherung der Kurven an endliche Grenzwerte oberhalb des Lebenswertes LW = 0,5.

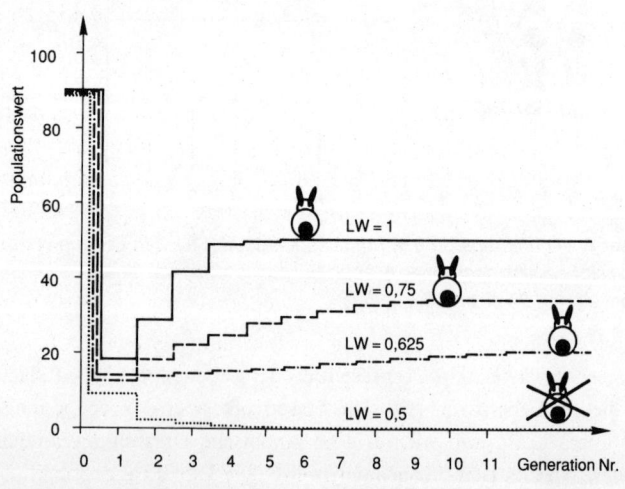

140

Das Sterben eines Hasenvolkes mit dem Lebenswert LW = 0,5

Generation Nr.	Populationswert in Prozent
0	90
1	9
2	8,19
3	7,52
4	6,59
5	6,47
6	6,05
7	5,69
8	5,36
9	5,07
10	4,82
.	.
.	.
.	.
987	0,0999
988	0,0998
989	0,0997

Differenz = 0,0001
Abnahme = $\dfrac{0,0001}{0,0999} \approx 0,001 = 1$ Promille

Man kann einwenden, daß es keine halben Hasen gibt, von Zehntel- und Hundertstelhasen ganz zu schweigen. Richtig. Doch die Zahlen, mit denen hier umgegangen wird, sind Verhältniszahlen. Sie sagen über die *absolute* Kopfzahl einer Population nichts aus. Wenn eine Population anfänglich 1.000 Köpfe hatte, so entspricht die Abnahme von einem Promille immerhin noch einem ganzen Hasen.

Gerade um dieses Promille geht es in unserem Schlüsselfall aber. Wie obige Tabelle darstellt, beträgt der Populationsverlust pro Generation nach 987 Generationen nur noch ein Promille. Das bedeutet, daß unser Hasenvolk unter Bedingungen lebt, die seine Abnahme und irgendwann einmal sein Aussterben zur Folge haben werden – daß aber dieses Geschehen nur von Generation zu Generation aufgrund *demographischer Beobachtung* allein nicht diagnostizierbar wäre.

Nehmen wir an, ein Heger fände ein Hasenvolk von 1.000 Seelen vor, das bereits 986 Generationen hinter sich hat und dessen Fortpflanzung von einer logistischen Kurve mit dem Lebenswert LW = 0,5 gesteuert wird. Von der 987. auf die 988. Generation nimmt dieses Volk laut Tabelle um ein Promille ab, das ist ein *ganzer* Hase. Läßt sich eine solche Abnahme beobachten? Antwort: Nein! Dem Mathematik-Crack wird geläufig sein, daß die *statistische Schwankung* des Hasenvolkes gleich

Hewllett-Packard-11C-Rechenprogramm

Für die Iteration der logistischen Gleichung

$$FP = \frac{LW}{50} \cdot AP(100 - AP)$$

schalten Sie den Rechner ein und drücken Sie folgende Tasten:

```
g P/R
f CLEAR PRGM
f LBL A
STO 7
f CLEAR Σ
f LBL B
Σ+
RCL 6
50
÷
RCL 7
x
100
RCL 7
–
x
STO 7
RCL 0
1000
x
+
f PSE
GO TO f B
g P/R
```

Zum Rechnen selber speichern Sie den Lebenswert in Speicher 6:

LW STO 6

und geben die Startpopulation in das X-Register; diese Zahl erscheint demnach in der Anzeige. Jetzt starten Sie die Rechnung indem Sie

f A

drücken. Der Rechner beginnt zu laufen (»running«) und hält nach jedem Iteratonsschritt kurz an, um das jeweilige Ergebnis in der Anzeige sichtbar werden zu lassen, zum Beispiel:

2,054.62

Generation Nr.   Population

Um den Rechner nach jedem Iterationsschritt beliebig lang anzuhalten, drückt man die Taste R/S.

der Quadratwurzel aus der Kopfzahl ist, bei 1.000 Hasen mithin, $\sqrt{1000}$ = ± 32 Hasen. Daß eine systematische Abnahme von 1 Hase pro Generation in den zufälligen Schwankungen von ± 32 Hasen untergehen muß, liegt auf der Hand.

Das Beispiel zeigt, daß es langfristig wirkende Einflüsse auf das Wachstum geben kann, deren Wirkungen *demographisch nicht feststellbar* und daher – vom zeitgebundenen Gesichtspunkt der jeweils Lebenden aus – grundsätzlich undiagnostizierbar sind.

Eine Erkenntnis dieser Art mag nicht nur für Hasenvölker gelten. Auch für Menschenvölker. Oder für Baumvölker, die Wälder heißen.

Die Chinesen sagen: der Wald wächst langsam und stirbt leise...

6

Das Setzen von Spielsteinen auf dem LIFE-Spielfeld sowie die konstruktive Arbeit im Windmühlendiagramm eignen sich gut, die Prinzipien des Spiels und der Iteration kennenzulernen. In der Praxis besonders dann, wenn es darum geht, hunderte und vielleicht sogar tausende von Generationen durchzuiterieren, bedient man sich besser eines Computers. Dabei brauchen wir für die hier nötige Rechenarbeit kein aufwendiges System, vielmehr genügt ein einfacher programmierbarer Taschenrechner wie zum Beispiel der Hewlett Packard 11 C. Nebenstehend ist das Programm für diesen Taschenrechner zu lesen.

7

Der Lebenswert LW ist ein zahlenmäßiger Ausdruck für die Lebensbedingungen insgesamt, die ein Hasen- oder anderes Volk (oder aber auch eine Bakterienkultur) in seinem Lebensraum vorfindet.

Und noch ein Wort zur Population 100 Prozent. Beim LIFE-Spiel entspricht sie der vollen Besetzung eines begrenzten Spielfeldes mit Spielsteinen. Wenn wir jedoch davon sprechen, daß eine Insel mit dem Hasen-Populationswert 100 bevölkert ist, meinen wir nicht, daß nun dicht an dicht auf jedem Fleckchen Insel ein Hase sitzt, sondern, daß damit die Lebensmöglichkeiten der Insel erschöpft sind. In der nächsten Generation gäbe es keine Hasen mehr. Auf einer großen, aber dürren Insel müssen vielleicht schon 75 Hasen das Handtuch werfen, während 74 Hasen gerade noch überleben. Ein kleines aber fruchtbares Eiland mag maximal 749 Hasen ernähren, während 750 schon zuviel sind und das Ende der Hasenherrlichkeit bedeuten. Beide Zahlen – 75 wie 750 – werden durch den Populationswert 100 repräsentiert.

Das Chaos wirft seine Schatten voraus:

Bei Lebenswert LW = 1,5 beginnt die *Bifurkation,* die *Trifurkation* setzt bei LW = 1,914 ein; hier beginnt die determiniert chaotische Domäne.

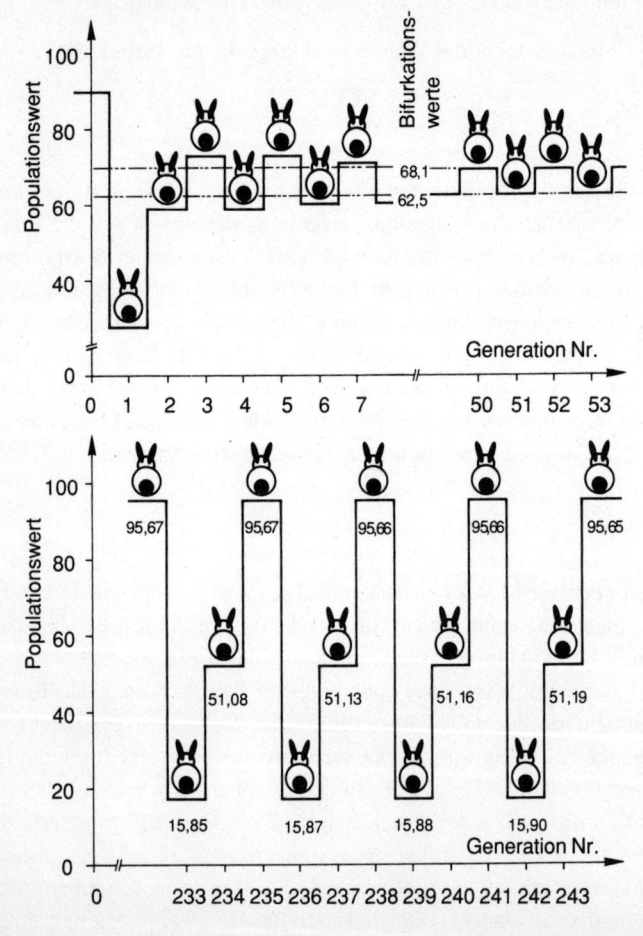

8

Die *Schlüsselzahl* 0,5 ist, und deswegen bezeichnen wir sie auch als solche, eine über das bereits Gesagte hinaus bemerkenswerte Zahl. Es läßt sich nämlich zeigen, daß LW = 0,5 die Grenze zwischen Sterben und Leben markiert! Ab LW > 0,5 geht es aufwärts mit den (Hasen-) Völkern! Im Windmühlendiagramm wird das in Form einer sich von einem beliebig kleinen Startpunkt aus nach *außen* entwickelnden Iterationsspirale kenntlich, während ein dem Tode geweihtes Volk durch eine von einem beliebig großen Startwert ausgehende nach *innen* um den Nullpunkt sich wickelnde Spirale gezeichnet ist (siehe Seite 139/ 140).

Beim Lebenswert LW = 0,5 schlägt ein Verhaltenstyp in den anderen um. Nur eine geringfügige – theoretisch unendlich, infinitesimal kleine Änderung des Lebenswertes entscheidet über Leben und Tod! Zwar ist in der Umgebung der Zahl 0,5 die Einstellung des Endwertes, wie wir gesehen haben, ein über viele Generationen sich hinziehender Prozeß; wir werden jedoch weiter unten über Maßstabsfragen zu diskutieren haben: nicht alle Prozesse in der Natur sind nämlich so langatmig wie der Generationswechsel bei Säugetieren. Die Zeit, die bis zum Erreichen eines signifikanten Endwertes verstreicht, ist daher eine durchaus relative Größe.

9

Eine völlig neue Situation tritt ein, wenn wir den Lebenswert auf den Betrag 1,5 erhöhen. Jetzt streben, wie die graphische Darstellung nebenan zeigt, die Populationen nicht mehr nur einem einheitlichen Grenzwert zu, vielmehr in *alternierender Folge* zwei verschiedenen Endwerten, nämlich 62,5 und 68,1. Die Lebensbedingung LW = 1,5 markiert somit eine total neue Erscheinung, die spontane Aufspaltung – Bifurkation genannt – in zwei stabile Endwerte.

Das ist noch nicht alles! Steigern wir die Lebensbedingungen weiter, so tritt ab dem Lebenswert LW = 1,707 eine Aufspaltung in vier stabile Endwerte ein:

> 38,3
> 82,7
> 50,1
> 87,5

Ordnung und Chaos im Überblick

Hier sind die stabilen Grenzwerte, auf welche sich die Iteration oft erst nach hunderten oder tausenden von Zyklen (Generationen) einpendelt, über dem Lebenswert LW aufgetragen. Man erkennt das Ende des »goldenen Regimes«, in welchem die Populationen einem einzigen Grenzwert zustreben. Aber ab Lebenswert LW = 1,5 spaltet die Kurve spontan in zwei Äste auf (Bifurkation) und abwechselnd kommen Generationen mit großen und kleinen Seelenzahlen zur Welt. Bei Lebenswert LW = 1,707 tritt eine Aufspaltung in vier, bei LW = 1,785 in acht Endwerte ein. Bei LW = 1,914 setzt mit dem erstmaligen Auftreten eines Dreierzyklus (Trifurkation) das Chaos ein.

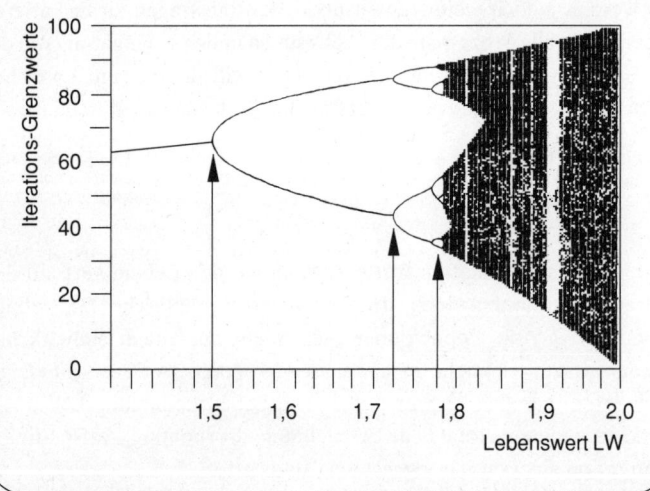

und man ahnt schon, wie es weitergeht, ab LW = 1,785 eine Aufspaltung in *acht alternierende Endwerte*. Diese Aufspaltung schreitet mit weiterer Erhöhung von LW weiter fort, und zwar in 16, 32, 64, 128 und 256 stabile Endwerte, wobei die Intervalle der Lebenswerte, innerhalb derer sich eine Situation aufrecht erhält, immer kleiner werden. Abrupt endet der

Bereich *geradzahliger* Furkation beim Lebenswert LW = 1,8393, wo ein erster *ungeradzahliger Zyklus* auftritt. Die nun folgenden ungeradzahligen Zyklen haben lange Perioden, aber mit steigendem Lebenswert werden sie immer kürzer, bis schließlich bei LW = 1,9142 der erste *3-er-Zyklus* auftritt, wie er im Kasten nebenan gezeigt ist. Ab da treten geradzahlige und ungeradzahlige Zyklen auf, wobei jedoch die Stabilisierung eines jeweiligen Zustandes über hunderte Generationen geht, so daß insgesamt ein chaotisches Bild entsteht.
Dieses Bild ist auch als das *determinierte Chaos* bezeichnet worden.

10

Die Feinstrukturanalyse des iterativen Verhaltens ist für den Fachmann eine Delikatesse; sie erfordert ein tiefergreifendes mathematisches Engagement und würde uns hier zu weit führen. Rätselhaft ist die chaotische Dynamik allerdings nicht, wenn man bedenkt, daß die Iteration eine fortgesetzte Potenzierungsoperation ist, ein »Immer-wieder-mit-sich-selber-Malnehmen«. Dabei entstehen Polynome hohen Grades. Das sind mathematische Ausdrücke, bei denen beispielsweise die Populationszahl in allen Potenzen auftritt bis zur höchsten Potenz, die gleich der Generationsnummer ist. Im Bi-/Trifurkationskasten erreicht sie zum Beispiel die 243. Potenz! Wenn man in Betracht zieht, daß dem Normalbürger, der eine »geradezu pathologische Scheu« (Michael Guillen) vor Mathematik zu haben scheint, schon bei einer Gleichung ersten Grades der Angstschweiß auf die Stirn tritt, daß die vom Lehrplan geforderte geistige Auseinandersetzung mit der quadratischen Gleichung (dieses elende ixeinszweiistgleichahalbeplusminuswurzelausaquadratviertelminusbeh) von unserer jeunesse dorée als echt ätzende Zumutung empfunden wird und daher die Unterrichtsminister aller Länder längst darauf verzichtet haben, dem Pennäler auch noch die Gleichung dritten Grades schmackhaft zu machen – so wird man wohl von der Ahnung befallen werden, was für eine fürchterliche Sache eine Gleichung 243. oder noch höheren Grades ist!
Wir haben es hier mit *extrem nichtlinearen Funktionen* zu tun. Was man sich unter linearen, nichtlinearen und noch anderen Funktionen – im weitesten und oft übertragenen Sinne sind es die Zusammenhänge zwischen Ursachen und Wirkungen – vorzustellen hat, weist das Bild auf Seite 148 aus, das nun dem Interessierten zur Betrachtung und Meditation freigegeben sei.

Funktionen

stellen Zusammenhänge zwischen Ursachen und Wirkungen dar. Die Begriffe Ursache (Argument, veränderliche, unabhängige Variable) und Wirkung (Funktion, abhängige Variable) sind hier jedoch oft sehr weit gefaßt und in einem übertragenen Sinne zu verstehen. Funktionen werden als Kurven in einem meist rechtwinkeligen (cartesischen) Koordinatensystem gezeichnet (Graphen). Dem Physiker und Ingenieur am liebsten sind lineare Funktionen, weil sie durch gerade Striche repräsentiert werden. Ein Beispiel dafür ist der graphische Eisenbahnfahrplan. Aber es gibt natürlich auch krumme, das heißt nichtlineare Funktionen, die entweder monoton, das heißt entweder ständig zunehmend oder ständig abnehmend oder aber auch nicht-monoton, bis zu einem gewissen Punkt zu- und anschließend abnehmend (oder umgekehrt) sein können. Unstetige Funktionen haben einen Ursachepunkt, an dem die Wirkung ins Unendliche geht und daraus wieder zurückkehrt oder spontan von einem Wert zum anderen springt. Nichtelementare Funktionen lassen sich nur durch Zahlen beschreiben oder mit Hilfe unendlicher Reihen darstellen. Liegt dem Physiker eine nichtlineare Funktion zu Bearbeitung vor, so wendet er gerne die Methode der linearen Näherung an, er ersetzt den krummen Kurvenzug abschnittweise durch Geradenstücke, auf die er dann die so überaus bequeme lineare Gleichung

Wirkung = Konstante mal Ursache

anwendet. Es gibt aber auch Funktionen, die von zwei und mehr Variablen abhängen. Ästhethische Bilder bei der Darstellung fraktaler Funktionen, die durch Iteration entstehen, das heißt, daß die Wirkung wiederholte Male wieder als Ursache eingesetzt wird.

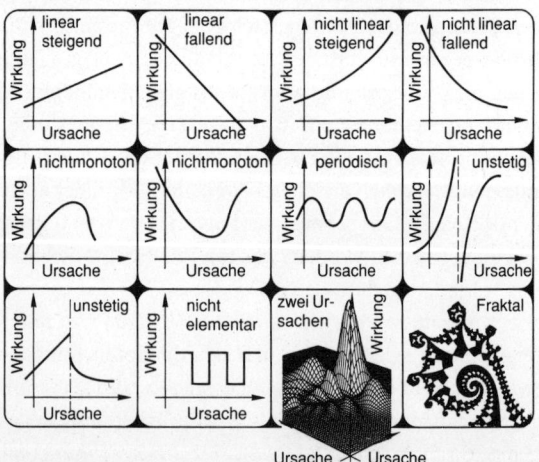

148

Eine Seite der extrem nichtlinearen Dynamik ist das Chaos. Wir kommen weiter unten nochmals darauf zurück. Eine andere das *Umschlage-Phänomen:* eine kleine, theoretisch unendlich kleine (infinitesimale) Änderung einer Einflußgröße (hier des Lebenswertes LW) verursacht das spontane Umschlagen einer Situation (Leben) in eine andere (Tod). Die Spontaneität des Umschlagens eines Zustandes in den anderen betrifft zunächst nur die Charaktere der Zustände, ob monostabil, bistabil, chaotisch; die Stabilisierung eines neuen Zustandes kann, je nachdem wie nahe der Umschlagepunkt dem Parameter Lebenswert liegt, schnell gehen, oder aber auch sehr viele, hunderte, tausende Generationen in Anspruch nehmen. Diese Möglichkeit und das Untergehen eines kleinen systematischen Trends in viel größeren statistischen Schwankungen (wie oben bereits diskutiert) sind weitere Gründe für die praktische Undiagnostizierbarkeit eines Zustandes – für die Nichtvorhersagbarkeit, für den chaotischen Charakter mancher Wirklichkeit.

11

Wir haben die logistische Gleichung am Beispiel des Hasenvolkes interpretiert, allgemeiner ausgedrückt am Beispiel der generativen Reproduktion von Populationen. In Gang gesetzt wurde die faszinierende Dynamik dieser Formel durch ihre iterative Behandlung; dadurch eben, daß ein Ergebnis als neuer Eingabewert für einen weiteren Rechenzyklus verwendet und dessen Ergebnis wiederum eingespeist wurde. Einfacher ausgedrückt, es wurde immer wieder das hinten hineingesteckt, was vorne herauskam. Iterative Prozesse nach diesem Schema findet man in Natur und Technik auf Schritt und Tritt. Allein die Rückkopplung bei einem elektrischen Schwingkreis repräsentiert einen kontinuierlichen iterativen Prozeß. Es kommt auf die spezielle Kennlinie des Systems an, wie sich die Rückkopplung auswirkt; im allgemeinen wird eine möglichst lineare Kennlinie angestrebt, so daß Phänomene, wie wir sie gerade behandelt haben, nicht auftreten. Andererseits kennt die technische Elektronik Schaltungen, deren Aufgabe die Realisierung möglichst nichtlinearer Prozesse ist. Der *Sägezahn*generator, dessen Schwingung weit entfernt von jeder harmonischen Form ist, und der *bistabile Flipflop* seien hier nur als Beispiele am Rande vermerkt; bei ihnen spielen katastrophale Prozesse, wie das Zünden einer Gas- oder Halbleiterdiode oder iterative Prozesse, wie die gegenseitige Beeinflussung zweier Transistoren, ausschlaggebende Rollen.

Medley

verschiedenartiger iterativ, durch Rückkopplung, lawinenhaft oder auf irgendeine andere Weise spontan umschlagender sowie chaotischer Prozesse von statischer, dynamischer, bautechnischer, thermodynamischer, biologischer, psychologischer, sozialer, elektronischer, meteorologischer, politischer, hydrodynamischer oder aeronautischer Natur.

siehe auch Seite 255

Die Beispiele aus der Elektronik geben Anlaß, auf die schon einmal angeschnittene *Maßstabsfrage* zurückzukommen. Wenn man, wie wir es bisher getan haben, biologische Generationsfolgen betrachtet, so hat man es im allgemeinen mit langsam ablaufenden Prozessen zu tun. Das gilt aber nicht allgemein. Iterative Prozesse,wie alle elektronischen Prozesse, können in Computern sehr schnell ablaufen, mit vielen Millionen, ja Milliarden Operationen pro Sekunde. Nicht so sehr schnell, aber immerhin mit Frequenzen im zweistelligen Bereich, laufen nervöse Prozesse im Gehirn ab, die Einfluß auf psychische Erscheinungen nehmen können. Und wie schnell ein Streit ausbricht, bei dem »ein Wort das andere gibt« (was nur ein umgangssprachlicher Ausdruck für Iteration ist), das weiß man.

Als mathematische Metapher kann die logistische Gleichung nach Robert M. May für alle diejenigen Erscheinungen angesehen werden, bei denen nichtlineare, nichtmonotone Verhaltensweisen zu Umschlage-Effekten führen, auch wenn diese Erscheinungen nicht unmittelbar durch die einfache Form dieser Gleichung, wie wir sie betrachtet haben, beschrieben werden können. Ein klassisches Beispiel aus der klassischen Physik bietet die Hydrodynamik mit dem Umschlagen von laminarer in turbulente Strömung. Unterhalb einer gewissen kritischen Geschwindigkeit fließt Wasser durch ein Rohr *laminar*. Die der Rohrwand näheren Flüssigkeitsschichten bewegen sich langsamer als die weiter innen gelegenen. Die auf diese Weise strömende Flüssigkeit gleicht einem wohl geordneten Laminat aus konzentrischen zylindrischen Flüssigkeitsschichten verschiedener Geschwindigkeit (siehe Bild gegenüber). Bei Erreichen einer kritischen Strömungsgeschwindigkeit, die von der Reynoldschen Zahl bestimmt ist, schlägt die laminare Strömung in eine von unregelmäßigen Wirbeln durchsetzte *turbulente* Strömung um, die den Strömungswiderstand drastisch erhöht. Das hat schwerwiegende technische, aber auch medizinische Konsequenzen: die spontane Erhöhung des Strömungswiderstandes erfordert eine Erhöhung der Pumpleistung im Leitungssystem oder setzt an Gefäßverengungen die Strömungsgeschwindigkeit des Blutes drastisch herab. Gefürchtet ist auch die Materialzerstörung durch wirbelbedingte Aushöhlungen an Rohren oder Schiffsschrauben. Anderseits ist das Auftreten von Wirbeln Grundvoraussetzung für den aerodynamischen Flug. Wenn ein Flügel (oder eine Tragfläche; auch ein Segel) von Luft angeströmt wird, so passiert im laminaren Geschwindigkeitsbereich zunächst einmal gar nichts. Bei Erreichen einer kritischen Strömungsge-

Der Schmetterlingseffekt

ist das Verrückteste, was es gibt. In den beiden Computerausdrucken sind wiederum Populationswerte über Generationsnummern von 0 bis 1120 aufgetragen. Im ersten hat der Lebenswert den Betrag

LW(1) = 1,9987939347505653

im zweiten

LW(2) = 1,9987939347505658

Die Lebenswerte unterscheiden sich also nur um
0,0000000000000005!

Im ersten Beispiel (LW(1)) springt der geordnete Viererzyklus in Generation 80 ins Chaos, um in Generation 250 zur Ordnung zurückzufinden. Im zweiten gibt es, ebenfalls bei Nr. 80 beginnend ein nicht endenwollendes chaotisches Regime. Das Umschlagen von einem Verhaltensbild ins andere hat ein Schmetterlingsflügelschlag vom Wert 0,000000000000001 (aufgerundet) bewirkt!

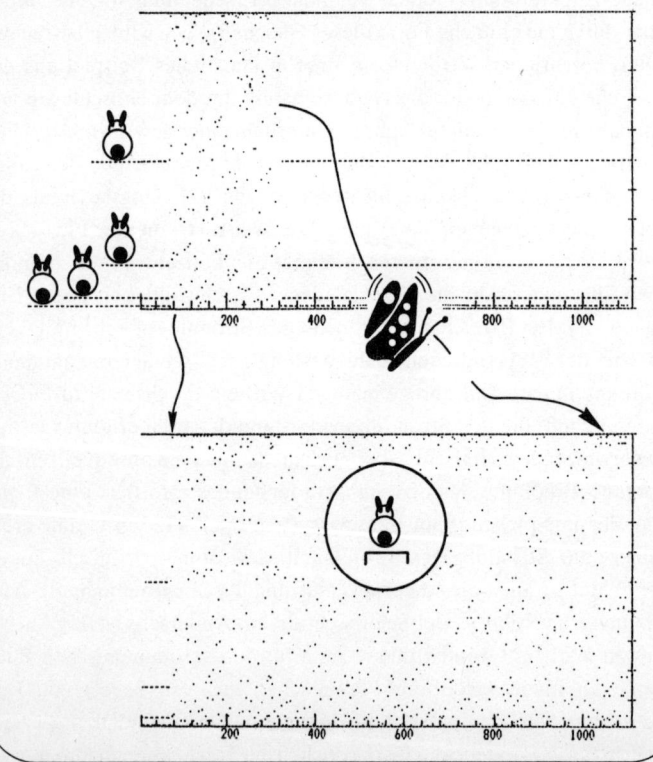

schwindigkeit (Startgeschwindigkeit des Fliegers) bildet sich am Ende des Flügels ein *Wirbel,* der sogenannte *Anfahrwirbel.* Die dadurch gestörte Drehimpuls-Bilanz des aus Tragflügel und umgebenden Luftmassen bestehenden Gesamtsystems wird nun damit ausgeglichen, daß sich um den ganzen Flügel herum eine *Zirkulationsströmung* mit zum Wirbel entgegengesetztem Drehsinn ausbildet (Bild Seite 153).

Diese Zirkulationsströmung ist unterhalb der Tragfläche der allgemeinen Strömungsrichtung entgegengerichtet und verursacht hier einen Luftstau, der einen nach oben gerichteten Druck auf den Tragflügel ausübt. An der Oberseite des Tragflügels strömt die Zirkulationsströmung in Richtung der allgemeinen Luftströmung, erhöht somit additiv deren Geschwindigkeit und verursacht damit einen Sog. Der Druck von unten und der Sog nach oben ergeben zusammen den aerodynamischen Auftrieb der Tragfläche – und der Flieger fliegt!

Das ist die (einigermaßen) physikalisch präzise Erklärung des aerodynamischen Auftriebes, und wir können das Ganze auf eine ganz kurze Formel bringen: ohne Umschlag in die Turbulenz kein Luftverkehr!

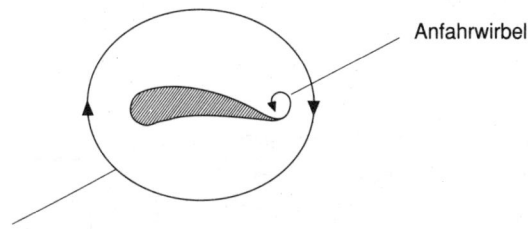

Anfahrwirbel

Zirkulationsströmung

Der Umstand, daß unmeßbar und unbeobachtbar kleine Parameteränderungen praktisch zu neuen Situationen führen können, dürfte für die Schwierigkeiten langfristiger Wetterprognosen verantwortlich sein. Im englischen Schrifttum wird in diesem Zusammenhang vom »butterfly effect« gesprochen. Robert M. May schreibt:

»Selbst wenn es uns gelänge, alle Parameter der Atmosphäre zu erkennen und damit ein deterministisches Modell der Atmosphäre zu konstruieren, würde schon ein Schmetterling mit seinem Flügelschlag die Ausgangsbedingungen verändern und damit die langfristige Wettervorhersage«.

An gewagte Gedankensprünge haben wir uns schon gewöhnt. Der Wert von Meinungsumfragen, der Ausgang einer Wahl, eines Pferderennens,

Psychedelischer Flipflop

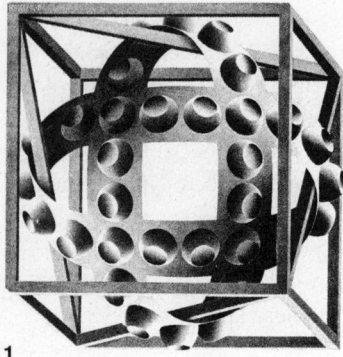

1

2

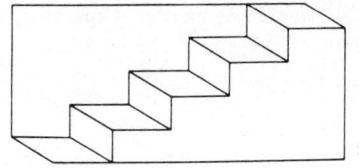

3

1 M.C. Escher, Würfel mit magischen Bändern, Lithographie, 1957

2 Umkehreffekt durch Parallelperspektive

3 *Räumliche Tiefe* vermittelt das graphische Muster

4 Alte oder junge Frau? Zeichnung von Emil Boring

5 M.C. Escher, Tag und Nacht, Holzschnitt, 1939

6 St. Helena. Wo verbirgt sich Napoleons Geist in diesem Vexierbild?

7 Imre Kocsis, Umkehrtäuschung, Siebdruck, 1969

8 Handelt es sich bei ihr um die Darstellung einer Vase oder um die zweier Gesichter?

4

5

6

7

8

155

eines Fußballspieles – ist da das Wirken kleiner verborgener und praktisch unfaßbarer Einflüsse nicht ebenso und mit einer ähnlichen logischen Metapher, einer praktisch-makroskopisch-positivistischen Unbestimmtheitsrelation assoziierbar wie bei den einfacher gelagerten naturwissenschaftlichen und technischen Problemen?

In der lebendigen Materie sind komplexe Sequenzen fließender, in dynamischen Gleichgewichten miteinander stehender vernetzter Prozesse wirksam. Dabei kommen nichtlinearen, nichtmonotonen, ja sogar katastrophenartigen Prozessen lebenserhaltende Funktionen zu. Als Beispiel sei die Anpassung unseres Sinnesapparates an jedes Reizmilieu, an die allgemeine Reizstärke – beim Auge vom Sehen bei Mondlicht bis zum Sehen bei Gletschersonne – angeführt. Zum Sehen gehört auch das Phänomen der zwei Nachbilder, die auftreten, wenn man nach Betrachtung eines Objektes die Augen schließt: ein negatives erstes Bild und ein positives zweites. Wahrhaft rätselvoll für den, dem das Vernetzungsprinzip biologischer Vorgänge nicht bewußt wäre, müßten Erscheinungen bleiben wie etwa die Einwirkung seelischer Zustände auf das vegetative Nervensystem. Schon immer bekannt und heutzutage medizinisch auch allgemein anerkannt ist der Zusammenhang zwischen beruflichem Streß und Kreislauferkrankungen, zwischen familiärem Desaster und Erkrankungen der Verdauungsorgane, vom täglichen Sodbrennen bis zum Bauchspeicheldrüsenkarzinom.

Weil wir nun schon beim Seelischen sind: Im seelischen Bereich jedes Menschen reihen sich unausgesetzt Erlebnisse aneinander, auf welche wenigstens in einer Ähnlichkeits- oder einer Modellbeziehung die oben diskutierten Begriffe abgebildet werden können. Ein wunderschönes Beispiel für das Umschlagen eines Zustandes in den anderen als einer milden Art formal-katastrophalen Verhaltens hat der zeitgenössische niederländische Maler M. C. Escher geschaffen. Es bedarf für den, der es längere Zeit betrachtet, keiner weiteren Erläuterung. Viele solche, als Umkehrtäuschungen bezeichnete Darstellungen sind bekannt und in der Literatur über optische Täuschungen beschrieben. Es handelt sich dabei zumeist um zweiphasige Objekte. An einem schachbrettartigem Muster aber, wie es auf Seite 155 (7) ausschnittsweise gezeigt ist, werden für den einfühlsamen Betrachter sogar drei Umkehrphasen sichtbar, die sich durch die Fragestellungen »Weiß auf Schwarz?« »Weiß neben Schwarz?« oder »Weiß hinter Schwarz?« (oder umgekehrt) charakterisieren lassen.

Das Umkehrphänomen ist nicht nur auf das Visuelle oder andere Sinneseindrücke beschränkt. Es beherrscht vielmehr den menschlichen Charakter, ist aleatorische Triebkraft von Entscheidungsprozessen, es repräsentiert, so möchte man fast sagen: die *Unbestimmtheitsrelation der Seele.* Es bewirkt, daß wir einen Sachverhalt, eine innere Einstellung zu Ereignissen, Menschen, Problemen, einmal von dieser, einmal von einer anderen Seite, einmal euphorisch überglänzt, dann wieder von Pessimismus überschattet sehen. Spontan kann Hinwendung in Abscheu, Liebe in Haß umschlagen oder in die oszillierende Form der Haßliebe sich verwandeln. Von der glückhaften, schöpferischen Sensibilität der Seele, die, fast in einem, des himmelhohen Jauchzens ebenso fähig ist wie des Zutodebetrübtseins bis hin zu den zyklischen Formen psychischer Erkrankungen, dem manisch-depressiven Irresein beispielsweise, erstreckt sich die Bandbreite der Umschlageleistungen.

Was läßt Ekel in Sucht umschlagen? Was geht in der Seele des Manisch-Depressiven, des Paranoikers, des Schizophrenen vor? Was macht den Menschen zum Mörder, zum Selbstmörder, zum Amokläufer? Wie entwickelt sich ein Putsch, ein Aufstand, eine Revolution, wie bricht ein Krieg aus und warum nehmen diese Ereignisse diesen und solchen Verlauf, enden so und so und nicht anders? Was ist die innere Dynamik, die zentrale verborgene Logik von Schicksal? Welche unbeschreiblichen, für immer im Ungewissen verbleibenden Turbulenzfelder speisen den Auftrieb, der die Geschichte der Menschheit voranträgt?

Ein medizinisches Phänomen schließlich hat Anlaß gegeben, James Joyces Leichenepisode an den Beginn dieses Aufsatzes zu stellen: das Kammerflimmern des Herzens. Ohne kenntliche organische beziehungsweise funktionelle Ursache geraten bei Menschen, die davon befallen werden, die das Herz steuernden Rhythmen so außer Rand und Band, daß anstelle des regelmäßigen Herzschlages eine drastische Zitterbewegung eintritt, eben das *Flimmern.* Die Folge ist der sofortige Herztod.

Was erkennen Sie auf diesem Bild:

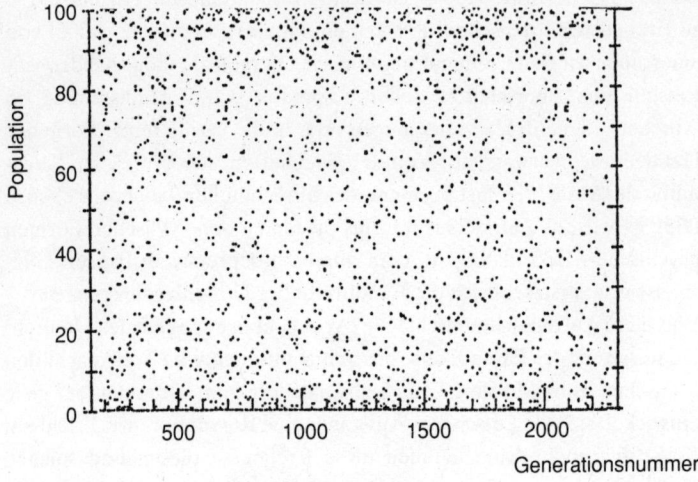

Sie erkennen nichts? Ich auch nicht. Sehen Sie, gerade der Nichtinhalt des Bildes ist der repräsentative Bildinhalt. An den Ziffern der Koordinatenachsen erkennen Sie, daß es sich um die Populationszahlen eines Hasen- oder anderen Volkes handelt in Abhängigkeit von den Generationsnummern bei einem Lebenswert von LW = 1,9987939, also in einem extrem chaotischen Regime. In der Zuordnung der Populationszahlen zu den Generationsnummern ist keine wie immer geartete Ordnung zu erkennen, kein Schema, keine Struktur, keine Regelhaftigkeit – ausschließlich das Walten des blinden Zufalls, mit einem Wort, das Chaos.

Wie es *scheint.*

In Wirklichkeit ist die Lage jedes einzelnen Punktes das Ergebnis einer strengen Rechnung; und wenn man die Rechnung beliebig oft und immer mit denselben Eingangsgrößen durchführt, erhält man auch jedesmal dasselbe Ergebnis. Von Zufallswalten keine Spur, purer Determinismus ist hier am Werk.

Oder?

Kommt es vielleicht auf den Kenntnisgrad des Urteilenden an, zu welchem Urteil er gelangt? Bleibt der Chaos-Beobachter Franz vor der Kulisse, so kommt er zu dem Urteil, daß das Drama, das sich vor seinen Augen abspielt, reiner Zufall, totales Chaos ist. Befindet sich da Franz nicht in einer ähnlichen Situation wie der Physiker, der den radioaktiven Zerfall beobachtet und zu dem Ergebnis kommt, daß eine Vorhersage, was für ein Radiumatom als nächstes zerfallen wird, total und prinzipiell unmöglich ist? (Erstes Kapitel). Daß es, auf dem Standpunkt von John von Neumann stehend, keine verborgenen Einflußgrößen (hidden parameters) geben könne, die das Zerfallsgeschehen des Radium 226 (oder irgendeines anderen quantenhaften Ereignisses) steuern?

Zu welchem Urteil aber gelangt Chaos-Beobachter Josef, der ebenso wie wir, hinter die Kulissen geschaut hat? Er weiß erstens, daß das Chaos von einem Computer erzeugt worden ist und zweitens, wie der Computer und mit welchem Programm er das gemacht hat. Muß Josef da nicht den fortgeschritteneren Standpunkt von David Bohm und Prinz Louis de Broglie einnehmen, deren Forschungen zufolge es sehr wohl verborgene Parameter geben könne, die das Schicksal der Radiumatome, Elektronen, Photonen, Protonen, Neutronen, Mesonen und so weiter steuern und wahrscheinlich damit letzten Endes auch unsere eigenen Entscheidungen?

Mit dem Unterschied allerdings, daß wir über die verborgenen Parameter der Quanten noch herzlich wenig wissen, über die Parameter, die das Schicksal der Inselhasen steuern, aber schlechthin alles.

Läge es daher nicht nahe, in unserem Inselhasenspiel mit seinen vom *demographischen* Standpunkt (vor den Kulissen) aus unvorhersagbaren Populationsreihen im chaotischen Regime ein makroskopisches Modell für die quantenhafte Unbestimmtheit im Mikrobereich zu sehen? Denn, so sagte ja auch P. A. M. Dirac von der Quantentheorie: »... Sie ist die beste, die wir bisher haben, aber ich glaube nicht, daß sie beliebig lange Bestand haben wird. Meiner Meinung nach ist es wahrscheinlich, daß wir irgendwann in der Zukunft eine verbesserte Quantenmechanik haben werden, die eine Rückkehr zum Determinismus bedeuten und damit Einsteins Ansichten rechtfertigen wird.«

Also: Was hinter den Kulissen an Drähten gezogen wird (wir wissen nur nicht, an welchen), sieht vor den Kulissen wie Würfeln aus...

Ursache und Wirkung stehen eben in einem vertrackten Verhältnis zueinander. Ohne eine eindeutige Bindung der Wirkung an ihre Ursachen stehen wir vor einem unbeherrschbaren Schicksalschaos. Unter dem Eindruck eindeutiger Ursache-Wirkungs-Reihen sehen wir uns der trostlosen Öde totaler Vorbestimmtheit ausgeliefert. Der alte Philosophenschlamassel »Vorsehung contra Willensfreiheit«, um den sich alle immer äußerst kunstvoll herumreden, hier ist er. Totale Freiheit, totale Unentrinnbarkeit, was von beiden?

Wir wissen es nicht und werden es, so glaube ich, auch auf lange Sicht nicht wissen. Lassen wir daher den Dichter sprechen. Es ist wieder Kurt Kusenberg, der uns die Geschichte eines »gewissen Zimmers« erzählt, in dem »mehr unsichtbare Fäden zusammenliefen als an irgendeinem anderen Ort der Welt ... Vielerorts überkreuzen sich die Fäden nur, aber bisweilen laufen sie in einen Knoten zusammen, der dann von großer Bedeutung ist. Das Zimmer, von dem wir reden, war ein solcher Knotenpunkt ... Veränderte man nämlich die Lage irgendeines Gegenstandes, der zum Zimmer gehörte, rückte oder hob oder rieb man ihn, so lief durch geisterhafte Fäden ein Strom, der weit entfernt kleine wie große Dinge geschehen ließ.

Eine Blumenvase beispielsweise, die künstliche Lilien enthielt, brachte jedesmal, wenn sie gedreht wurde, den gelben Fluß in China zum Überlaufen und verursachte großen Schaden. »Schlug ein Finger« – auf dem in dem Zimmer befindlichen Klavier – »die Taste mit dem Ton fis an, so brachen, keinem Arzt erklärlich, in Neuseeland plötzlich die Pocken aus ... Fiel es jemanden ein, an der gehäkelten Tischdecke zu zupfen, so meldeten die Fischer in Norwegen überreichen Fischfang. Freilich durfte man nur zupfen; wer heftig an der Decke zog, entfesselt Schneestürme in Kanada.

Man wird wissen wollen, auf welche Weise Herrn Payk all diese Zusammenhänge offenbar wurden. Nun, das ging seltsam genug zu, und der Weg, den Herr Payk verfolgte, bevor er Einsicht erhielt, wird immer dunkel bleiben. An einem Bretterzaun nämlich, auf dem die Anwohner kleine Zettel befestigten, wenn sie etwas zu tauschen oder zu verkaufen wünschten, wenn ihnen ein Gegenstand oder ein Hund abhandengekommen war, hafteten regelmäßig kleine Papierchen, die in roter Schrift etwa folgende Bemerkung enthielten: Uhr aufgezogen – Heuschreckenplage in Siam, Teppich gebürstet – Staatsstreich in Argentinien, linkes Fenster bewegt – Zunahme der Sonnenflecken, und dergleichen mehr. Niemand begriff, was das heißen sollte. Nur Herr Payk wußte Bescheid; er schrieb die Meldungen ab und trug sie zu Hause sorgsam ein.«

Der Dichter spinnt die Geschichte genüßlich weiter und läßt dabei manches, worüber sich der Leser ein Schmunzeln sicher nicht versagen kann, geschehen – bis endlich das kommt, was kommen muß. Zu all seinem bereits gesammelten Wissen, möchte Herr Payk nun noch erfahren, welcher Wirkung das Anzünden der rechten Kerze am Klavier fähig sei. Aus gewissen Gründen nicht imstande, die entsprechende Handlung selber vorzunehmen, beauftragt er einen Mittelsmann, dies für ihn zu tun:

»Fürs erste mißlang es, ... Am zweiten Sonntag aber ... glückte das Unternehmen. Die Kerze brannte, und Herr Payk, der es ahnungsvoll merkte, obwohl er nicht dabei war, empfand ein großes Hochgefühl – zu früh allerdings, denn die brennende Kerze richtete nichts an.

Erst als das Lichtlein ausgelöscht wurde, geschah etwas. Doch davon erreichte Herrn Payk keine Kunde mehr, denn er war schon tot, als ein rot beschriebenes Zettelchen meldete: rechte Kerze ausgelöscht – Herr Payk verstorben.«

14

Wenn man an das Seemannsgarn glaubt, wie es gelegentlich in dem renommierten deutschen Segler-Journal DIE YACHT gesponnen wird: Wenn ein Anwohner der Außenalster – dem von Häusern umstandenen Hamburger Segelrevier, auf dem regelmäßig Regatten ausgetragen werden – ein Fenster öffnet oder schließt, so kann dies die herrschende Windrichtung so verändern, daß, wer vordem mit dem Winde gesegelt war, nunmehr gegenanbocken muß, und wer vordem hart am Winde fuhr, jetzt den Spinnaker setzen kann. Soviel zum Schmetterlingseffekt im Segelsport. Es ist aber auch möglich, daß, wem der Zutritt zum Siegerpodest verwehrt bleibt, der Schmetterlingseffekt als effektvolle Ausrede hochwillkommen ist.

Nehmen Sie die Nibelungen...

Ein Ereignis, das dem Schlag des Schmetterlingsflügels gleicht, stellt der Story die Weiche: Ein Lindenblatt fällt beim Baden im Drachenblut auf Siegfrieds Schulter. Lesen Sie dazu Kriemhildens Erzählung:

»Sie sprach: ›Mein Mann ist kühne, dazu wohl stark genug.
Als damals er den Drachen am Berge dort erschlug,
Da badete im Blute der Recke hochgeehrt, –
Danach in heißen Stürmen ihn keine Waffe je versehrt!

Als aus des Drachen Wunden entquoll das heiße Blut,
Und sich darinnen badete der kühne Recke gut,
Da fiel ihm auf den Rücken ein Lindenblatt gar breit:
Dort kann man ihn verletzen! Das schaffet Sorge mir und Leid!‹«.

Bis zu diesem Punkt ist das Nibelungenlied ein Epos, das sich aus der gegebenen Grundsituation sowie aus den Charakteren aller Beteiligten und deren Reaktionen aufeinander konsequent entwickelt. Das Lindenblatt aber! Warum muß es ausgerechnet jetzt vom Baume fallen, da Siegfried badet? Und total ohne jedes menschliche Zutun! Welcher Luft-

hauch ist am Werke, welche thermischen oder andere Störungen, Kon-
vektionen, Wirbelbildungen, Umschlage- und Schmetterlings- ja sogar
vielleicht quantenhafte Effekte wirken zusammen, um das Lindenblatt
vom Zweige zu lösen und genau zwischen Siegfrieds Schultern hernieder-
schweben zu lassen?

Auf Basis der Everett-De-Witt-Wheelerschen Hypothese könnten wir
natürlich zu der Ansicht gelangen, es gäbe eine Weltvariante, in der das
Lindenblatt nicht gefallen wäre. Aber oh Jammer, was wäre das für eine
Welt! Mit einem schicksalslosen, weil unverwundbaren Siegfried, einem
stinklangweiligen, aber dafür makellosen Paradestück mittelhochdeut-
schen Bodybuildings, und Deutschland hüben wie drüben ohne das
Nibelungenlied? Ohne den geheiligten Germanistenzwirn, ohne jeden
Gymnasiastenübersetzungsangstschweißaufderstirne? Und erst die Oper!
Die Wiener, die Mailänder, die New Yorker. Bayreuth – alle ohne
Siegfried? Auszudenken? Nicht auszudenken!

Um noch einmal auf die Abbildungskette zurückzukommen. Vom vor-
läufig letzten Glied einer Abbildungskette, die aus der Makrowelt des
Sonnensystems in die Mikrowelt des Materieinnern führt, und von dem
möglichen logischen Bruch, der diese Kette aufreißen könnte, handelt das
nächste Kapitel.

Aufwärts, Abwärts, Seltsam, Anmut, Schönheit, Wahrheit; Rot, Grün, Blau: Three Quarks for Muster Mark

1

Warum ist das Große so groß und das Kleine so klein? Das Leben so kurz und die Ewigkeit so lang? Ich kann es Ihnen sagen. Weil, wie schon Protagoras wußte, der Mensch das Maß aller Dinge ist...

Und das ist er wirklich! Wir bezeichnen daher alles sehr viel Größere als dem *Makrokosmos* zugehörig, alles sehr viel Kleinere als dem *Mikrokosmos* zugehörig und die Menge aller Dinge, deren Abmessungen die des Menschen nicht eklatant über- oder unterschreiten, als den *Mesokosmos*.

Warum aber ist der Mensch ausgerechnet so lang, wie er lang ist, nämlich etwa 1,7 Meter? Das ist eine bei einigem Nachdenken nicht schwer zu beantwortende Frage. Dieses Maß ergibt sich nämlich aus der großen Zahl an Funktionen, deren das Lebewesen Mensch fähig ist. Denn dieses Lebewesen kann nicht nur essen und trinken, Luft ein- und ausatmen, das Gegessene und Getrunkene verdauen und wieder von sich geben, sich fortpflanzen und vermehren, Bewegungen nach vorne, nach hinten und zur Seite ausführen – es kann auch Laute von sich geben, diesen Lauten sogenannte Gedanken unterlegen und darüber hinaus mit anderen Lebewesen kommunizieren, es kann arbeiten, Ordnungen schaffen, konstruieren, bauen, seine Umwelt verändern, andere einzeln oder in Massen umbringen, unsagbar liebenswert und abgrundtief böse sein und sich selber schließlich samt dem ganzen Raumschiff Erde in die Luft sprengen. Na, ist das vielleicht nichts?

Um so viele, so unsagbar viele und komplizierte Funktionen ausüben zu können, wie gut oder wie schlecht sie im einzelnen auch immer sein mögen, bedarf es einer entsprechend großen Zahl an Funktionselementen, von denen jedes eine bestimmte Mindestgröße natürlich nicht unterschreiten kann. So besteht beispielsweise die Großhirnrinde *(Cortex cerebri)* aus rund 14 Milliarden Zellkörpern der Nervenzellen.

Zusammen mit all den Servo-Subsystemen des Gehirns ergeben sie ein mittleres Gewicht von 1,245 Kilogramm (bei der Frau) und 1,375 Kilogramm (beim Mann); was aber, wie die Wissenschaftler immer mit großem Eifer versichern, keinen Zusammenhang mit der Intelligenz hat. Der Organismus insgesamt, der die von diesen 14 Milliarden Schaltelementen gesteuerten energetischen, multiplikativen, mobilen, kommunikativen, kreativen und destruktiven Funktionen ausübt, bedarf dafür etwa 500.000 Milliarden Körperzellen, die ihrerseits etwa eine Milliarde mal eine Milliarde mal eine Milliarde (eine Zahl mit 27 Nullen) Atome enthalten. Wenn also ein Mensch, der einem zylindrischen Körper von 50 cm Durchmesser und 1,70 m Höhe gleicht, aus so vielen Untereinheiten zusammengesetzt sein muß, um alle diese Funktionen ausüben zu können, kann man sich vorstellen, wie klein die einzelne Untereinheit ist. Und weil er für seine Aktivitäten so viele Untereinheiten braucht, muß er halt rund 1,7 Meter groß werden.

Und weil das einzelne Atom aus dem Atomkern und den darum herumkreisenden Elektronen besteht, der Atomkern aber wieder aus den Protonen und Neutronen, die Protonen und Neutronen aber aus den Quarks (die wir bald kennenlernen werden), und die Quarks aus den Rischonen – so entsteht ein impressives Bild davon, bis zu welcher Kleinheit der Mikrokosmos hinabzureichen gezwungen ist, damit der Mensch nicht größer sein und mehr Gewicht mit sich herumschleppen muß.

Und warum ist der Makrokosmos so groß? Ja nun: es ist anzunehmen, daß der Schöpfer der Entfaltung des Universums genügend Platz zu geben und innerhalb dieses reichlich vorhandenen Platzes genügend statistische Individuen – die Atome und Moleküle – anzusiedeln die Absicht hatte, um der kombinatorischen Entwicklung von Materie und Leben ein ausreichendes Wahrscheinlichkeitspotential zur Verfügung zu stellen.

Die gleichen Dimensionsüberlegungen treffen auf Vergangenheit und Zukunft zu, die sich bekanntlich zur Zeit addieren und mit deren dahineilender Demarkationslinie die Gegenwart sich voranbewegt.

Daß der Mensch als Maß aller Dinge durch die unrunde Zahl 1,7 gekennzeichnet ist, empfinde ich persönlich als ausgesprochen ärgerlich. Warum nicht 1,00? Daran ist die französische Nationalversammlung schuld, die im Jahre 1795 den zehnmillionsten Teil des durch Paris gehenden Meridians als Längeneinheit festsetzte. Hätte sie sich an den Gebrauch der Seeleute gehalten und den tausendsten Teil der Seemeile

Der Mikromesomakrokosmos

Meter		Meter
1000000000000000000000000000	Ganzer Kosmos	10^{+26}
100000000000000000000000000		10^{+24}
1000000000000000000000000	Supergalaxis	10^{+22}
10000000000000000000000	Milchstraße	10^{+20}
1000000000000000000	Kugelstern-	10^{+18}
10000000000000000	haufen	10^{+16}
100000000000000		10^{+14}
1000000000000	Sonnensystem	10^{+12}
10000000000		10^{+10}
100000000	Sonne	10^{+8}
1000000	Erde	10^{+6}
	Europa	
10000	Himalaya	10^{+4}
100	Kölner Dom	10^{+2}
1-	Mensch —	10^{0}
0,01		10^{-2}
0,0001		10^{-4}
0,000001		10^{-6}
0,00000001		10^{-8}
0,0000000001		10^{-10}
0,000000000001		10^{-12}
0,00000000000001		10^{-14}
0,0000000000000001		10^{-16}

In das grenzenlos Äußere

Makro

Meso

In das bodenlos Innere

Mikro

Fingernagel

Zelle
Bakterie

Molekül

Atom

Proton, Neutron

Elektron

Der Mensch wundert sich, daß er eine so einseitige, nach dem Kleinen hin hängende Stellung auf dem kosmischen Maßstab einnimmt, das Große gewissermaßen viel größer ist als das Kleine klein. Ist in uns – im Vergleich zu dem nach oben hin zur Verfügung stehenden Platz – doch nicht so viel drin? Bestehen wir etwa aus zu wenig Funktionselementen? Erklärt sich daraus unsere beschränkte Einsicht? Sind wir an kosmischen Dimensionen gemessen, noch unterentwickelt?

Das kleinlastige Bild ändert sich, wenn wir die Plancksche Elementarlänge in Betracht ziehen. Sie mißt

0,000000000000000000000000000000000004 Meter.

Aus der Quantentheorie des Gravitationsfeldes folgt, daß es nicht möglich ist, durch experimentelle Maßnahmen Informationen aus Raumbereichen zu beziehen, die kleiner sind als 10 hoch (minus 35) Meter. Wenn man diese Zahl als die kleinste experimental-naturwissenschaftlich sinnvolle Zahl überhaupt akzeptiert, so sieht die Stellung des Menschen zwischen bodenlos Innerem und grenzenlos Äußerem schon viel respektabler aus:

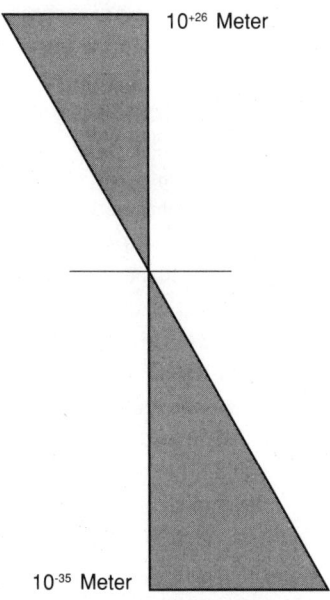

10^{+26} Meter

10^{-35} Meter

(ein sechzigstel Grad = eine Bogenminute auf einem Meridian) zur Maßeinheit erhoben, so wären das 1,852 Meter, also eine Zahl, die der mittleren Körperlänge des Menschen immerhin wesentlich näher kommt.

Dabei können wir Mitteleuropäer noch von Glück sprechen, der Meterkonvention anzugehören und nicht mit feet, inches, pounds, pints und anderen Einheiten Umgang pflegen zu müssen.

2

Daß der Apfel, diese wahrhaft köstliche und doch wohlfeile Frucht sich von alters her so großer Beliebtheit erfreut und über seine Bedeutung als Nahrungsmittel, Genußmittel und Vitaminträger hinaus eine wichtige Rolle in Mythos, Politik und Wissenschaft spielt, mag nicht zuletzt an seiner geradezu idealen mesokosmischen Gestalt und Dimension liegen: er liegt eben gut in der Hand (auch als Reichsapfel); er läßt sich bequem pflücken (nicht zuletzt vom Baume der Erkenntnis); und läßt sich mit einer eleganten Handbewegung der schönsten Dame des Olymp zuwerfen, was bekanntlich den berühmtesten Krieg der Weltgeschichte ausgelöst hat. Schließlich eignet er sich als naturwissenschaftliches Meditationsobjekt und führte zu zwei umwälzenden physikalischen Entdeckungen. In seinem Garten sah Isaac Newton einen Apfel sich vom Baume lösen und zu Boden fallen; blitzartig überfiel ihn die Idee, nicht nur die Erde ziehe den Apfel an, auch der Apfel die Erde: die Gravitationstheorie klassischer Bauart hatte das Licht der Welt erblickt!

Und dem einsichtigen Prinzip, daß nichts aus dem Nichts entstehen und nichts in das Nichts zurückkehren könne (was die Existentialisten, wir haben das schon erörtert, gleichwohl bestreiten), stellte sich in der Antike die plausible Hypothese zur Seite, daß die Teilbarkeit eines beliebigen Körpers endlich sei und bei einer bestimmten, durch fortgesetzte Teilung einmal erreichten Kleinheit an eine ununterschreitbare Grenze stoßen müsse ; der griechische Philosoph Demokrit von Abdera (470−380 vor Christus) soll von dem Gedanken überfallen worden sein, als er am Meeresstrand saß und einen knackigen Gravensteiner verzehrte. Er biß aber nicht einfach hinein in den Apfel, sondern zerschnitt ihn zum Zweck des Verzehrs mit dem Messer: in halbe, viertel, achtel, sechzehntel, zweiunddreißigstel Äpfel...

Da eben soll ihm, einem geschichtswissenschaftlichen Ondit zufolge, die Idee des ατομοσ, des Atoms, des »Unteilbaren« gekommen sein.

Demokrit, sein Lehrer Leukipp, der heitere Philosoph Epikur und sein Interpret, der römische Dichter Lucretius, gelten als die Begründer und Verkünder der *antiken philosophischen Atomistik.* In diesem Lehrgebäude läuft das meiste darauf hinaus, das Nichtvorhandensein bedrohlicher übernatürlicher Kräfte zu beweisen und den Glauben an und die Furcht vor launen- und boshaften Göttern (das »Opium für das Volk«) zu überwinden und durch einen realistischen Materialismus zu ersetzen. Dichtet Lucrez über Epikur:

> »Als vor den Blicken der Menschen das Leben
> schmachvoll auf Erden
> Niedergebeugt von der schwerwuchtenden Religion war
> ...wagt er zuerst die verschlossenen
> Pforten der Mutter Natur in gewaltigem Sturm
> zu erbrechen«

Die Atome sollten nach antiker Vorstellung alle aus derselben Urmaterie bestehen und sich nur durch Größe und Gestalt voneinander unterscheiden. Flüssigkeiten sollten aus runden und aneinander abgleitenden, Gase aus leichten Atomen von größter Beweglichkeit zusammengesetzt sein. Wir sind geneigt, das für eine gute Vorstellung zu halten. Feste Stoffe hingegen sollten aus Körpern mit sich gegenseitig verhakenden Ösen und Häkchen bestehen.

Wir halten dies für eine weniger gute Vorstellung. Denn was passiert, wenn eines dieser Häkchen einmal abbricht? Kann man in einem solchen Fall überhaupt noch von einem ατομοσ, von einem *Unteilbaren* sprechen? Ist mit dieser Vorstellung das Prinzip Unteilbarkeit nicht schon korrumpiert?

Das ist es!

Und das ist der ganze Jammer nicht nur der antiken, sondern auch der modernen Atomistik. Wir werden das noch sehen.

3

Rund zweitausend Jahre hatte die Menschheit nicht viel mit der griechischen Atomphilosophie im Sinn. Man hatte Wichtigeres zu tun. Aus dem Morgenlande kamen Vorschläge, nicht auf dem realistischen Materialismus beruhend, wie die Menge des Heils in der Welt zu mehren und die des Unheils zu mindern sei. Sie hatten nach mehreren Anlaufschwierigkeiten großen Erfolg. Man ging hin und lehrte alle Völker. Dem besteht in der Hauptsache aus leerem Raum. Stellen sie sich ein Fußballfeld vor, auf dem sich als einzige Gegenstände in der Feldmitte ein Hosenknopf und in einem Tor eine Stecknadel befinden. Stellen sie sich weiter vor, daß der Stecknadelkopf in Fußballtorentfernung um den Hosenknopf kreist, so haben sie schon ein erstes Bild vom prinzipiellen Aufbau des Atoms gewonnen. Wenn der Hosenknopf elektrisch positiv geladen ist, so heißt er *Proton*, der elektrisch negativ geladene Stecknadelkopf hingegen wird *Elektron* genannt. Das Elektron umkreist das Proton in Wirklichkeit in einem Abstand von fünf Milliardstel eines Zentimeters (= 0,000000053 = 5,3 · 10⁻⁹ cm) mit einer Bahngeschwindigkeit von 2.182 Kilometern in der Sekunde. Proton und Elektron repräsentieren in dieser Einheit das einfachste und leichteste, nämlich das Wasserstoffatom. Dieses und die Atome aller anderen Elemente mit mehr als einem kreisenden Elektron erinnern in dieser naiven Form an das Sonnensystem sowie daran, daß die Erforschung des von Planeten umkreisten Zentralgestirnes der Entwicklung der modernen Naturwissenschaften Pate gestanden hat. Niels Bohr (1885-1962) erkannte, daß das Elektron nicht in jedem beliebigen Abstand um das Proton kreisen kann, sondern nur auf Bahnen, deren Durchmesser das 4-, 9-, 16-, 25- . . . fache des Grunddurchmessers sind. Das ist die berühmte *Quantisierung* der Elektronenbahnen. Auf diesen Bahnen gibt das Elektron keine elektromagnetische Strahlung von sich. Jede Art von Strahlung (Röntgenstrahlung, ultraviolettes, sichtbares und infrarotes Licht) in genau bemessenen *Strahlungsquanten* sendet das Elektron hingegen aus, wenn es von einer äußeren Bahn auf eine innere übertritt. Die abgegebene Strahlungsenergie ist dabei gleich der Differenz der Bahnumlaufenergien von Bahn zu Bahn. Umgekehrt wird das Elektron durch Aufnahme eines Energiequantums (Einstrahlung, Stoß von anderen Atomen) von einer inneren auf eine äußere Bahn gehoben. Neben der Quantisierung der Bahndurchmesser (*Hauptquantenzahl*) gibt es auch noch die Quantisierung der Bahn-

form, denn die Elektronenbahnen können wie die Bahnen der Planeten auch Ellipsen sein (*Nebenquantenzahl*). Dann gibt es die *magnetische* Quantenzahl, welche die Orientierung der Bahn in einem äußeren Magnetfeld bestimmt und *Spinquantenzahl*. Denn ähnlich wie die Erde dreht sich auch das Elektron um seine eigene Achse; man nennt das den *Spin*; die Rotationsgeschwindigkeit, die wiederum nicht beliebig sein kann, wird durch die Spinquantenzahl definiert. Die Atome der natürlichen Elemente enthalten bis zu 92 Protonen. Noch schwerer sind die künstlich herstellbaren Transurane. Entsprechend viele Elektronen kreisen um den Atomkern; Gruppen von Elektronen mit quantenmechanisch bestimmten Gemeinsamkeiten sammeln sich auf *Elektronenschalen*. Die Architektur des Elektronenschalensystems wird von den vier Quantenzahlen und einem der wichtigsten Naturgesetze bestimmt, dem Ausschließungsprinzip nach Wolfgang Pauli, auch Pauli-Verbot genannt: In einem Elektronensystem muß sich jedes Elektron vom anderen in mindestens einer Quantenzahl unterscheiden; es darf mithin keine zwei oder mehr Elektronen geben, die in allen Quantenzahlen übereinstimmen. Die durch Quantenzahlen und Pauli-Verbot gesteuerte Dynamik der Energiequantenaufnahme und -abgabe in Atomen und Molekülen von Gasen, Flüssigkeiten und Festkörpern ergibt die Strahlungsspektren, die dem Beobachter als das vielfältig bunte Lichterspiel von Leuchtröhren, Lichtbögen, Lasern, Feuerwerken und anderes ins Auge fallen.

Das atomare Spectaculum gegenüber zeigt zur Erläuterung der Hauptquantenzahl den Grundzustand des Wasserstoffatomes und den ersten angeregten Zustand mit vierfachem Bahnradius (maßstäblich, erste Zeile, erstes Bild), die Ellipsenbahnen (erste Zeile, zweites Bild), für deren dickere oder schlankere Form die Nebenquantenzahl zuständig ist, die quantisierte Kompaßeigenschaft eines Wasserstoffatomes im Grundzustand (erste Zeile, drittes Bild) und schließlich die Eigenrotation des Elektrons, den Spin, welcher der vierten, der Spinquantenzahl unterliegt; die Spinachse zeigt dabei immer in Richtung der Bahnachse, der Drehsinn kann mit dem der Bahn übereinstimmen oder ihm entgegengesetzt gerichtet sein. Faßt man im Sinne der de Broglieschen Wellenmechanik das Elektron als eine um den Kern laufende *Materiewelle* auf, so sind die Quantenbedingungen dadurch gegeben, daß die Welle *geschlossen* sein muß, wie das erste Bild in der zweiten Zeile dies auch zeigt; die Wellenbäuche der so entstehenden *stehenden Welle* geben gemäß den Regeln der Wellenmechanik die Aufenthaltswahrscheinlichkeit des Elektrons am betreffenden Bahnort an (zweite Zeile, zweites Bild). An den Knotenpunkten der stehenden Welle wird man vergeblich nach einem Elektron suchen, am Ort der Wellenbäuche wird die Wahrscheinlichkeit am höchsten sein, eines anzutreffen. Die folgende Bilderserie zeigt den Aufbau der zweiten Elektronenschale vom Element Helium (Edelgas) bis zum Element Neon (ebenfalls ein Edelgas), das letzte Bild die Auffächerung zweier scharfer Energieniveaus (Elektronenbahnen) zu Energiebändern, wenn eine größere Menge an Atomen eng zusammenrückt (kondensiert, kristallisiert) aufgrund des Pauli-Prinzipes.

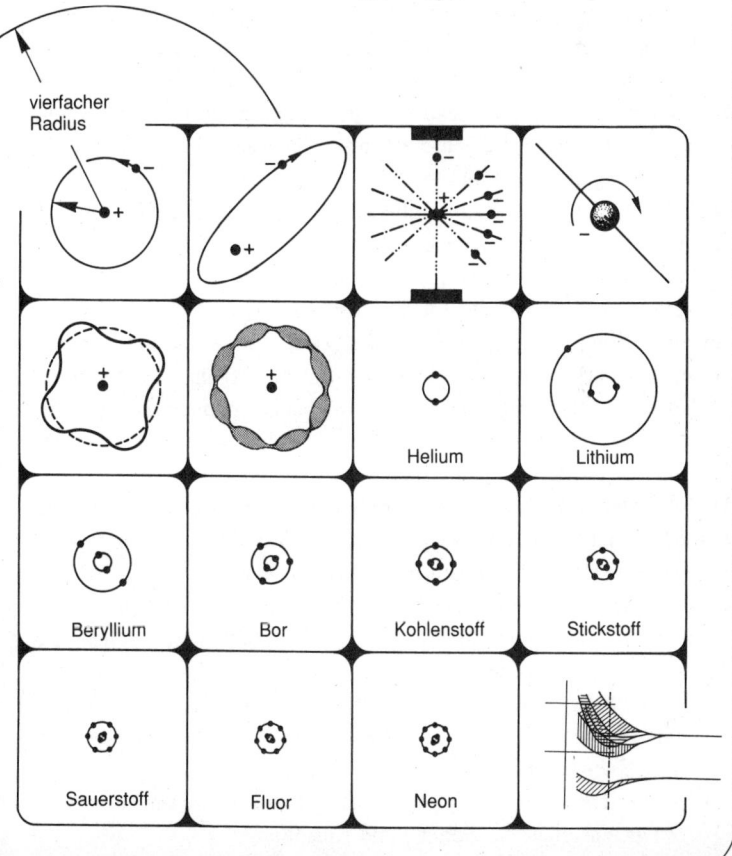

vierfacher Radius

Helium

Lithium

Beryllium

Bor

Kohlenstoff

Stickstoff

Sauerstoff

Fluor

Neon

Abendlande boten diese Ideen, wie ihre Anhänger meinen, die einzige Möglichkeit, sich politisch, kulturell und im humanen Sinne so zu entwickeln, wie es in Wirklichkeit der Fall war. Aber auch andere Völker kamen in den Genuß der neuen Wohltaten, zum Beispiel die Ureinwohner des amerikanischen Kontinentes, was den Heilsbringern in einem Aufwasch auch die Inbesitznahme und Besiedelung deren Länder erleichterte. So hatten alle was davon.

Just in dieser Zeit griff der französische Naturforscher Petrus Gassendi die Ideen der antiken Atomistik wieder auf. Die Entwicklung der Chemie, die Definition des chemischen Elementes durch Robert Boyle und die Entdeckung des Gesetzes von den konstanten und multiplen Proportionen, in denen chemische Elemente sich miteinander zu Substanzen mit neuen Eigenschaften verbinden, durch John Dalton leitete die moderne Atomistik ein, die uns heute so sehr beeindruckt; in welchem Sinne auch immer. Denn mit den *ganzen Zahlen,* in denen die Mengen reagierender Substanzen zueinander im Verhältnis stehen, kündigte sich bereits die heute erkannte (oder als erkannt geglaubte) *Quantisierung der Natur* an.

Nicht etwa, daß parallel zur Entwicklung des Atombegriffs im neunzehnten Jahrhundert nicht auch andere, insbesondere Kontinuumstheorien verfochten worden wären. Eine von ihnen basierte auf dem hydrodynamischen Gesetz von der Unzerstörbarkeit eines Wirbels in einer (hypothetischen) reibungslosen Flüssigkeit, was wiederum auf das Gesetz von der Erhaltung des Drehimpulses zurückgeht. Atome sollten nach dieser Vorstellung unzerstörbare Wirbel in einem an sich kontinuumhaften Weltmedium (vielleicht dem Weltäther) sein. Eine, das läßt sich nicht bestreiten, elegante Idee.

Und trotzdem falsch. Die Erweiterung der Chemie zur Elektrochemie durch Michael Faraday, die Entwicklung der Vakuumtechnik mit deren Hilfe elektrische Entladungen in verdünnten Gasen möglich wurden, die mechanische Interpretation der Phänomene Volumen, Druck und Temperatur und viele andere Forschungen ließen schließlich die Erkenntnis entstehen, daß

– was landläufig für einen festen, harten und undurchdringlichen Stoff gehalten wird, zum überwiegenden Teil aus *leerem Raum* besteht, in dem sich *winzige Kraftzentren* aufhalten, und daß

– diese Kraftzentren etwas mit *elektrischen Ladungen* zu tun haben und deren gegenseitiger Anziehung und Abstoßung.

Das Bild, das wir heute vom Aufbau des Atoms haben, geht auf Entdeckungen und Schlußfolgerungen von Philipp Lenard, Ernest Lord Rutherford of Nelson, Niels Bohr, Arnold Sommerfeld und vielen anderen zurück. Sie schufen das Standardmodell der um einen elektrisch positiv geladenen Kern kreisenden elektrisch negativ geladenen Elektronen. Die gestaltliche und funktionelle Ähnlichkeit mit unserem Sonnensystem ist dabei unverkennbar, wenn man die im Makrokosmos wirkende Gravitationskraft zwischen Zentralgestirn und Planet im Mikrokosmos ersetzt durch die Kraft der elektrostatischen Anziehung zwischen Atomkern und Elektron! Die distanzhaltende Kraft ist in beiden Fällen die durch die Rotation bewirkte Zentrifugalkraft. Zur Berechnung des Atommodelles wird denn auch nach der Vorgehensweise von Niels Bohr das dritte Keplersche Gesetz der Planetenbewegung herangezogen. Einen grundlegenden Unterschied allerdings gibt es: Die Abmessungen der Elektronenbahnen und ihre Form (Kreis, Ellipse), ihre Orientierung im Raum und die Umdrehungsgeschwindigkeit der Elektronen um ihre eigene Achse (wie bei der Erde) – sind *quantisiert,* das heißt sie können nur in ganzzahligen Vielfachen einer Grundzahl auftreten. Kern dieser Grundzahl ist wiederum das schon aus dem ersten Kapitel bekannte Plancksche *Wirkungsquantum h.* Es gibt eben Bekannte, die man immer wieder trifft, schön ist das.

Die Vielfalt der Eigenschaften der chemischen Elemente und deren Verbindungen ergibt sich letzten Endes kombinatorisch aus den Werten, welche die vier Quantenzahlen annehmen können. Aber noch etwas kommt hinzu: Ein von Wolfgang Pauli gefundenes Ausschließungsprinzip besagt, daß jedes in einem Atom oder Atomverbund vorhandene Elektron sich von jedem anderen in mindestens einer Quantenzahl unterscheiden müsse.

Das hat eine entscheidende Konsequenz für den Aufbau und die Eigenschaften von Festkörpern. Treten nämlich mehrere Atome zu einem Kristall (Festkörper) zusammen, so gilt das Pauli-Prinzip für den ganzen Kristall. Damit sich nun jedes der vielen Trilliarden Elektronen, die im Kristallverband vorhanden sind, von jedem anderen um mindestens eine Quantenzahl unterscheiden kann, spalten die ursprünglich einheitlichen Elektronenbahnen in eine trilliardenfache Vielzahl auf und aus den ursprünglich scharfen Energieniveaus der Bahnen werden *Bänder.* Dabei verlieren die Elektronen in den oberen Bahnen ihre Bindung an

Halbleiter

haben bei Normaltemperatur ein völlig leeres Leitungsband. Sie werden jedoch zu Leitern, wenn durch irgendeine Manipulation Elektronen in das Leitungsband gelangen. Zum Beispiel werden durch Erwärmung Elektronen aus dem Valenzband in das Leitungsband gehoben. Man unterscheidet den *Eigenhalbleiter* und den *Störstellenhalbleiter*. Beim Eigenhalbleiter werden die Elektronen aus dem Valenzband in das Leitungsband gehoben. Der Störstellenhalbleiter enthält Fremdatome, deren Energieniveaus in der Bandlücke liegen. Diese können entweder Elektronen in das Leitfähigkeitsband entsenden (Donatoren); der Halbleiter wird so zum Elektronen- oder n-Leiter. Eine andere Sorte nimmt Elektronen aus dem Valenzband auf (Akzeptoren); es entsteht dort eine Elektronenlücke oder ein Defektelektron, das sich wie eine freie positive Ladung verhält, im elektrischen Feld wandert und so ebenfalls den Strom leitet. Man spricht von p-Leitung.

Die Kinetik der Elektronen und der Löcher in Festkörpern eröffnet dem Elektroniker viele technische Möglichkeiten; Gleichrichter und Transistoren beruhen darauf, und damit aber die ganze Unterhaltungs- und Computer-Elektronik.

Wird ein Elektron aus dem Valenzband oder einem Donatorniveau ins Leitfähigkeitsband gehoben, so kann es – sofern es nicht durch eine angelegte elektrische Spannung hinweggeführt wird – nach passender Zeit in das Donatorniveau zurückkehren und die dabei frei werdende Energie als Lichtblitz abgeben. Der Halbleiter wirkt so als Leuchtstoff oder Phosphor. Die Phosphoranregung kann durch Elektronen erfolgen, die von außerhalb in den Kristall eingeschossen werden. Dies ist das Fall bei Leuchtstoff- und Fernsehbildröhren. Auch die vielfach verwendete Leuchtdiode basiert auf diesem Prinzip.

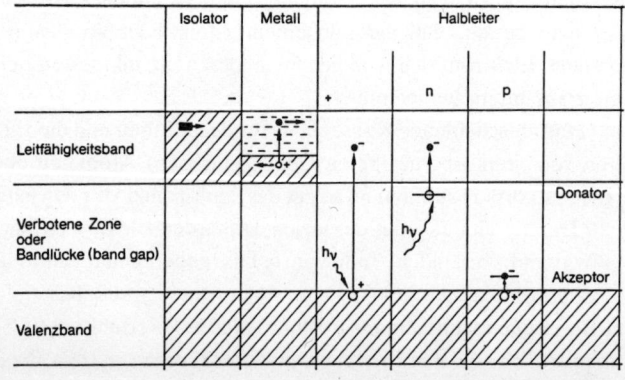

	Isolator	Metall	Halbleiter		
	−	+	n	p	
Leitfähigkeitsband					
Verbotene Zone oder Bandlücke (band gap)					Donator
					Akzeptor
Valenzband					

den einzelnen Atomkern und bewegen sich innerhalb dieser Bänder wie Skifahrer auf einer breiten Piste durch den ganzen Kristall. Die Bildhaftigkeit des Planetenmodells ist auf diesen Zustand freilich nicht mehr anwendbar. Die obersten Bänder eines Festkörpers sind das *Valenzband* und das *Leitungsband*. Zwischen ihnen befindet sich die *verbotene Zone* oder *Bandlücke*. Je nachdem, ob das Leitungsband im Normalzustand voll, teilweise oder überhaupt nicht mit Elektronen besetzt ist, unterscheidet man zwischen Isolatoren, Metallen und Halbleitern.

Bei den *Isolatoren* ist jedes nach dem Pauli-Prinzip mögliche Energieniveau im Leitungsband mit einem Elektron besetzt. Die Elektronen können zwar ihre Plätze tauschen – dadurch findet aber per saldo keine Bewegung von Ladung statt und deshalb fließt auch kein Strom. (Wenn Blau dem Grün einen Hunderter gibt und Grün dem Blau einen Hunderter, so hat per saldo keine Zahlung stattgefunden und jeder ist genauso reich oder arm wie zuvor). Der Isolator mit voll besetztem Leitungsband ist ein Nichtleiter.

Bei den *Metallen* ist das Leitungsband nur teilweise besetzt. Durch Anlegen einer elektrischen Spannung können Elektronen in freie Energieniveaus des Leitungsbandes wandern und sich dort in eine Richtung bewegen, ohne daß sich an anderer Stelle gleich viele Elektronen in die Gegenrichtung bewegen müssen: es findet Ladungstransport statt; es fließt ein Strom; das Metall mit teilweise besetztem Leitungsband ist ein Leiter.

Bei den *Halbleitern* ist das Leitungsband total leer. Weil sich hier keine Elektronen befinden, kann auch kein Strom fließen. Der Halbleiter benimmt sich daher in seinem Normalzustand wie ein Isolator. Wird er jedoch erwärmt, so können durch thermische Energiezufuhr Elektronen aus dem Valenzband über die Bandlücke hinweg in das Leitungsband hüpfen, und nun verhält sich der Halbleiter wie ein Metall: er leitet den elektrischen Strom. Die Hüpf-Anregung kommt aber nicht nur thermisch zustande; auch elektromagnetische Strahlung, zum Beispiel Lichtquanten, können im Halbleiter den Stromfluß anregen. Der Halbleiter wird auf diese Weise zum Photohalbleiter.

5

Synchron mit der Ausbildung und Festigung des modernen ατομοσ-Begriffes verlief jedoch auch seine Zerstörung. Schuld daran war der hohe Entwicklungsstand, den die Photographie zu Ende des vergangenen Jahrhunderts erreicht hatte. Denn bei der Untersuchung der Phosphoreszenz von Uranmineralien fand 1896 der französische Physiker Antoine Henri Becquerel eine bis dahin unbekannte Strahlung, die nicht nur die lichtdichte Verpackung einer Photoplatte durchdrang und dieselbe schwärzte, sondern auch die Luft ionisierte, sie in einen elektrisch leitenden Zustand versetzte. Die entscheidende Entdeckung aber gelang Marie Curie. Gemeinsam mit ihrem Mann Pierre und ihrem Lehrer Becquerel fand sie in der Uranpechblende zwei neue Elemente, das Radium und das Polonium, die diese rätselhafte Strahlung aussandten und die dabei ihre Identität als Elemente änderten.

Das ατομοσ, das Unteilbare, das Unveränderbare, das Unzerstörbare war, kaum geboren im Geiste der Naturwissenschaft des fin de siècle, auch schon wieder verschieden! Das Zeitalter der Atomzertrümmerung, heute als Kernspaltung geläufig, hob an. Und damit einhergehend die Zertrümmerung des Materiebegriffes historischer, mechanistischer, dialektisch-materialistischer Natur.

Ein Verdacht, der uns eigentlich schon bei den Demokritisch-Leukippisch-Epikureischen *Häkchen* dämmerte: wenn ein Seiendes sich von einem anderen Seienden durch mindestens eine Eigenschaft unterscheidet, so müssen beide Entitäten eine Struktur aufweisen, die diesen Unterschied verursacht. Kann man jedoch etwas, das eine Struktur hat, als eine nicht mehr weiter auflösbare Gegebenheit ansehen? Impliziert nicht der Begriff »Struktur« den Begriff »Gliederung« und damit eine potentielle Teilbarkeit des Strukturierten, Gegliederten?

Ich glaube, dieser Verdacht wird uns noch lange verfolgen...

6

Die innere Struktur des Atomkernes wurde im Jahre 1932 als erforscht und bekannt betrachtet. Der Atomkern bestand nach der damals herrschenden Vorstellung aus elektrisch positiv geladenen Teilchen, den uns schon bekannten Protonen. Wir haben sie als die Kerne der Wasserstoffatome kennengelernt. Zu den Protonen gesellen sich Teilchen, die im bisherigen Text noch nicht vorgekommen sind: elektrisch neutrale *Neutronen.* Der Kern des Heliumatomes ist aus zwei Protonen und zwei Neutronen zusammengesetzt. Weil die Neutronen ziemlich genauso groß und schwer sind wie die Protonen, wiegt der Atomkern des Heliums das Vierfache des nur aus einem Proton bestehenden Wasserstoffkerns. Und das ist auch schon das Massenverhältnis der ganzen

Atome überhaupt, denn die Elektronen sind so leicht, daß sie praktisch nicht auf die Waage drücken.

Was Madame Curie entdeckt hat? Sie hatte die spontane Umwandlung des Elementes Radium in ein anderes Element, in das erst später von Rutherford identifizierte Radon entdeckt. Die Umwandlung geschieht durch spontanes Ausstoßen eines ganzen Heliumatomkerns, der in diesem Zusammenhang als Alpha-Teilchen bezeichnet wird. Das Ausstoßen von Alpha-Teilchen heißt Alpha-Strahlung. Im ersten Kapitel ist der Vorgang dargestellt. Außer der Alpha-Strahlung gibt es auch noch eine Beta-Strahlung; sie besteht aus den schon wohlbekannten Elektronen. Auch beim Ausstoß eines Elektrons verändert der Atomkern seine Identität. Die Gamma-Strahlung schließlich besteht aus energiereichen elektromagnetischen Quanten, den extrem kurzwelligen Verwandten der uns vertrauten Quanten des sichtbaren Lichtes. Sie entsteht als Nebenprodukt der radioaktiven – überhaupt jeder – Elementumwandlung.

Also Proton und Neutron. Schön. Man hätte es bei diesem Wissensstand belassen, nach Hause gehen, ein Glas Bier trinken und sich der Zufriedenheit hingeben können, etwas für seine Bildung getan zu haben. Man hätte ein wunderbar harmonisches Bild der Schöpfung gehabt, und die Schöpfung selbst wäre geblieben, was sie von Anfang an war: heil. Und ohne die permanente Angst, jeden Moment von ihren eigenen Geschöpfen in die Luft gesprengt zu werden.

Aber nein. Nein, nein, nein...

Ein diabolisches Naturgesetz scheint die Entwicklung des Menschen vor sich her zu treiben: es gibt immer einen, der es noch genauer wissen will! Im vorliegenden Falle waren es sogar eine ganze Menge, die es immer noch genauer wissen wollten und mit frohem Mut darangingen, die Büchse der Pandora zu öffnen. Die Frage, die sie sich für diesen Zweck vorlegten, war diese: Da doch die Protonen im Atomkern alle positiv, gleichnamig elektrisch geladen sind, und es ja bekannt ist, daß gleichnamige elektrische Ladungen einander abstoßen – im Atomkern, weil es da so eng ist, sogar mit Riesenkräften –, was hält sie dann im Atomkern zusammen? Was ist es, was die Welt im Innersten zusammenhält?

Man sagte: die Neutronen sind der Kitt, der sie zusammenhält. Aber das war eine eher verbale Beantwortung der Frage und daher, obschon bequem, in Wirklichkeit keine.

Die richtigen Antworten kamen aus Tirol und Japan. Victor Franz Hess hatte im Jahre 1912 in Innsbruck eine neue Art von Strahlung entdeckt, die nicht irdischen Ursprungs ist, sondern aus dem Himmel kommt: Kohlhörster gab ihr den Namen *kosmische Höhenstrahlung.*

Dreiundzwanzig Jahre später wurden in dieser Höhenstrahlung Teilchen identifiziert, die elektrisch geladen sind, aber eine Masse besitzen, die zwischen der des Elektrons und des Protons liegt. Man nannte sie *Mesonen.*

Hideki Yukawa wiederum schloß nach einer Theorie, die er zwischen 1930 und 1935 ausarbeitete, daß es eine ganz neue Sorte atomarer Teilchen geben müsse: Trägerteilchen als *Träger der Kernkräfte,* die dafür sorgen, daß die Protonen, die sich aufgrund ihrer elektrostatischen Kräfte eigentlich enorm abstoßen, im Atomkern trotzdem aneinanderkleben bleiben und bei der überwiegenden Zahl aller Atomarten Gott sei dank mit großer Festigkeit.

In diesem Zusammenhang gab es nun zwei neue Begriffe: die *Wechselwirkung* und die *Austauschkraft.* Man muß sich das etwa so vorstellen: zwei Fußballer laufen miteinander über den Fußballplatz. Was bewegt sie, nebeneinander herzulaufen? Es ist der Fußball, den sie sich gegenseitig zuspielen, austauschen. Die Fußballer stehen demnach in einer Wechselwirkung zueinander und das die Wechselwirkung ausübende Austauschteilchen ist der Fußball. So ähnlich ist es auch mit den Protonen, den Neutronen und noch anderen atomaren Partikeln. Wie die Fußballer stehen sie über den Austausch eines sie gemeinsam interessierenden Objektes, des Austausch- oder Trägerteilchens nämlich, in Wechselwirkung miteinander und können nicht, mögen sie einander, aufgrund welcher anderen Antipathieverhältnisse auch immer, noch so stark abstoßen, voneinander loslassen.

Und was für ein Partikelchen wird wohl dieses Austauschgeschäft zwischen den Nukleonen betreiben? Sie haben es erraten: das Meson! Genauer gesagt, eines von ihnen, das *π-Meson,* auch *Pi-Meson* geschrieben oder abgekürzt *Pion* genannt.

Es gibt auch noch andere Mesonen. Nach der Entdeckung des ersten wurde die Physikerwelt von einer wahren Inflation an Mesonen heimgesucht. Keine Spur mehr von der geradezu olympischen Klarheit der Daltonschen Gesetze, von »festen charakteristischen Massenverhältnissen«, von »kleinen ganzen Zahlen«, aufgrund derer die Atomvorstellung in die moderne Naturwissenschaft zurückgekehrt war. Die Mesonen, die reihenweise sowohl in der Höhenstrahlung als auch bei irdischen Atomexperimenten entdeckt wurden, hatten, nomen est omen, alle möglichen Massen und kein Mensch kannte sich mehr aus.

Erst in jüngerer Zeit wurde erkannt, daß es sich bei den meisten Mitgliedern dieser inflationären Spezies doch wieder um nur ganz wenige Varianten handelt. So, wie sie sich in den Experimenten gebärden, sind sie nur andere konfigurative und energetische Zustände derjenigen Bestandteile, aus denen auch das Pion zusammengesetzt ist, das wir soeben als den Vermittler der Kernkräfte beschrieben haben. Und damit kommen wir schon sehr in die Nähe des springenden Punktes...

Zuvor aber wollen wir unser Gedenken – oder soll ich sagen: unser Ungedenken? – jenem Ereignis widmen, welches die Schicksalsqualität des Raumschiffes Erde spontan von einem verhältnismäßig stabilen in den unverhältnismäßig unstabilen Zustand umschlagen ließ und das Menschengeschlecht nach einer halben Million Jahre vergeblicher Versuche in dieser Richtung nun doch noch in die Lage versetzte, sich in jedem Augenblick selbst zu vernichten.

Als die bedauernswerten Exekutivorgane dieser Schicksalswende fungierten die deutschen Professoren Otto Hahn und Friedrich Wilhelm Strassmann.

7

Meyers großes Taschenlexikon in 24 Bänden: »Pandora, in der griechischen Mythologie eine von Hephäst aus Erde geformte, von den Göttern mit allen Vorzügen ausgestattete Frau, die Zeus, der die Menschen für den Raub des Feuers durch Prometheus strafen will, mit einem alle Übel bergenden Tonkrug versieht und zu Prometheus' Bruder Epimetheus (›der zu spät Bedenkende‹) bringen läßt. Von ihren Reizen geblendet, nimmt dieser sie auf, P. öffnet das Gefäß und verbreitet so die Übel und Krankheiten unter der Menschheit.«

Die Schicksalswende fand im Jahre 1938 statt, und der Labortisch, an dem die durch den Beschuß mit Neutronen bewirkte Spaltung des Urans 235 und damit einhergehend die Freisetzung eines ungeheuren Energiebetrages entdeckt wurde, kann jetzt im Deutschen Museum in München besichtigt werden. Der Labortisch wurde aus dem Kaiser-Wilhelm-Institut für Chemie in Berlin (heute Max-Planck-Institut) dorthin gebracht. Das Schöne an der Uranspaltung war: sie setzte weitere Neutronen frei und eröffnete damit die Möglichkeit der Kettenreaktion.

Jedoch wollen wir gerecht gegen Otto Hahn und Fritz Strassmann sein: Der Labortisch hätte auch aus manch anderem Laboratorium, aus Frankreich, England, Amerika, Japan und weiß Gott woher in den Museumsbau an der Isar gebracht werden können. Die Zeit war einfach reif gewesen für die Eröffnung der so übelriechenden Büchse! Zu viele Köpfe auf dieser Erde hatten es eben genauer und immer noch genauer wissen wollen, naja, und jetzt wußten sie es eben.

Die Teilbarkeit des Unteilbaren wurde am 6. August 1945 in einem Großexperiment, für welches die japanische Stadt Hiroshima ausersehen war, vorgeführt. Zur endgültigen Bestätigung des Versuchsergebnisses wurde das Experiment am 9. August desselben Jahres in Nagasaki wiederholt. Die Grundlagen hatten die Forschungsergebnisse derer geliefert, die es so genau hatten wissen wollen.

Jetzt wissen wir es auch.

Wir wollen aber auch gegen das Schicksal gerecht sein. Denn bei den Überlegungen im Vorspann zum Zweiten Kapitel haben wir uns ja schon, wenigstens teilweise, die Kompetenz aberkannt, über das absolut Böse und das absolut Gute in dieser Welt zu Gericht zu sitzen. Wir haben unser Unwissen darüber bekannt, was der Schöpfer dieser Welt mit dem von uns für gut und böse Gehaltenem im Sinne hat. Es kann ja auch sein, daß wir – ich, der ich diese Zeilen schreibe und Sie, der Sie diese Zeilen lesen – das Pech haben, ausgerechnet in eine der Everett-de-Wittschen-Vielweltenvariante gerutscht zu sein, in der es die Bombe eben gibt. Naja. Andere Everett-de-Witt-Welten, uns bekanntermaßen unzugänglich, mögen im mystischen Traum glücklich dahindämmern, wie es auf unserer Welt heute noch viele täten, wenn nicht das Abendland mit Schlachtschiffen, Transistoren und Nylonstrümpfen angerückt wäre.

Wir können uns mit reizvollen Kalkülen die Zeit vertreiben, um herauszufinden, bei welcher Gelegenheit dieser Rutsch in die Bombenvariante stattgefunden haben könnte oder wem wir ihn zu verdanken haben. Den Griechen etwa? Kaum, denn die »hatten nicht viel am Hut« mit Experimentieren, und das Sozialprestige der Bastler war nicht gerade umwerfend. Oder den Arabern? Ibn al Haitham beispielsweise, dem auch unter dem latinisierten Namen Alhazen bekannten Physiker und Ingenieur? Er entdeckte das Reflexionsgesetz, die Abbildungseigenschaften sphärischer Spiegel und bezeichnete die Linse des Auges mit dem arabischen Wort für »Korn« = adasa, was ins Lateinische mit »lens«

übersetzt wurde. Übrigens wurde Ibn al Haitham vom ägyptischen Calif Al Hakim beinahe um einen Kopf kürzer gemacht, weil er den Bau des Assuanstaudammes mit den Mitteln der damaligen Zeit für technisch undurchführbar hielt. Oder Nikolaus Kopernikus, als er auf die verrückte Idee kam, die Erde müsse sich um die Sonne drehen und nicht umgekehrt, wie es in der heilen Welt des Ptolemäus vorgesehen war? Oder Galileo Galilei, der seinen Zeitgenossen zeigte, was präzises Experimentieren ist und die aristotelische Idee, Eis schwämme seiner plattenförmigen Gestalt halber auf dem Wasser, als hanebüchenen Unsinn entlarvte? Vielleicht sagen Sie auch: oh, hätte er es doch schwimmen lassen, wie es wollte, aber das hilft uns heute auch nicht mehr. Der Apfel vom Baume der Erkenntnis ist gepflückt, verspeist und nicht mehr replantierbar. Ob er auch verdaut ist, steht auf einem anderen Blatt.

8

Anderseits, das muß zugegeben werden: der Erkenntnisgewinn, den der Wahnsinnseinsatz in diesem Hasardspiel per saldo abgeworfen hat, ist atemberaubend! Wie überall, so auch hier, offenbart sich die Ambivalenz unseres Tuns und Denkens, zeigt sich dieses in einem bösartig funkelnden und verheißungsvoll leuchtenden Vexierbild menschlicher Existenz, und immer wieder drängt sich die Frage auf: gibt es einen geheimnisvollen Erhaltungssatz des Schicksals, demzufolge einer Vermehrung des Guten zwanghaft ein Zuwachs des Teuflischen die Waage hält?

Bisher haben wir es in der Natur offenkundig mit einer Zweiwertigkeit der Phänomene, Begriffe und Kalküle zu tun gehabt. Eine elektrische Ladung kann positiv oder negativ sein, eine Transversalwelle senkrecht oder parallel polarisiert, ein Magnet nördlich oder südlich, eine Schraube linksgängig oder rechtsgängig, ein Satz wahr oder falsch sein. Tertium non datur. Daß es außer positiv und negativ geladenen Körpern auch noch ungeladene, elektrisch neutrale gibt, würde ich nicht als ein Drittes, als einen Bruch der Dipolarität betrachten, sondern als ein mengentheoretisches Phänomen: Die elektrischen Neutra repräsentieren die leere Menge der elektrisch geladenen Körper.

Das wahrhaft Atemberaubende des Wissenszugewinnes der letzten zwanzig Jahre aber liegt in folgendem: Es scheint jetzt so, als ob die apparente Zweiwertigkeit des Makro-, Meso- und Mikrokosmos bis

Andrea: Gut, halten wir uns an die Eisstückchen; das kann ihnen nicht schaden.

Galilei: Richtig. – Unsere These, Andrea!

Andrea: Was das Schwimmen angeht, so nehmen wir an, daß es nicht auf die Form eines Körpers ankommt, sondern darauf, ob er leichter oder schwerer ist als das Wasser.

Galilei: Was sagt Aristoteles?

Der kleine Mönch: »Discus latus platique . . .«

Galilei: Übersetzen, übersetzen!

Der kleine Mönch: »Eine breite flache Eisscheibe vermag auf dem Wasser zu schwimmen, während eine Nadel untersinkt.«

Galilei: Warum sinkt nach dem Aristoteles das Eis nicht?

Der kleine Mönch: Weil es breit und flach ist und so das Wasser nicht zu zerteilen vermag.

Galilei: Schön. *Er nimmt ein Eisstück entgegen und legt es auf das Schaff.* Jetzt presse ich das Eis gewaltsam auf den Boden des Gefäßes. Ich entferne den Druck meiner Hände. Was geschieht?

Der kleine Mönch: Es steigt wieder in die Höhe.

Galilei: Richtig. Anscheinend vermag es beim Emporsteigen das Wasser zu zerteilen. Fulganzio!

Der kleine Mönch: Aber warum schwimmt es denn überhaupt? Eis ist schwerer als Wasser, da es verdichtetes Wasser ist.

Galilei: Wie wenn es verdünntes Wasser wäre?

Andrea: Es muß leichter sein als Wasser, sonst schwämme es nicht.

Galilei: Aha.

Andrea: So wenig, wie diese eiserne Nadel schwimmt. Alles was leichter ist, als Wasser ist, schwimmt, und alles, was schwerer ist, sinkt. Was zu beweisen war.

Galilei: Andrea, du mußt lernen, vorsichtig zu denken. Gib mir die eiserne Nadel. Ein Blatt Papier. Ist Eisen schwerer als Wasser?

Andrea: Ja.

Galilei legt die Nadel auf ein Stück Papier und flößt sie auf das Wasser. Pause

Galilei: Was geschieht?

Federzoni: Die Nadel schwimmt! Heiliger Aristoteles, sie haben ihn niemals überprüft. *Sie lachen.*

Galilei: Eine Hauptursache der Armut in der Wissenschaften ist meist eingebildeter Reichtum. Es ist nicht ihr Ziel, der unendlichen Weisheit eine Tür zu öffnen, sondern eine Grenze zu setzen dem unendlichen Irrtum. Macht eure Notizen.

hinunter auf die Ebene der Protonen, Mesonen, Elektronen und ihrer Antiteilchen unterlagert sei von einer *dreiwertigen Substruktur!* Diese dreiwertige Substruktur trägt die nun schon zur Berühmtheit gelangte Bezeichnung *Quark*.

9

Generationen von Wissenschaftlern, Tausende von Physikern, Chemikern und Ingenieuren haben in den letzten fünfzig Jahren die Versuchsanordnungen erdacht, geplant und gebaut, mit deren Hilfe das Innere des Atomkernes erforscht wurde und immer noch erforscht wird. Ihre Apparaturen sind so groß wie kleine Städte; der Speicherring PETRA am Hamburger DESY-Institut hat einen Durchmesser von 700 Metern, die am gleichen Ort im Bau befindliche Anlage HEPA wird zwei Kilometer im Durchmesser haben und der neue LER-Ring der Europäischen Kernforschungskommission CERN unter den Bergen des französischen Jura hat einen Umfang von 27 Kilometern. Diese Anlagen sind Riesenkarussells, auf denen atomare Teilchen bis nahe an die Lichtgeschwindigkeit beschleunigt werden. Wenn die Geschwindigkeit erreicht ist, läßt man sie aufeinanderprallen und sieht nach, was dabei passiert. In aller Regel reißen sie sich gegenseitig in Stücke wie seinerzeit die Bestien im Colosseum. Die aus diesem sadistischen Vergnügen resultierenden Fragmente aber und deren Flugbahnen werden analysiert.

Den theoretischen Physikern Murray Gell-Mann, Abraham Pais – wir haben ihn als einen der Biographen Einsteins bereits kennengelernt – und Kazuki Nishijima ist es seit 1964 gelungen, Sinn in das Ergebnis dieser Analysen zu bringen. Demnach läßt sich die augenscheinliche Unübersichtlichkeit der unter Einwirkung elektrischer und magnetischer Felder zustandekommenden Bruchstück- und Flugbahnphänomene auf einige wenige Elementarqualitäten mit definierten Zahlenwerten zurückführen. Wir bezeichnen das System dieser Elementarqualitäten und ihr Verhalten als das Standardmodell.

Diese Ur-Entitäten sind jedoch nur zum Teil beobachtbar, oft bleiben sie als innere Verursacher äußerer Effekte unbeobachtbar, und zwar prinzipiell. Der theoretische Physiker sieht sich in solchen Fällen in die Lage von James Bond versetzt, der nur mit Hilfe einer Wanze, mit der eine Party abgehört wird, seinem Chef sagen soll, wie viele Gäste auf der Party waren. Nun, wenn James Bond beim ersten Anstoßen fünfzehn Gläserklänge zählt, so werden wohl sechs Personen an der Party teilge-

Die Regeln der Additiven Farbmischung

Wir kennen die Farben Rot, Grün, Blau und ihre Komplementärfarben Cyan (Blaugrün), Magenta (Purpur) und Yellow (Gelb). Die englischen Ausdrücke werden verwendet, um die Farben eindeutig durch ihre Anfangsbuchstaben kennzeichnen zu können: R, G, B – C, M, Y. Und das sind die Regeln:

```
Rot + Grün + Blau = Weiß
Rot + Grün        = Yellow
Rot +        Blau = Magenta
      Grün + Blau = Cyan

Rot + Cyan       = Weiß
Grün + Magenta   = Weiß
Blau + Yellow    = Weiß
```

M A T E R I E

			Masse in Megaelektronenvolt (MeV)	Elektrische Elementarladung	Farbladung	Spin
			10000			
			1000			
	B	-3/3	100	+3/3	B	
-1	G	-2/3	10	+2/3	G	+1
-1/2	R	-1/3	1	+1/3	R	+1/2
0	W	0	0	0	W	0
+1/2	C	+1/3	1	-1/3	C	-1/2
+1	M	+2/3	10	-2/3	M	-1
	Y	+3/3	100	-3/3	Y	
			1000			
			10000			

A N T I M A T E R I E

nommen haben, oder? Sehen sie, verehrter Leser, so ähnlich ist es auch mit den *sagenhaften Quarks*. Wenn Sie mir nicht glauben, so rechnen Sie bitte nach...

10

Die Elementarqualitäten des Standardmodells sind

- die Masse als Masse oder als Energie
- die Ladung
- die Orientierung im Raum, auch unter dem Begriff Spin geläufig.

Das sind Qualitäten, wie sie uns schon beim Planetenmodell des Wasserstoffatomes begegnet sind und immer wieder begegnen, wie kompliziert auch immer die mikrokosmischen Wesenheiten, ihre Wechselwirkungen (starke, schwache, elektromagnetische, schwere) und Prozesse (Strahlung, Absorption, Verwandlung, Vernichtung) sein mögen. Ob direkt beobachtbar oder nur kalkulierbar zur Herstellung einer verständlichen äußeren Ordnung aufgrund klarer und eindeutiger innerer Ursachen. Murray Gell-Mann und seine Kollegen gaben dieser inneren Ursache die Bezeichnung Quark, ein Kunstwort von James Joyce aus einem Gedicht in dem Roman »Finnegans Wake«:

»Three quarks for Muster Mark
Sure he hasn't got much of a bark
And sure any he has its all beside the mark.«

Der Sinn dieser Zeilen wird nicht viel klarer, wenn man ihn ins Deutsche übersetzt, also lassen wir das bleiben. Zwei grundsätzliche Neuheiten charakterisieren die Quarks gegenüber der klassischen Physik:

Erstens muß außer der elektrischen Ladung im mikrokosmischen Inneren noch eine zweite Kraftquelle existieren, um der Mannigfaltigkeit der Erscheinungen Sinn zu geben. Während jedoch die elektrische Ladung als Kraftquelle in einer zweifachen Mannigfaltigkeit von Werten in Erscheinung tritt, nämlich in einer positiven und einer negativen, muß diese neue Art von Kraftquelle *dreiwertig* sein. Und weil sich herausgestellt hat, daß das Zusammenwirken der drei Polaritäten den einfachen Gesetzen der additiven Farbmischung gehorcht, wurden die drei Pole auch mit Farbnamen benannt: *rot, grün, blau.*

Antimaterie

Warum hat der liebe Gott die Welt gerade da erschaffen, wo sie jetzt steht und nicht, wie schon Leibniz sich fragte, einen Meter weiter rechts? Warum ist der Atomkern des Wasserstoffatoms positiv geladen, das ihn umkreisende Elektron aber negativ und nicht umgekehrt?

Die erste Frage ist schwer zu beantworten, die zweite aber leicht. Sie ist eigentlich gegenstandslos, denn es gibt tatsächlich Wasserstoff – und andere Atome mit umgekehrter Polarität. Sie gehören zur Antimaterie, bei der alles verkehrt ist.

Paul Adrien Dirac fand 1928 bei der Berücksichtigung der Relativitätstheorie in der Quantenphysik vier Gleichungen, von denen zwei das Verhalten des Elektrons entsprechend seinen zwei Drehrichtungen (Spin-Orientierungen) beschrieben, während die beiden anderen überflüssig erschienen – was in der Mathematik ja öfters der Fall zu sein scheint.

Aber eben nur *scheint!* Diracs nobelpreiswürdige Idee war es, diesen beiden Gleichungen ein neues Teilchen zuzuordnen, bei dem alles verkehrt ist: Das Positron als Spiegelbild des Elektrons. Aus Antimaterie als Spiegelbild der Materie. Als »Loch im Nichts«, wie Roman U. Sexl es genannt hat.

1932 entdeckte Carl David Anderson mit Hilfe der photographischen Kernspurplatte in der kosmischen Höhenstrahlung die Entstehung von Elektron und Positron (als dem Anti-Elektron) aus Gammaquanten und 1955 fanden Emilio Segre und Owen Chamberlain das Anti-Proton mit dem Synchrotron von Berkeley in Californien.

Damit ist die Antimaterie fest im Weltbild des Physikers etabliert (siehe Bild Seite 196). Die Frage, ob es in der Natur stabile Antimaterie gibt, ist schwer zu beantworten. Im Weltall könnte es freilich ganze Milchstraßensysteme aus Antimaterie geben, nichts spricht dagegen, ja vielleicht existiert sogar ein zu dem unseren spiegelbildliches Universum!

Gut. Wir müssen nur auf eines aufpassen: Nur ja nicht mit Antimaterie in Berührung zu kommen! Das wäre unsere und unseres Spiegelbildes Vernichtung, denn Materie und Antimaterie zerstrahlen im Augenblick ihrer gegenseitigen Berührung; ebenso, wie sie in einem hochenergetischen Kraftfeld gleichzeitig spontan aus Gammastrahlung entstehen (siehe Bild Seite 202)

Antimaterie ist ein Fressen für Science Fiction! Ist die Explosion von Tungursk (Sibirien) am 30. Juni 1908 von einem Meteoriten verursacht worden oder von einem Körnchen Antimaterie? Bestehen Kugelblitze aus Antimaterie? Reagans SDI: Antimaterie als Raketenantrieb und Energiespender für Röntgenlaser möglich?

Realität 1988: Bei Cern (Genf) wird Antimaterie im Labormaßstab hergestellt und im LEAR (Low Energy Antiproton Ring) aufbewahrt.

Zweitens, und das ist nun die wahre Sensation der Physik: Die unterhalb der Protonen-Neutronen-Mesonen-Elektronen-Ebene existierenden mikrokosmischen Einheiten tragen nicht mehr ganze elektrische Elementarladungen, sondern *Drittelladungen* und ganze Vielfache davon. Es gibt daher die Elementarladung Null, ein Drittel, zwei Drittel und Eins (drei Drittel).

Das ganze Ausmaß dieser Sensation kann am besten ermessen, wer ein ganzes physikalisches Berufsleben lang nur mit ganzen elektrischen Ladungen umgegangen ist und die elektrische Elementarladung für eine unumstößliche Tatsache hielt, ähnlich dem Satz von der Erhaltung der Energie. Diese Überzeugung des Autors konnte selbst von seinem verehrten Lehrer, von Felix Ehrenhaft, der bei der Erforschung des elektrischen Elementarquantums auch Drittelladungen entdeckt zu haben glaubte und diesen Glauben sein ganzes Leben lang verfocht – nicht erschüttert werden. Aber nun...

Das Bild gegenüber stellt matrizenähnlich die Elementarqualitäten dar, wobei die obere Hälfte die Werte der Materie und die untere die der Antimaterie zeigt. Aus diesen Werten lassen sich wie aus einem Baukasten alle bekannten Elementarteilchen zusammensetzen. Fangen wir gleich mit den neuen Teilchen, den Quarks, an:

– das up-Quark »u« hat eine Masse von 300 MeV, eine positive Zweidrittelladung, funkelt alternierend in den Farben *rot, grün* und *blau* und orientiert sich im Raum gemäß seinem Spin $+\frac{1}{2}$ oder $-\frac{1}{2}$. Die Schablonierung der genannten Werte in der Elementarwert-Matrix ergibt folgendes Muster für das u-Quark:

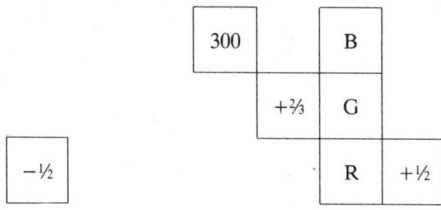

– das aus Antimaterie bestehende anti-u-Quark »$\bar{\text{u}}$« mit einer Masse von ebenfalls 300 MeV und einer negativen Zweidrittelelektroladung kann alternierend in den Farben *cyan, magenta* oder *yellow* funkeln und ist mit einem Spin $-\frac{1}{2}$ oder $+\frac{1}{2}$ ausgestattet. Sein Elementarwert-Muster

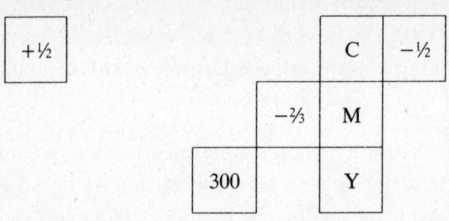

zeigt, daß das Antiquark aus dem Quark durch Spiegelung an der Demarkationslinie zwischen Materie und Antimaterie entsteht und umgekehrt.

– das down-Quark »d« mit 300 MeV Masse, einer negativen Eindrittel-elektroladung, den optionalen Farben *rot, grün, blau* und dem Spin $+\frac{1}{2}$ oder $-\frac{1}{2}$:

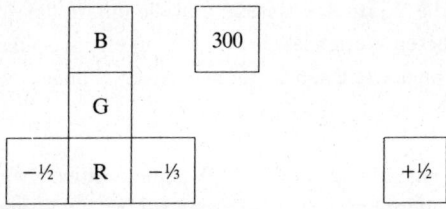

– und, last not least, sein Spiegelbild, das anti-down-Quark »d̄«:

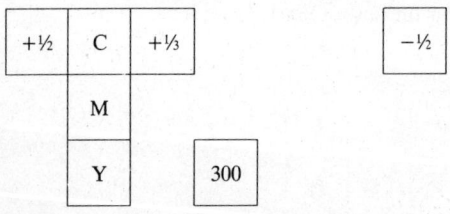

11

Die Bezeichnungen »up« und »down« sind nichts als Namen, nominalistische Begriffe, der berühmte »flatus vocis« der Scholastiker, wenn Sie so wollen. Bezeichnungen für sich verbergende Qualitäten, von denen man nur eines weiß, nämlich, daß sie sich voneinander unterscheiden.

Und eben für diese ihre Unterscheidung wurden ihre Namen erfunden. Aber man hätte sie auch Franz und Josef nennen können. Ebenso sind die Farben nichts anderes als Unterscheidungskennzeichnungen für eine Dreifaltigkeit von Qualitäten, die für die Aufnahme der Quarks in den Zoo der real in Erscheinung tretenden Elementarteilchen verantwortlich sind. Etwas ähnliches gilt für die elektrischen Drittel- und Zweidrittelladungen. Auch sie treten als solche nicht in Erscheinung; das Wissen um ihre kryptische Existenz wurde auf ähnlichem Wege gewonnen, wie ihn auch James Bond einschlagen mußte zur Ermittlung der Zahl der Partygäste in jenem, der direkten optischen Observation unzugänglichen Etablissement.

Also: ein real in Erscheinung tretendes Elementarteilchen besteht aus so vielen Quarks, daß seine elektrische Ladung wiederum eine ganze Zahl $(-1, 0, +1)$ und seine Farbe *weiß* ist (wie die Unschuld – in diesem Sinne, einfache mnemotechnische Regel, sind alle Elementarteilchen unschuldig). Dabei wird angenommen, daß die Farben der Quarks im Einschluß der Elementarteilchen sich dauernd ändern, funkeln, aber in einem solchen gegenseitig synchronisierten Rhythmus, daß jedes von ihnen zu jedem Zeitpunkt eine andere Farbe hat, als die anderen. Ist ein Elementarteilchen aus Materie aufgebaut, so sind dies die Farbentripel *rot, grün, blau;* enthält ein Teilchen Antimaterie, so sind dies Farbpaare *rot/cyan, grün/magenta* und *blau/yellow* (siehe Bild Seite 184).

12

Die einfachste Quarkverbindung ist das *Pion* mit dem Spin Null. Es ist bei Kernzertrümmerungsexperimenten sogar zu beobachten. Es erscheint in elektrisch positiver, negativer und neutraler Form. Den Quark-Puzzle-Regeln entsprechend, denen zufolge nur weiße und ganze geladene Teilchen in die Welt der beobachtbaren Erscheinungen treten dürfen, ergibt sich die folgende Bilanz.

Quark	Elektroladung	Farbladung	Spin	
down (d) +	$-\frac{1}{3}$	rot grün blau	$+\frac{1}{2}$	$-\frac{1}{2}$
anti-up (u)	$-\frac{2}{3}$	cyan magenta yellow	$-\frac{1}{2}$	$+\frac{1}{2}$
negatives Pi-Meson	-1	weiß	0	0

In entsprechender Weise entstehen das positive, das negative und das neutrale Pi-Meson nach den Reaktionsgleichungen der »Quark-Chemie«:

down + anti-up = negatives Pi-Meson
up + anti-down = positives Pi-Meson
down + anti-down = neutrales Pi-Meson
up + anti-up = neutrales Pi-Meson

Wer Lust hat, kann sich die Bilanzen entsprechend dem obigen Beispiel selber ausrechnen.

Aus je drei Quarks setzen sich die Nukleonen zusammen, das sind die den Atomkern aufbauenden Protonen und Neutronen.

up + up + down = Proton
up + down + down = Neutron

Für die Einzelheiten gilt das oben zu den Pi-Mesonen gesagte. Kehren wir zu einem der Ausgangspunkte unserer Reise in das bodenlos Innere der Natur zurück, zu den Kräften, welche Neutronen und Protonen im Inneren des Atomkernes zusammenhalten. Hideki Yukawa schuf die Theorie der Austauschkräfte beziehungsweise Austauschteilchen, die von den Pi-Mesonen gestellt werden. Wir erinnern uns an das Fußballgleichnis. Hier folgt nun – in einer sehr vereinfachten Darstellung, welche mir die Physiklehrer verzeihen mögen – der Bilanzmechanismus dieser Vorgänge.

Proton und Neutron tauschen miteinander unentwegt Pi-Mesonen-Fußbälle aus. Dabei verwandelt sich bei jedem Paß das abgebende Teilchen in das annehmende, das annehmende in das abgebende Teilchen. Das Proton wird zum Neutron, das Neutron wird zum Proton. Findet der Ballwechsel zwischen gleichartigen Teilchen statt, wobei als Bälle neutrale Pi-Mesonen dienen, so behalten die Teilchen ihre Identität. Proton bleibt Proton und Neutron bleibt Neutron.

In Formelsprache:

Abgabe…Proton − positives Pion = up + up + down − (up + anti-down) = up + down + down = Neutron
(weil − (anti-down) = down)

Annahme…Neutron + positives Pion = up + down + down + up + anti-down = up + up + down = Proton
(weil down + anti-down = 0).

An eine Frage haben wir uns noch nicht herangetraut: Was ist mit den *Massen* der Quarks und Nukleonen? Warum wurden ihre Zahlen nicht auch in die Bilanz eingebracht? Nun, das ist so eine Sache. Hier ist Masse nicht in der Weise gleich Masse wie ein Schweizer Franken gleich einem Schweizer Franken ist. Eher wie der Dollar, einmal mehr wert, einmal weniger. Aus diesem Grund wird die Masse in der Kernphysik nicht in Kilogramm angegeben, sondern – denken Sie an Einsteins Energieformel $E = m.c^2$ – in der Energieeinheit Megaelektronenvolt. Up- und down-Quarks sowie deren Antiteilchen »wiegen« je 300 Megaelektronenvolt (MeV). Vereinigen sich ein up- und ein anti-down-Quark zu einem positiven Pi-Meson, so bringt dieses jedoch nur 140 MeV auf die Waage. 300 + 300 = 140? Eine Bilanz, die jeden Buchhalter ins Gefängnis brächte! Die scheinbare Unterschlagung wird durch den *Massendefekt* aufgeklärt: Beide Quarks müssen bei ihrer Vereinigung zum Pi-Meson Masse lassen zugunsten der Bindungsenergie, die sie aneinanderkettet.

Weil wir schon bei den Kräften sind. Der Zusammenhalt der Quarks und die bisher unwiderlegte Beobachtung, daß Quarks in freier Natur eben nicht der Beobachtung zugänglich sind, geben Rätsel auf.

Einem der angebotenen Erklärungsmodelle liegt die Annahme zugrunde, daß die Quarks durch Kräfte untereinander verbunden seien, die unabhängig von ihrer gegenseitigen Entfernung sind. Die Energie, die man aufwenden müßte, um zwei Quarks voneinander zu trennen, würde proportional zu dieser Entfernung wachsen; denn Energie als Arbeit ausgedrückt ist ja gleich Kraft mal Weg; um das Quark aus seinem nukleonischen oder mesonischen Verband zu lösen, müßte es ins quasi-Unendliche bewegt werden und damit würde die aufzuwendende Energie ebenfalls ins Unendliche wachsen. Weil soviel Energie aber nicht vorhanden ist – bleibt das Quark eben drinnen.

Diese Erklärung ist schön, sagt aber nicht allzuviel. Warum ist die Farbkraft, welche die Quarks aneinanderbindet, unabhängig von der Entfernung? Antwort: Weil die Kraftlinien, die von Quark zu Quark laufen, wie in einen Schlauch eingeschlossen sind; ein beliebiger Schnitt durch den Schlauch wird von einer immer gleichen Zahl an Kraftlinien durchsetzt und damit ist die Kraft unabhängig von der Entfernung. Man spricht vom *Kraftlinieneinschluß*. Im Gegensatz dazu sind elektrische Kraftlinien nicht eingeschlossen, sie gehen von der elektrischen Ladung strahlenartig nach allen Richtungen aus und die Kraftwirkung nimmt demzufolge mit dem Quadrat der Entfernung ab (siehe Bild Seite 194).

Die Magie der Dreierbeziehung . . .

offenbart sich unter anderem bei Vertauschungsoperationen.
Während es bei zwei Dubletten gleichgültig ist, welches Paar
zuerst die Plätze tauscht, . . .

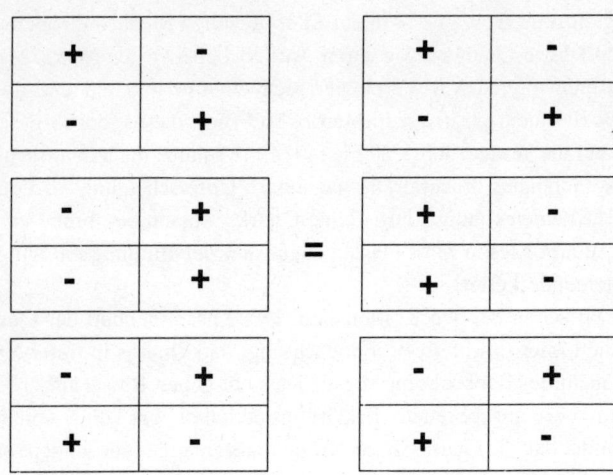

. . . hängt das Vertauschungsergebnis bei einem Triplett von
der Reihenfolge ab:

Rot	Grün	Blau

Rot	Grün	Blau

Rot tauscht mit Grün

Grün	Rot	Blau

Rot tauscht mit Blau

Blau	Grün	Rot

Rot tauscht mit Blau

Grün	Blau	Rot	≠	Blau	Rot	Grün

Warum aber sind Farbkraftlinien eingeschlossen?

Es ist zu vermuten, daß der Unterschied zwischen den Kraftprinzipien in der Verschiedenheit der Symmetrieprinzipien begründet ist, die den elektrischen einerseits und den Farbladungen anderseits zugrunde liegen. Die positive und die negative elektrische Ladung stehen in einer Zweierbeziehung zueinander, die Farbladungen *rot, grün, blau* der Quarks hingegen in einer Dreierbeziehung. Computersimulationen der zwischen Ladungen ausgespannten Kraftfelder ergaben für die elektrischen Kraftlinien einen »Ausbruch«, für die Farbkraftlinien der Quarks aber einen »Einschluß«. Ist das logisch zu verstehen? Nein! Claudio Rebbi schreibt dazu: »Darüber hinaus stellt sich natürlich nach wie vor die Aufgabe, nach einer logischen Herleitung der bekannten numerischen Ergebnisse zu suchen, denn eine numerische Näherung allein bietet ja keinen Ersatz für einen stringenten logischen Beweis.«…

Ja, ja. Daß ein Unterschied besteht zwischen den Mechanismen von Zweier- und Dreierbeziehungen, ist ja kein Geheimnis. Wie Zweierbeziehungen enden, so oder so, füllt ganze Bibliotheken der belletristischen, juristischen und psychiatrischen Literatur. Das nichtendenwollende Schicksal einer Dreierbeziehung aber hat Jean-Paul Sartre in seinem berühmten Theaterstück »Geschlossene Gesellschaft« gezeigt. Garcin begehrt die lesbische Ines, diese die nicht-lesbische Estelle und letztere wiederum Garcin, der aber gerade nichts von ihr wissen will. So dreht sich das endlos, und das Stück endet mit folgendem Dialog:

»Ines: ›…und wir bleiben für immer zusammen (lacht auf)‹

Estelle: ›(ebenfalls in Lachen ausbrechend): Für immer, mein Gott, ist das komisch! Für immer!‹

Garcin: ›(die beiden ansehend, lacht ebenfalls heraus): Für immer. (Sie setzen sich, fallend, auf das Sofa. Langes Schweigen. Sie haben zu lachen aufgehört und blicken sich an; aufstehend sagt er) Also – weitermachen!‹«

*** Eingeschlossenes Unende einer Dreierbeziehung ***

Die Zahl der Kraftlinien,

die einen Raumquerschnitt durchsetzt, kennzeichnet die Kraft, mit der sich zwei Objekte, von denen diese Kraftlinien ausgehen, gegenseitig anziehen oder abstoßen. Sind die Objekte elektrische Ladungen, so nimmt diese Zahl mit dem Quadrat der Entfernung ab. Im Unendlichen wird daher die Anziehungskraft Null.

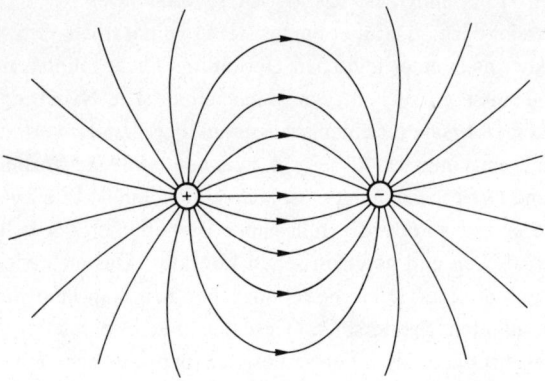

Anders bei den Quarks: Hier sind die Kraftlinien (dank welchen Mechanismus' auch immer; vielleicht wegen der Dreierbeziehung) eingeschlossen wie das Innere einer Wurst in die Wursthaut. Unabhängig von der Entfernung der Quarks voneinander durchsetzen an jeder Stelle zwischen ihnen gleich viele Kraftlinien den Querschnitt. Die Anziehungskraft nimmt daher mit der Entfernung nicht ab, und demzufolge müßte die Energie – als Kraft mal Weg – ins Unendliche anwachsen, wollte man die Quarks voneinander trennen. Denn eine Trennung voneinander bedeutete für die Quarks eine gegenseitige Entfernung ins effektiv Unendliche.

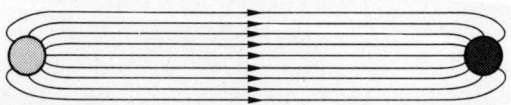

13

Das up- und das down-Quark sowie das noch zu würdigende Neutrino bauen die verhältnismäßig stabile Welt auf, so wie wir sie kennen. Daß das Proton möglicherweise nur eine begrenzte Lebensdauer von vielleicht zehn hoch einunddreißig Jahren hat, braucht uns nicht zu kümmern. Wenn es so ist, würde ein Mensch dabei pro Jahr ein Proton verlieren, was sein Wohlbefinden nicht wesentlich beeinträchtigen dürfte.

Aus den Elementarwerten Masse/Energie, elektrische Ladung, Farbladung und Spin lassen sich noch andere Quarks zusammensetzen, die alle größere Massen haben als die ups und downs. Sie werden

strange	s	(seltsam)	$-\frac{1}{3}$ Elektroladung
charme	c	(Anmut)	$+\frac{2}{3}$ Elektroladung
beauty	b	(Schönheit)	$-\frac{1}{3}$ Elektroladung
truth	t	(Wahrheit)	$+\frac{2}{3}$ Elektroladung

genannt. Aus ihnen sind schwere Teilchen (Baryonen) wie Sigma-Plus (up + strange + strange), Xi-Null (up + up + strange) und Lambda-C (charme + up + down) aufgebaut sowie die Mesonen Psi (charme + anti-charme) und F+ (charme + anti-strange). Das liest sich wie der Krieg der Sterne, aber es gibt sie wirklich: sie entstehen bei Höchstenergie-Beschleuniger-Experimenten, leben zwar allesamt nicht lange, sind aber von großer Bedeutung für die Erforschung der Materie.

Kombinationen der Elementarwerte Masse/Energie, elektrische Ladung und Spin führen zur Gruppe der leichten Elementarteilchen, der *Leptonen*. Deren wichtigster Vertreter ist das schon bekannte *Elektron* mit der Masse 0,5 MeV, der elektrischen Ladung −1 und dem Spin ½. Unsere universale Existenz, das Erleben und Erleiden dieser Welt, alles was wir sehen, hören, fühlen, riechen und schmecken, ist an das Vorhandensein der Elektronen und ihrem Wirken in den Elektronenschalen der chemischen Elemente gebunden.

Ein interessantes Lepton ist das *Neutrino* (genauer: Elektron-Neutrino), ein stabiles und, wie schon sein Name sagt, neutrales Teilchen mit Spin ½, von dem man noch nicht genau weiß, ob es eine Masse hat oder nicht. Es wurde im Jahre 1931 von Wolfgang Pauli zur Bilanzierung der Beta-Radioaktivität theoretisch vorhergesagt, aber erst 1956 in der Umgebung von Kernreaktoren experimentell nachgewiesen. Es entsteht unter anderem bei der Freisetzung von Sonnenenergie aus Folge-

Der Zoo der 27 Fundamental-Teilchen

1 Up-Quark
2 Down-Quark
3 Strange-Quark
4 Charme-Quark
5 Beauty-Quark
6 Truth-Quark
7 Anti-Up-Quark
8 Anti-Down-Quark
9 Anti-Strange-Quark
10 Anti-Charme-Quark
11 Anti-Beauty-Quark
12 Anti-Truth-Quark

13 Elektron
14 Elektron-Neutrino
15 Myon
16 Myon-Neutrino
17 Tau
18 Tau-Neutrino
19 Anti-Elektron (Positron)
20 Anti-Elektron-Neutrino
21 Anti-Myon
22 Anti-Myon-Neutrino
23 Anti-Tau
24 Anti-Tau-Neutrino

25 Photon
26 Gluon
27 Boson

Kommentar eines alten, am Stammtisch im Hofbräuhaus sitzenden Münchners: »Mei, wos ois gibt...«

prozessen der Kernfusion und ist deshalb überall in größter Konzentration vorhanden. Man merkt davon nur nichts, weil es elektrisch neutral und daher nicht imstande ist, mit unserer Existenz, die ja eine elektromagnetische ist, in Wechselwirkung zu treten. Eine äußerst wichtige, aber zur Zeit noch unbeantwortete Frage betrifft die Masse des Neutrinos. Hat es eine Masse oder ist es wie das Lichtteilchen, das Photon, masselos? Mit Masse oder Nichtmasse des Neutrinos ist unter Umständen das Schicksal unseres Universums verknüpft: haben die Neutrinos eine endliche Masse, so repräsentieren sie einen Großteil der Universum-Masse überhaupt – dann ist aber wegen der von ihnen ausgeübten Gravitation eine unbeschränkte Expansion des Weltalles nicht möglich und wir lebten demnach in einem geschlossenen Weltall, über das wir uns im zweiten Kapitel unterhalten haben.

14

Die bisher beschriebenen Partikel repräsentieren eine Auswahl aus genau siebenundzwanzig Fundamentalteilchen, die teils unsterblich sind, teils morbide und die unsere sicht- und greifbare Welt aufbauen.

Siebenundzwanzig!

Warum nicht sechsundzwanzig oder achtundzwanzig? Warum, um mit den Worten Gottfried Wilhelm Leibnitz' zu fragen, hat Gott das Universum genau dort erschaffen, wo es jetzt steht, und nicht einen Meter weiter rechts?

Siebenundzwanzig fundamentale Wesenheiten mit äußerst unterschiedlichen Eigenschaften. Sehen Sie da vor Ihrem inneren Auge nicht auch schon wieder die Demokritischen Häkchen auftauchen, von denen schon mehrmals die Rede war? Eine innere Struktur, die uns darauf hinweist, daß es sich bei diesen häkchenbewehrten, strukturierten Objekten etwa doch nicht um die letzten unteilbaren Ganzheiten der Materie handeln kann? Geoffrey Chew, der Vertreter einer radikal anderen Natursicht, äußert sich zu dieser Frage mit besonderer Skepsis: »Eine wirklich elementare Partikel – ohne irgendeine innere Struktur – könnte keinerlei Kräften unterworfen sein, die uns erlauben würden, es zu entdecken. Die bloße Kenntnis von der Existenz eines Teilchens bedeutet, daß das Teilchen eine innere Struktur hat.« Mit anderen Worten: ohne Häkchen geht gar nichts. Oder: das letzte Unteilbare, das ατομοσ als solches, wird unserer Erkenntnis für immer verborgen bleiben. Schöne Aussichten?

Auf der Suche nach einer inneren Struktur der Quarks entstand in den letzten Jahren der Begriff »Präon« oder »Präquark«, sowie ein halbes Dutzend theoretischer Modelle dazu. Aus dieser Theorienmenge durch verhältnismäßige Plausibilität hervorgehoben scheint das Rischonen-

Modell '79 von Haim Harara zu sein. Danach gibt es nur zwei fundamentale Bauelemente der Natur, die nach dem hebräischen Wort »rischon« (das den deutschen Vorsilben Ur – oder Erst – entspricht) *Rischonen* genannt werden, nämlich das T-Rischon und das V-Rischon. Die Bezeichnungen *T* und *V* wiederum sind die Anfangsbuchstaben der hebräischen Worte »Tohu« »Vavohu«, die auf deutsch »wüst« und »leer« heißen und das Erste Buch Mose, die »Genesis« einleiten: »Am Anfang schuf Gott Himmel und Erde. Und die Erde war wüst und leer, und es war finster auf der Tiefe...«

Das T-Rischon trägt die elektrische Ladung $+\frac{1}{3}$ und kann die Farben *rot, grün, blau* annehmen, das V-Rischon hingegen ist elektrisch neutral und funkelt in den Komplementärfarben *cyan, magenta, yellow*.

Aus je drei Rischonen und anti-Rischonen lassen sich acht der siebenundzwanzig Elementarteilchen zusammensetzen, nämlich das up- und das down-Quark (auch Quarks der ersten Generation genannt), das Elektron, das Positron (anti-Elektron) sowie das Neutrino und das anti-Neutrino. Bei den schwereren Teilchen (Seltsam, Anmut, Schönheit, Wahrheit) allerdings versagt das Rischonen-Modell oder muß für seine Aufrechterhaltung zu halsbrecherischen Hypothesen greifen.

15

Einer noch riskanteren Eskalation des Denkens verdankt ein Teilchen namens *Tachyon* seine Existenz. Das Tachyon ist Bestandteil einer Welt, die jenseits der Einsteinschen Lichtmauer liegt. In dieser Welt kann man sich mit beliebiger Überlichtgeschwindigkeit bewegen. Gerald Feinberg wies per Rechenkalkül nach, daß die Durchtunnelung der Lichtmauer nicht unbedingt gegen die Prinzipien der Relativitätstheorie und der Quantentheorie verstoßen muß. Für einen gewissen Eintrittspreis allerdings: die Energie der Tachyonen wäre imaginär, würde mit noch weiter zunehmender Geschwindigkeit abnehmen und bei unendlicher Geschwindigkeit Null werden! Witzig, was? In dieser Welt der superlichtgeschwinden Tachyonen wäre manches, vom Beobachtungsstandpunkt abhängig, verkehrt. So könnte zum Beispiel Josef wahrnehmen, daß Franzens Frau mit ihrem Manne keift, bevor er noch aus dem Wirtshaus gekommen ist, und daß dieser aus dem Wirtshaus kommt, sternhagelvoll versteht sich, bevor er es überhaupt betreten hat; das Geborenwerden liefe in manchen Fällen dem Gezeugtwerden voraus (was aber wahrscheinlich immer noch keine vom Heiligen Stuhl akzeptierte biologische Variante des Dogmas von der Unbefleckten Empfängnis wäre); und Christian Morgensterns Dichterworte würden wahr: »Korf trifft oft Bekannte, die voll von Sorgen/ wegen der sogenannten Völkerhändel. Er rät:/ Lesen Sie doch die Zeitung von übermorgen.// Wenn die Diplomaten im Frühling raufen,/ nimmt man einfach ein Blatt vom Herbst zur Hand/ und ersieht daraus, wie alles abgelaufen.«

Sie halten das natürlich für total verrückt, und das ist es ja auch. Aber bedenken Sie, da Sie im Phantasieren nun schon geübt sind, daß erst die imaginäre Zahl i (Leibnizens »wunderbare Bewegung des Heiligen Geistes«) den Palast der Mathematik vervollkommnet und Symmetrien in seiner Architektur hat sichtbar werden lassen, die vom nur-reellen Zahlenbereich aus betrachtet für immer verborgen geblieben wären. Es gibt eben Ideen, die wie Katalysatoren wirken.

16

Der Kosmos beherbergt Astralnebel, Fixsterne, Planeten, Monde, Kometen, Meteore, Kontinente, Gebirge, Meere, Inseln, Steine, Schafe, Hühner und Hosenknöpfe; Einzelteile, in die ein Automobil zerfällt; Organe, aus denen die Anatomie besteht; Zellen und Mikroben, die man unter dem Mikroskop sehen kann, Eiweißmoleküle, deren Strukturen die Röntgenbeugungsanalyse enthüllt, und noch vieles andere. Mit einem Wort: Mengen isolierter und isolierbarer Objekte, aus denen die Welt und alles, was in ihr ist, zusammengesetzt zu sein scheint. Nach vier Millionen Jahren Umgang mit diesen separierten und separierbaren Objekten, mit den einander stoßenden, anziehenden und umkreisenden Körpern der terrestrischen und Himmelsmechanik und den aus dieser Anschauung entwickelten allgemeinen Prinzipien der Physik hat der Mensch schließlich die Idee entwickelt, die augenscheinliche Auflösbarkeit der Welt in Teile und Teilchen auch in den Mikrokosmos und dessen tiefst- und innerstgelegene Räume voranzutragen; und das so lange, bis er schließlich dem fortgesetzten Teile- und Teilungsdenken den Begriff vom Unteilbaren entgegensetzen zu müssen glaubte. Schlußendlich steht der Mensch nun vor dem, was der Physiker in ihm den »Teilchenzoo« nennt: siebenundzwanzig fundamentale Teilchen, von teilweise so unterschiedlichen Eigenschaften, daß man wieder einmal sich der alten Gleichnisse bedienen und ausrufen möchte: aus jedem Dorf ein Hund...

Und mit den Kräften, die zwischen den Insassen des Zoos wirksam sind, verhält es sich nicht viel anders; deren gibt es mindestens vier: die schwache, die starke, die elektromagnetische und die Schwerkraft.

Haben wir also erkannt, was die Welt im Innersten zusammenhält?

An Flurbereinigungsversuchen fehlt es nicht. Vor allem der Versuch, die Gravitation in das übrige physikalische Weltbild einzubinden, spielt dabei eine wichtige Rolle. Eine Rolle, an der sich schon Einstein fast die Zähne ausgebissen hat...

Wie wäre es nun, wenn man die Teilchenvorstellung zumindest in den innersten Tiefen des Mikrokosmos aufgäbe? Bedeutete dies die Renaissance der Kontinuumstheorien? Tatsächlich gibt es heute mehrere Ansätze, die Partikelvorstellung, der immer noch etwas Statisch-Substantielles (um nicht zu sagen: Hosenknopfartiges) anhaftet, wenigstens teilweise aufzugeben.

Einen Schritt in diese Richtung geht die *Super-String*-Theorie nach Joel Scherk und John H. Schwarz. Sie ersetzt die konventionellen Punkt-Partikel der konventionellen Quantenfeldtheorie durch fadenartige Gebilde – eben die »strings«. Ihre Länge ist von der Größenordnung der Planck-Länge, nämlich zehn hoch minus fünfunddreißig Meter (eine Zahl mit 34 Nullen hinter dem Komma). Diese Fädchen können entweder offen oder geschlossen (ringförmig) sein, und mit ihnen glauben die Autoren und ihre Kollegen »fürs erste viele wichtige Ingredienzien für eine vereinheitlichte Quantentheorie an der Hand zu haben, die eine einheitliche Beschreibung aller Elementarteilchen und der zwischen ihnen wirkenden Kräfte ergibt«.

Eine andere Theorie wird von dem schon erwähnten Geoffrey Chew verfolgt. Er nennt sie »Bootstrap«, zu deutsch »Schnürsenkel«-Hypothese. Nach ihr soll der Urgrund alles Seins nicht von Objekten konstituiert sein, sondern von Ereignissen. Die Knotenpunkte eines Netzwerkes von Ereignissen, die wie Schnürsenkel ineinander verflochten sind, präsentieren sich als die in unsere Welt wirkenden Objekte. Die Ereignisse selber werden – oder wurden bisher – von dem aus dem Meso- in den Mikrokosmos hineinbeobachtenden Physiker als Reaktionen zwischen den von ihm bisher als primär angenommenen Objekten gedeutet.

Stellen Sie sich vor, Sie säßen in einem Motorboot. Solange Sie damit nicht fahren, werden Sie die Wellen auf der Stelle schaukeln und Sie werden das durchaus als einen mehr oder weniger angenehmen Vorgang, als ein *Ereignis* empfinden. Starten Sie jetzt aber den Motor und brausen mit Zwanzig-Knoten-Gleitfahrt über das Wellensystem, so wird nunmehr Welle um Welle steinhart gegen den Rumpf Ihres Wasserfahrzeuges schlagen und Sie werden diese Wellen, vordem noch als Ereignis empfunden, nunmehr durchaus als *Objekte* respektieren lernen. Die weitergesponnene Bootstrap-Philosophie leugnet die Existenz fundamentaler physikalischer Einheiten überhaupt und interpretiert das, was wir als solche bisher beobachtet und gemessen zu haben glaubten, als das Resultat gegenseitiger nur aufeinander bezogener Ereignisverknüpfungen. Man denkt an Arnold Schönbergs »Methode der Komposition mit zwölf *nur aufeinander bezogenen* Tönen«. Erfahren wir mit Bootstrap jetzt die Zwölf-Ton-Sphärenmusik des Mikrokosmos?

Während den Begriffen »string« und »Verknüpfung« wenigstens noch ein Rest Individuenqualität anhaftet, bricht die *holographische* Hypothese nach David Bohm auch mit diesem Rest radikal. Denn das Hologramm, beispielsweise eines Punktobjektes, ist ein codiertes Bild, das auf eine beliebig große Fläche verteilt sein kann, auch über eine, die sich über das ganze Weltall erstreckt. Ja, je größer die Hologrammfläche ist, desto schärfer und genauer ist das aus ihr rekonstruierte Punktobjekt. Mehrere, ja beliebig viele Hologramme können auf einer Fläche oder in einem Volumen aufgezeichnet werden, und ein Objekt kann in einem Hologramm derart verschlüsselt aufgezeichnet sein, daß es in der Rekonstruktion erst dann erscheint, wenn dieses Hologramm von einem zweiten beleuchtet wird. Erkennen Sie hier die Möglichkeiten der Ereignisverknüpfung? Lesen Sie weiter über die Holographie und ihre raumzeitliche Variante im nächsten (Science-fiction-)Kapitel »Monster Waves«.

An dieser Stelle muß nochmals an die Edward Fredkinsche Idee der Welt als eines riesigen Life Game gedacht werden, über die wir schon gesprochen haben. Hier ist von Substanz oder Kraft oder Energie überhaupt nicht mehr die Rede, vielmehr wird das gesamte Weltgeschehen aus einem Code abgeleitet, aus einer Formel, aus einem Wort (im Sinne der Informatik). Der Code regelt die Zustände einer sub-mikrokosmischen Raumzeit-Struktur und ihre gegenseitige Abhängigkeit. Aus einem (oder eben jenem) Wort, mit einem Wort, das am Anfang war:

»Alle Dinge sind durch dasselbe gemacht, und ohne dasselbe ist nichts gemacht, was gemacht ist«...

Übrigens: Erkennen Sie den Fortschritt, den das Denken zwischen dem fünften vorchristlichen und dem ersten nachchristlichen Jahrhundert

Fahrpläne

beschreiben die Bewegung von Objekten in Raum und Zeit. Der graphische Eisenbahnfahrplan zeigt die Fahrt eines Zuges von München nach Augsburg, wo er 5 Minuten hält und dann weiterfährt:

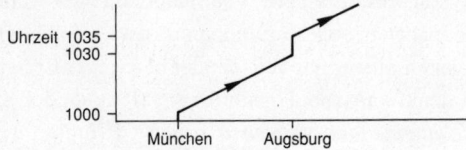

Das Feynmann-Diagramm zeigt die Bewegung elementarer Teilchen in Raum und Zeit sowie deren Reaktionen miteinander. Hier das Aufeinandertreffen eines Elektrons und eines Positrons. Sie vernichten einander und verwandeln sich dabei in zwei Photonen, die entsprechend dem Impulssatz (wie zwei Billiardkugeln) in entgegengesetzte Richtungen mit Lichtgeschwindigkeit davonfliegen. Mit dem nach unten weisenden Pfeil der Positronenbahn ist angedeutet, daß das Positron als Antiteilchen »in der Zeit zurückläuft«:

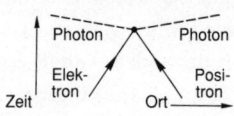

Das »Hosen-Diagramm« nach Schwarz zeigt die Vereinigung zweier Superstrings zu einem Einzigen:

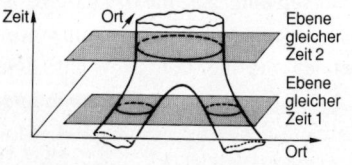

Das S-Matrix-Diagramm der Chewschen Bootstrap-Hypothese repräsentiert keinen Raum-Zeit-Fahrplan mehr, sondern eine symbolische Darstellung von Teilchenreaktionen im Impulsmaß der ein- und auslaufenden Teilchen. Der Kreis steckt den Heisenbergschen Unschärfebereich ab. Hier kollidieren zwei Teilchen Romeo und Julia und gehen als neue Elementarteilchen Abaelard und Heloise aus der Reaktion hervor:

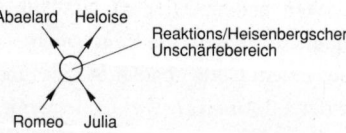

Preisfrage: Welche dieser Teilchen sind Antiteilchen?

Antwort: Romeo und Julia (um 1450) sind Antiteilchen, weil sie, um Abaelard und Heloise (1079-1142) hervorbringen zu können, in der Zeit zurücklaufen müssen.

gemacht hat? Dort die materiellen Demokrit-Leukipp-Epikureischen Häkchen, hier der Vorstoß zur totalen Abstraktion, die Johanneische Rückführung des Weltenurgrundes auf das Wort. Computerfreaks würden sagen: Ersatz der Hardware durch die Software...

17

Ist die Physik am Ende? Wird der 27 Kilometer lange LER-Tunnel in Genf zum Weinkeller und werden die CERN-Physiker stempeln gehen müssen?

Keine Sorge!

Ich glaube, dazu ist, um mit Bert Brecht zu sprechen, »der Mensch nicht schlau genug«. Aber wie schlau ist er wirklich?
Lassen wir zu diesem heiklen Thema den amerikanischen Mathematiker Michael Guillen zu Worte kommen:

»Noch näher an die Grenze unserer Denkfähigkeit stoßen wir im Schachspiel.... Das Schachspiel hätte nicht eine solche überschwengliche Wertschätzung und Aufmerksamkeit in einer Spezies Mensch erlangt, welche die optimale Strategie herausgearbeitet hätte. Für eine Trans-Schach-Spezies wäre das Schachspiel so trivial, wie Tick-Tack-Toe es für uns ist. Trans-Schach-Spieler wüßten im voraus, welcher spezifische Zug aus den Milliarden von Milliarden möglicher Züge ausgewählt werden müßte, um ein vorhersagbares Ergebnis zu erzielen –... Wir könnten eine sehr genaue Vorstellung von unserer Position auf der theoretischen Skala der Denkfähigkeit bekommen, wenn wir uns eine gründliche Übersicht der Spiele beschaffen, die uns reizvoll und nicht reizvoll erscheinen. Auf der Grundlage der wenigen Beobachtungen jedoch kann man schätzen, daß die Grenzen unserer Denkfähigkeit als Spezies irgendwo zwischen den Grenzen des Schach- und Damespieles liegen.«
Nicht so trivial ist es, zu einer sub-mikrokosmischen Ebene vorzustoßen, wie etwa Edgar Fredkin sie sich vorstellt. Sieht sich da der Homo sapiens Schach '88 nicht in einer ähnlichen Lage wie der Fischer, dem die Aufgabe gestellt ist, aus den Bewegungen der Fische auf die Zusammensetzung der Eiweißkörper zu schließen, aus denen die Fische gemacht sind?
Wird es dereinst einen »Homo sapiens trans-Schach« geben, für den diese Aufgabe ebenso trivial ist wie heute Schwarzer Peter?

Der kurze Zwischentext...

...ist, weil ein langer Zwischentext für das jetzt folgende kurze Kapitel zu lang wäre, wirklich kurz und damit auch schon beendet. Lesen Sie gleich weiter!

Das kurze Kapitel

Es gibt *eine offizielle kopernikanische Wende.* Sie beruht auf der Erkenntnis, daß sich nicht die Sonne um die Erde, sondern die Erde um die Sonne drehe. Für diese Selbstentthronung, für dieses gigantische Opfer der Erde als Mittelpunkt des Universums wurde die Menschheit, soweit sie sich für Mathematik interessiert, reichlich belohnt: denn was zuvor ein unentwirrbar kompliziertes und verschlungenes Bild der Bewegungen am Firmament ergab, stellte sich jetzt als von einfachster und schönster Harmonie kreis- und ellipsenförmiger Planetenbahnen heraus. Johannes Kepler konnte ihre wunderbaren Gesetze enthüllen und Isaac Newton die Mechanik begründen. Und alles nur als Folge eines Standpunktwechsels...

Inoffiziell wird Einsteins Relativierung des Raumes und der Zeit gelegentlich als *zweite* kopernikanische Wende bezeichnet. Eine *dritte* Wende stünde uns ins Haus, wenn die Subnuklearphysiker auf ihrem Marsch ins Innere der Materie die Bodenlosigkeit des Unterfangens erkennen, aus Astronomie und der Mechanik starrer Körper abgeleitete Teilchenbilder nicht immer noch auf immer noch Kleineres, besser gesagt Inneres anwenden und statt dessen lieber Raum-Verhaltensforschung betreiben würden, in welcher Weise auch immer; Einstein, wie schon öfter zitiert, hat das ja schon versucht.

Ich hätte aber noch eine vierte kopernikanische Wende anzubieten!

Der Mensch, der sich selbst zum Homo sapiens gekrönt hat, wundert sich immer wieder, daß – trotz angeblich unausgesetzter Anwendung von Weisheit – alles immer wieder schief läuft und seine Geschichte eine einzige Aneinanderreihung von Katastrophen ist. Die größte steht uns noch bevor.

Nichts ist, unter Anwendung der kopernikanischen Methode, einfacher als die Lösung dieses Dilemmas: drehen wir doch ganz einfach den Standpunkt um! Wechseln wir das Attribut! Bezeichnen wir uns nicht länger als Homines sapientes sondern als Homines stupidi! Als dumme Menschen! Opfern wir den scheinheiligen Heiligenschein der Weisheit, bekennen wir uns schlicht zur Dummheit! Dann wird mit einem Schlage alles sonnenklar. Dann müssen wir nicht über jede Katastrophe die

Hände über dem Kopf zusammenschlagen, sondern erkennen sie als einfache, logische und selbstverständliche Folge unserer Dummheit. Und kommen so mit der Welt und mit uns ins Reine und in Frieden! Daß es einige Glücksfälle gegeben hat in der Entwicklung der Menschheit, braucht uns und unsere Theorie nicht zu stören. Solche von blinden Hühnern immer wieder gefundene Körner sind ganz normal, sind die immer wieder vorkommenden Ausnahmen von der Regel.

Originalton Albert Einstein: »Zwei Dinge sind unendlich, das Universum und die menschliche Dummheit – aber beim Universum ist das noch nicht ganz sicher.«

Den Managern, Direktoren, Aufsichtsräten, Generälen, Ministern, Kanzlern und Präsidenten sowie allen übrigen Insassen des Narren-Raumschiffes Erde ins Stammbuch geschrieben...

Corollar

zum kurzen Kapitel. Sarah Churchill, Schauspielerin, Tochter des gro-
ßen britischen Staatsmannes, über denselben: »Mein Vater, Winston
Churchill, sagte einmal zu mir, es sei uns zivilisierten Menschen zwar
gelungen, das Raubtier in uns auszuschalten, nicht aber den Esel.«

✳

Themenwechsel. Haben Sie eigentlich Angst? Schreckt Sie das Vakuum,
das unsere Erde umgibt, die bodenlose Schwärze, in die Ihr Blick durch
den glitzernden Nachthimmel hindurch fällt, die Leere, aus der Sie
kommen, in die zu gehen Sie vermeinen? Bedrückt Sie die Rolle des
»Zigeuners am Rande des Universums«, zu der Jacques Monod uns so
gerne verurteilt sehen möchte? Ängstigt Sie das unaufhaltsame Näherrük-
ken der schwarzen Wand, durch die wir alle gehen müssen, die Stunde der
großen Durchtunnelung, der Moment des Bewußtseinsverlustes, das
Aufhören von Raum und Zeit, das Eintauchen in ein furchterregend
Unbekanntes?
Sehen Sie mit Sorge die Weltentwicklung (die in zwanzig Milliarden
Jahren gleichwohl ein Ende hat, so oder so) und in ihr das Werken und
Wirken der Spezies, der als Individuum Sie selber angehören? Haben Sie
das Gefühl, am Vorabend eines gewissen Tages zu leben, haben Sie
gewissermaßen ein Vorabendgefühl?

Wenn schon...

Fürchten Sie sich wirklich vor Monods Zigeuner? Ich glaube eher an ein
tragisch-heroisches »feeling« des Nobelpreisträgers, das ihm beim Schrei-
ben seines berühmten und brillanten Buches arg in die Feder geflossen ist.
Ich denke lieber an das anthropische Prinzip Brandon Carters und
anderer, demzufolge das Universum so beschaffen sein muß, »daß es
irgendwann bewußte Wesen in sich einläßt«, daß es mit anderen Worten
nur für uns bewußte Wesen geschaffen ist. Ich denke lieber an die
Verwirklichung von Allmacht durch grenzenlose Vielfalt. Was mich
tröstet, ist nicht irgendein fester Boden, auf dem ich stehe (und auf nichts
weiter), und von dem ich mich fragen müßte, an welchem Ort und in

welcher Höhe er angebracht und aus was für einem Material er gefertigt ist; nein, was mich tröstet, ist gerade die Bodenlosigkeit meiner Existenz, ist die in Raum und Zeit unauslotbare, nicht enden wollende Tiefe, in der mein Sein wurzelt, und in die sich mein Sein wunderbar öffnet. Und das ist keine mystische, sondern eine naturwissenschaftliche Erkenntnis; nicht Prophetie, sondern Physik!

Wovor haben Sie noch Angst, Zeitgenosse? Denken Sie an Franz Kafkas armen Mann vom Lande, an sein aus Angst vor dem Schritt durch das Tor des Gesetzes vertanes Leben. Worauf warten Sie? Durchschreiten Sie die einzig und allein für Sie geöffnete Tür! Werfen Sie allen sogenannten Ernst des Lebens über Bord und nehmen Sie in heiterer Gelassenheit das Universum in Besitz, das einzig und allein für Sie geschaffen ist.

In den beiden nächsten Kapiteln durchschreiten wir das Tor zum Science-fiction-Land. Fröhliche Wanderschaft!

Monster Waves

1

»Die See aller Seen. Es gibt noch andere Bezeichnungen dafür –
›gelegentliche Monstersee‹, ›abnorme See‹ oder ›katastrophale See‹.
Selbst die sonst so nüchternen Seehandbücher der Admiralität weisen in
düsterem Ton auf die Existenz von ›Riesenseen‹ hin, doch lassen sie uns
über deren etwaige Höhe beharrlich im Dunkeln und geben auch
keinerlei Winke, wie man sich diesen Monstren gegenüber verhalten
soll.

Wir müssen uns darunter eine Welle vorstellen, die in Höhe und Gestalt
in der Weise von der Norm abweicht, daß sie Schiffen aller Größen in
besonderem Maße gefährlich wird. Es besteht kein Zweifel über die
Existenz solcher Wellen, obwohl man mit ein bißchen Glück ein Leben
auf See verbringen kann, ohne einer zu begegnen.«

Das sind die einleitenden Sätze einer Abhandlung des Kapstädter
Sportseglers Frank Robb über eines der gefährlichsten, aber Gott sei
Dank doch recht seltenen Phänomene in der Mechanik der Meeresober-
fläche. Diese Monsterseen kommen in weiträumigen Seegebieten, vor
allem im Stillen Ozean, anscheinend aus dem Nichts, laufen mit der im
Vergleich zu Schiffsbewegungen rasenden Geschwindigkeit von sechzig
und mehr Stundenkilometern viele viele Meilen mit zerstörender Wucht
dahin, um wiederum in das Nichts zu entschwinden oder an einer sich in
den Weg stellenden Küste zu zerschellen. Und sie sind, wiederum Gott
sei Dank, Unikate. Sie kommen grundsätzlich als Einzelgänger wie
Steppenwölfe und haben weder Vorgänger noch Nachfolger. Wenn Sie,
Sportfreund, einmal eine »abgewettert« haben sollten, so dürfen Sie die
Sache mit an Sicherheit grenzender Wahrscheinlichkeit als ausgestanden betrachten. So steppenwölfisch ist die Monstersee ...

Wie aber entsteht die Monster Wave?

Jean Baptiste Joseph Baron de Fourier

2

Lassen Sie mich fürs erste das Thema wechseln und kurz die Lebensge-
schichte eines Mannes erzählen, dessen Werk für die Wissenschaft und
Technik gerade unseres Jahrhunderts von allergrößter Bedeutung
geworden ist. Von Jean Baptiste Joseph Baron de Fourier soll die Rede
sein, geboren 1768 in Auxerre (Yonne) als Sohn eines Schneiders. Mit
dreizehn Jahren entdeckte er die Mathematik, wurde Lehrer in Auxerre
sowie, einem Zug der Zeit gehorchend, Jakobiner und engagierte sich
als solcher derart für die Sache der Gerechtigkeit und gegen die Sache
der Korruption, daß er gleich zweimal zum Tode durch die Guillotine
verurteilt wurde. Das erste Mal unter Robespierre und das zweite Mal,
nachdem dieser selbst dem Fallbeil zum Opfer gefallen war, weil er ein
Parteigänger des Jakobiners oder sogar selber Jakobiner gewesen war.
Beide Male, dem Wandel der Zeiten zufolge, gerade noch davon
gekommen, entdeckte Napoleon seine herausragende Qualifikation
nicht nur als Naturwissenschaftler, Mathematiker und Ingenieur, sondern auch als Organisator und Politiker und schickte ihn zuerst nach
Ägypten und sodann als Gouverneur des Departments Isère nach
Grenoble. Doch weder das Dasein unter zwei äußerst locker sitzenden
Fallbeilen, noch die ägyptische Expedition, noch die Regierungsaufga-
ben von Isère – Reorganisation der verlotterten Verwaltung, Schulen,
Straßen, Trockenlegung von Sümpfen und nicht zuletzt die gesellschaft-
liche Repräsentation –, erschöpften sein kreatives Genie und die Lei-
denschaft, Naturwissenschaftler zu sein.
Im Zusammenhang mit der Erforschung der Wärmeleitung machte er
eine der wichtigsten mathematischen Entdeckungen und präsentierte
sie am 21. Dezember 1807 dem *Institut de France*. Bevor wir darauf
eingehen, noch kurz der Schluß: von Napoleon geadelt, mußte er nach
dem Ende des Kaiserreiches zwangsweise in öffentliche Ungnade fallen
und somit ein drittes Mal die Politik am eigenen Leibe verspüren. Ein
drittes Mal rehabilitiert, Mitglied der *Academie des Sciences,* starb Jean
Baptiste Joseph Baron de Fourier 1830 in Paris.

3

Und hier Jean Baptiste Joseph Baron de Fouriers großartige mathematische Entdeckung:
Nicht nur die Materie läßt sich auf letzte unteilbare Einheiten zurückführen, sondern auch ganz allgemein Gestalten, Formen, Bilder,

Muster, Vorgänge, Ereignisse. Nehmen wir als eines der einfachsten Linienmuster den Mäander:

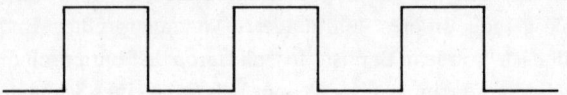

Wie würden Sie einem Gesprächspartner am Telephon dieses Muster beschreiben? Etwa so: An eine senkrechte Gerade von einem Zentimeter Länge schließt sich eine waagrechte Gerade, die ebenfalls ein Zentimeter lang ist, daran wieder eine senkrechte ein Zentimeter lange Gerade und so fort? Oder so: Das Muster besteht aus aneinander anschließenden Quadraten, denen abwechselnd eine obere und eine untere Seite fehlt?

Das ist alles recht umständlich und wenig elegant. Fourier hingegen fand die allereleganteste Art, dieses Muster (und nicht nur dieses; praktisch alle und, wie wir sehen werden, noch viel mehr) zu beschreiben, indem er die Muster*elemente* aufspürte, aus denen es zusammengesetzt ist. Wir haben diese Elemente im ersten Kapitel kennengelernt. Es sind die Erscheinungen, die Bewegungen, die Linien und Kurven, die Schwingungen, die entstehen, wenn die Zahlen verrückt spielen und die Natur anfängt zu swingen – die harmonisch-periodischen Muster:

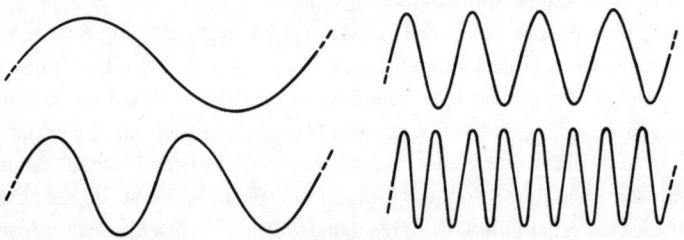

die allen harmonischen Schwingungsvorgängen (der Pendelbewegung, den Wellen des Wasser, des Schalles, des Lichtes) zugrundeliegen. Wenn man die harmonische Wellenlinie in den Mäander einzeichnet, hat man mit ihr bereits ein erstes Grundelement des Rechteckmusters gefunden:

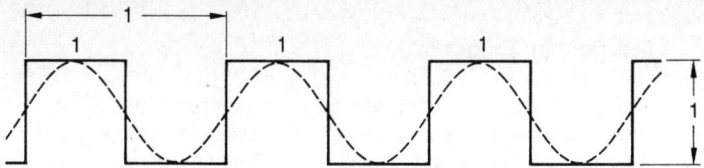

Eine bessere Annäherung an die Kastenform entsteht, wenn man dem ersten wellenförmigen Formelement ein zweites von *dreifacher* Wellenzahl aber nur einem Drittel der Wellenhöhe (mit negativem Vorzeichen) hinzufügt; dadurch entsteht auf den runden Kuppen eine Eindellung und die Flanken werden etwas aufgesteilt:

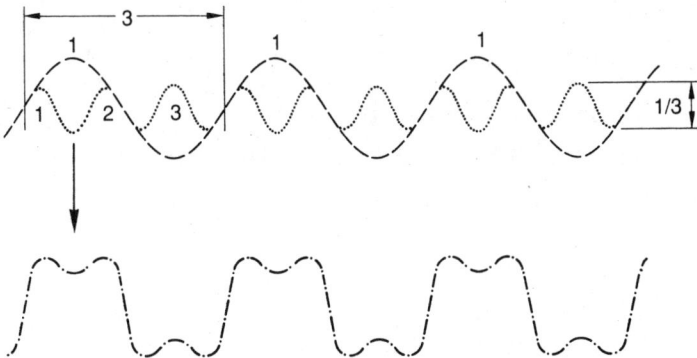

Eine weitere Annäherung an die Mäanderlinie erhält man durch Hinzuzählung eines Wellenmusters von *fünffacher* Wellenzahl und einem Fünftel der Wellenhöhe:

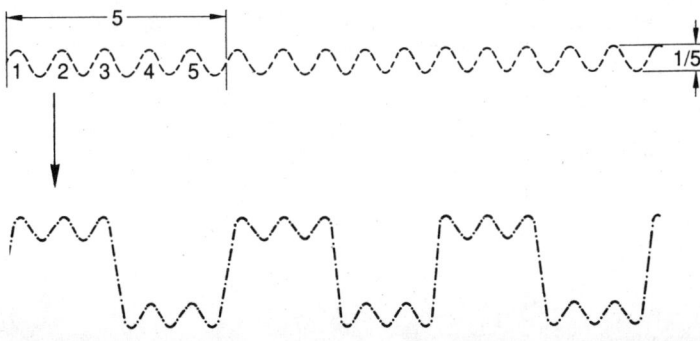

Das Fourier-Theorem...

besagt, daß sich (mit ganz wenigen Ausnahmen) jedes räumliche Muster und jeder zeitliche oder raumzeitliche Vorgang als Summe von Sinus- und/oder Cosinus-Funktionen darstellen läßt:

Muster/Vorgang =
$$A_0 + A_1 Sin(1 \cdot X) + A_2 Sin(2 \cdot X) + A_3 Sin(3 \cdot X) + \ldots$$
$$B_0 + B_1 Cos(1 \cdot X) + B_2 Cos(2 \cdot X) + B_3 Cos(3 \cdot X) + \ldots$$

Wobei X eine Ortskoordinate oder die Zeit sein kann und A sowie B konstante Zahlen, die positiv, negativ oder auch Null sein können.

Man nennt die aufsteigende Zahlenreihe 2, 3, 4, . . . N die »höheren harmonischen« der Grundfrequenz 1; in der Musik werden sie als Obertöne bezeichnet.

Die Fourier-Reihe des quadratischen Mäanders lautet

Mäander $(X) = Cos(1 \cdot X) - (1/3) \cdot Cos(3 \cdot X) + (1/5) \cdot Cos(5 \cdot X)$
$$- (1/7) \cdot Cos(7 \cdot X) \ldots \text{ad infinitum}$$

Und die des Sägezahnes:

Sägezahn $(X) = Sin(1 \cdot X) - (1/2) \cdot Sin(2 \cdot X) + (1/3) \cdot Sin(3 \cdot X)$
$$\ldots \text{ad infinitum.}$$

Der Rechteckimpuls hat die Reihe:

Rechteckimpuls $(X) = C/2 + (1/1) \cdot Sin(1 \cdot C) \cdot Cos(1 \cdot X)$
$$+ (1/2) \cdot Sin(2 \cdot C) \cdot Cos(2 \cdot X)$$
$$+ (1/3) \cdot Sin(3 \cdot C) \cdot Cos(3 \cdot X)$$
$$+ \ldots \text{ad infinitum}$$

Wobei C Breite des Impulses ist. Je schmaler die Impulse sind und je weiter sie auseinanderliegen, desto mehr Oberfrequenzen benötigt man zu ihrer formgetreuen Darstellung, bis schließlich der Einzelimpuls (dessen Nachbarn in unendliche Ferne gerückt sind) durch ein lückenloses (kontinuierliches) Frequenzband repräsentiert wird. Damit geht die Fouriersche Summe in das Fouriersche Integral über.

und Sie sehen schon, wohin das führt: dem im ersten Kapitel abgehandelten »Kristall der irrationalen Zahl« ähnlich, läßt sich der Mäander aus einer Summe unendlich vieler harmonischer Formelemente aufbauen mit folgender Gesetzmäßigkeit:

Wellenzahl 1 3 5 7 9...

Mäander = Summen aus Elementarwellen mit

Wellenhöhe 1 $-\frac{1}{3}$ $\frac{1}{5}$ $-\frac{1}{7}$ $\frac{1}{9}$...

Aber nicht nur der Mäander! Die großartige Leistung Fouriers ist es, gezeigt zu haben, daß jede beliebige Form sich nach dem Baukastenprinzip aus harmonischen Formelementen aufbauen läßt, wobei jeweils nur die Abfolge der Wellenzahlen (Frequenz) und der zugehörigen Wellenhöhen (Amplitude) verschieden ist. So setzt sich der Sägezahn

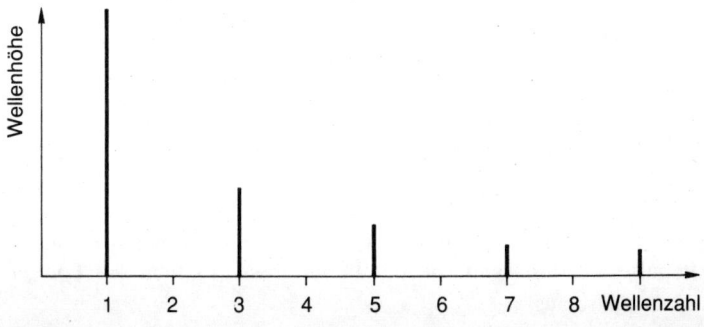

wie folgt zusammen:

Wellenzahl 1 2 3 4...

Sägezahn = Summe aus Elementarwellen mit

Wellenhöhe 1 $-\frac{1}{2}$ $\frac{1}{3}$ $-\frac{1}{4}$...

Man nennt obige Zahlenreihen nach ihrem Entdecker Fouriersche Reihen. Die genauere mathematische Schreibweise nebst weiteren Beispielen finden Sie im Bild auf Seite 214. Die Fourier-Reihe läßt sich auch graphisch veranschaulichen, indem man über den horizontal aufgetragenen Frequenzen die Amplituden einzeichnet:

Man spricht von einem solchen Bild als von einem Fourier-Spektrum. Mit Hilfe des Fourier-Spektrums lassen sich beliebige periodische Formen und Vorgänge beschreiben, wobei als eherne Regel gilt: je höhere Wellenzahlen für den Aufbau herangezogen werden, desto ähnlicher wird die Nachbildung dem Original, desto schärfer werden die Kanten und desto spitzer die Spitzen (so vorhanden). Die vollkommene Gleichheit ist erreicht – wie könnte es anders sein im Umgange mit »höherer« Mathematik –, sofern unendlich viele harmonische Formelemente mit im Grenzfall unendlicher Wellenzahl und verschwindender Wellenhöhe eingesetzt werden. Was aber hat das mit der Ungeheuer-Welle zu tun, die selbst größten Schiffen gefährlich wird, dafür aber Gott sei Dank recht selten vorkommt?

4

Also: Der Begriff »Welle« ist ja schon ins Spiel gebracht. Sie werden einwenden, es handle sich aber bei der Monster Wave als seltene Einzelerscheinung ja gerade *nicht* um ein Wellenphänomen im periodischen Sinne. Stimmt! Wir stehen daher vor der Aufgabe, den Übergang von periodischen Mustern zu sich nicht wiederholenden Figuren zu finden.

Sehen Sie sich einmal das nicht-quadratische Mäander- oder *Impuls*-Muster an, sowie das Spektrum der Wellenzüge, aus dem es sich aufbauen läßt:

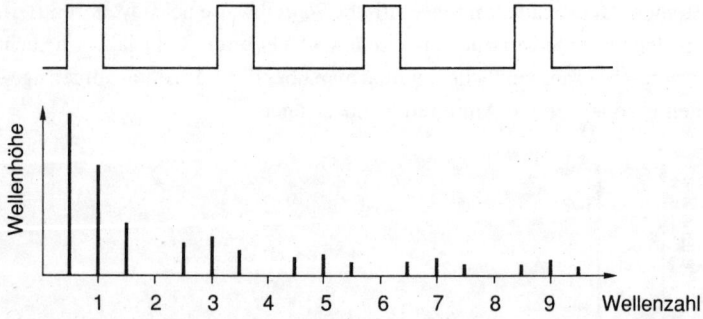

Geht man einen Schritt weiter und erhöht den Abstand der Rechteck-Impulse auf das Achtfache der Impulsbreite, so sieht das Fourier-Spektrum so aus:

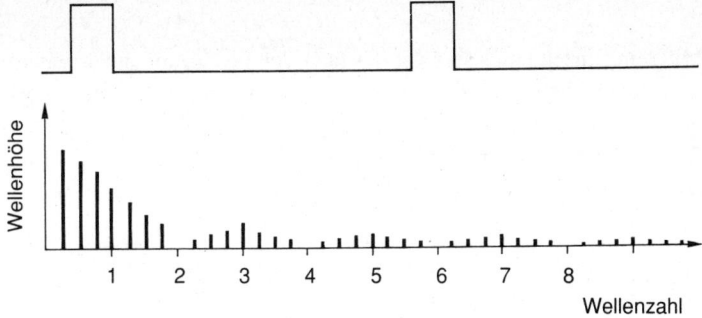

Sie erkennen, daß viele Wellen von kleiner Wellenzahl und geringerer Wellenhöhe erforderlich sind, um dieses Muster aufzubauen. Verdoppelt man den Impulsabstand abermals (auf das Sechzehnfache), dann reicht die Zeichengenauigkeit kaum mehr zur Visualisierung des Fourier-Spektrums aus:

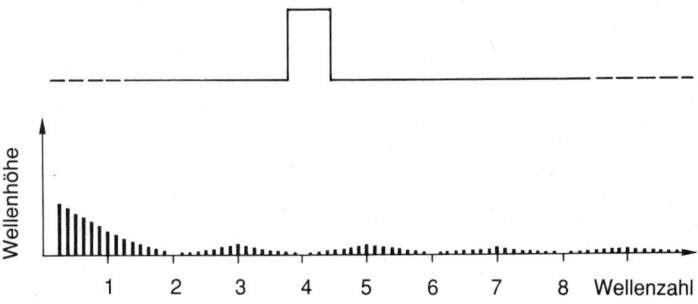

Was aber passiert, wenn man den Impulsabstand über alle Maßen anwachsen, den linken wie den rechten Nachbarimpuls ins Unendliche rücken läßt? Dann reduziert sich das periodische Muster auf den *Einzelimpuls* und die Wellenzahlen rücken so eng zusammen, daß das bisherige Fourier-Spektrum einzelner Wellenzahlen in das *kontinuierliche* Fourier-Spektrum übergeht. Am Aufbau des Einzelimpulses sind demnach unendlich viele und unendlich lange Wellenzüge beteiligt, deren Wellenzahlen unendlich nahe beisammenliegen. Der Einzelimpuls wird daher nicht mehr mit Hilfe der aus Einzelsummanden bestehenden Fourierschen Reihe, sondern durch die über alle möglichen Frequenzwerte gleitende Summe, das Fourier-Integral beschrieben.

5

Mit dem Einzelimpuls sind wir der über den Pazifik rollenden Einzel-Monster-Welle schon recht nahe gekommen. Wir müssen jetzt nur noch die Dimension »Zeit« ins Spiel bringen. Stellen Sie sich zu diesem Behufe vor, der Einzelimpuls bewege sich über das Papier – so haben Sie den Löwenanteil an Imaginationsarbeit bereits geleistet:

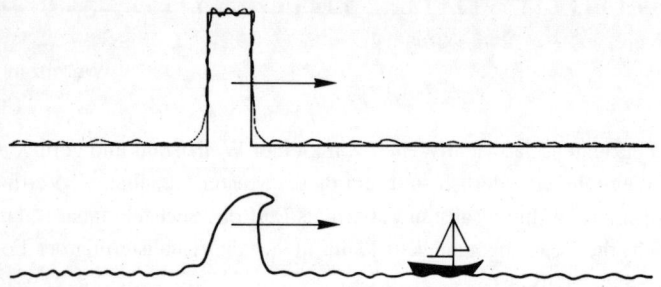

Resultat: Die Ungeheuer-Welle als über den Ozean dahintobender einzelner Wellenberg von impulsartiger Gestalt – Frank Robb: – »...die Vorderkante der Welle erschien als *senkrechte* Wasserwand;...« – ist das Ergebnis einer Überlagerung unzähliger kleiner quasi-unendlich (Pazifik-Ausmaße) langer Wellenzüge verschiedenster, zahlenmäßig dicht (quasi-unendlich dicht) beieinander liegender Frequenzen. Ein dauernd vorhandenes, an sich verhältnismäßig harmloses Wellensystem läßt durch gegenseitige »Aufschaukelung« (geeignete Phasenlage der Wellen zueinander) das bösartige Unikat der Monster Wave entstehen. Ein in Raum und Zeit (quasi) endloser und (quasi) unveränderlicher Zustand gebiert ein einzigartiges Einzelereignis. Zustand erzeugt Ereignis. Unendlichkeit und Ewigkeit manifestieren ein endliches, einmal entstehendes, seiendes und wieder vergehendes Phänomen. Abspaltung von Vergänglichem aus Ewigem!

6

Wer fürchtet sich vor Jean Baptiste Joseph Baron de Fourier? Haben Sie Schwierigkeiten mit dem Fourier-Theorem? Keine Angst! Sie selber sind regelmäßig Zeuge seiner Existenz, ja sie benutzen es wahrscheinlich täglich zur Hebung Ihrer ästhetischen Lebensqualität. Die oben gezeigten graphischen Muster implizierten zunächst die räumliche oder die flächenhafte Interpretation des Theorems, und erst mit der Monster Wave hatten wir einen Blick in die Zeitdomäne geworfen. Sie liegt der Alltagserfahrung sogar näher und zwar im Bereich der Akustik. Jedermann weiß, daß Geräusche und Töne, Sprache und Musik aus einer Vielzahl von Schwingungen zusammengesetzt sind, die als nicht weiter zerlegbare Elemente die *Sinustöne* enthalten, ein Begriff, der jedem HiFi-Fan vertraut ist. In unserer Zeit verlassen sich manche Musiker auch nicht mehr ausschließlich darauf, was Geige und Trompete eben so hergeben, sondern setzen sich ihre eigenen Töne mit Hilfe des Synthesizers zusammen; mit mehr oder weniger Geschick, wie wir wissen. Auch kennt man die vollsynthetische elektronische Musik, wie Karlheinz Stockhausen sie geschaffen hat. Sicher ist ihnen der Begriff »High Fidelity« für die besonders originalgetreue Wiedergabe von Musik über einen elektronischen Kanal geläufig. Im High-Fidelity-Modus müssen tiefste und höchste Schwingungsanteile völlig verzerrungsfrei übertragen werden. Was wir oben als essentiell für die getreue Synthese von Kanten und Spitzen in bildhaften Mustern erkannt haben, nämlich das Einbringen von Wellenelementen mit *hohen* Wellenzahlen, ist für die HiFi-Wiedergabe voll gültig. So war die klanggetreue Radioübertragung von Musik auf dem Cembalo mit dessen charakteristisch-scharfen Anschlägen erst mit Einführung des UKW-Rundfunks möglich, der mit seiner hoher Trägerfrequenz die ungedämpfte Übertragung auch der obertonreichen Schwingungen ermöglicht, die zur Wiedergabe der Anschlagsschärfe des Cembalos unerläßlich sind.

Mit dem Equalizer, den Schieberegistern, über die heute schon viele Recorder und Radiogeräte verfügen, ist es dann möglich, einzelne Schwingungsbereiche anzuheben oder zu dämpfen, um den Klang den Übertragungs- und Hörraumverhältnissen, sowie dem persönlichen Geschmack anzupassen.

7

Ein weiteres Beispiel für die Zerlegung eines Objektes in Fourier-Komponenten, diesmal wiederum (zunächst) im Ortsbereich, sowie für die Synthese eines Objektes aus Fourier-Komponenten bietet die *Holographie*. Voraussetzung hierfür ist die Beleuchtung des Objektes mit kohärentem Licht, das heißt mit Licht, das aus einem einzigen zusammenhängenden Wellenzug besteht. Licht dieser Art liefert der Laser. Ein Hologramm der allgemeinen Art entsteht dadurch, daß das von dem zu holographierenden Objekt reflektierte, einfarbige, kohärente Laser-

Das Hologramm ...

eines einzigen Bildpunktes ist das Überlagerungs-(Interferenz-) Muster der von diesem Bildpunkt ausgehenden Lichtwelle mit einer Referenzwelle, nämlich ein Fresnelsches Zonenlinsensystem, in dem alle Ortsfrequenzen von Null bis (theoretisch) unendlich enthalten sind:

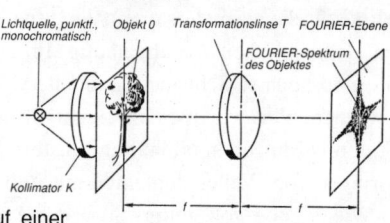

haft faszinierendes räumliches Bild des Objektes! Das ist es ja, was die Holographie – eine ansonsten eher brotlose Kunst – so berühmt gemacht hat.

Ein Fourier-Hologramm entsteht, wenn zwischen dem mit parallelem Licht beleuchteten Objekt und der Photoplatte eine Sammellinse so angebracht wird, daß Objekt und Photoplatte in der vorderen bzw. hinteren Brennebene der Linse zu liegen kommen.

Lichtquelle, punktf., monochromatisch   Objekt 0   Transformationslinse T   FOURIER-Ebene F

FOURIER-Spektrum des Objektes

Kollimator K

Bei Beleuchtung des auf einer Photoplatte aufgenommenen Zonenlinsenmusters konzentriert dieses das Licht in einen Punkt und läßt somit ein Bild des Objektpunktes entstehen:

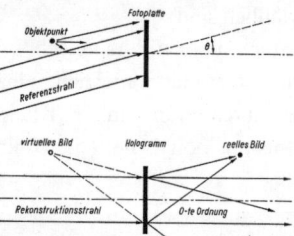

Das Hologramm eines gegenständlichen Objektes besteht aus der Überlagerung der Menge aller Objektpunkt-Zonenlinsen, in der die einzelne Zonenlinse als solche nicht mehr kenntlich ist. Nichtsdestoweniger entsteht bei Beleuchtung derselben ein wahr-

Auf der Photoplatte entsteht dann direkt ein zweidimensionales Fourier-Spektrum des Objektes, wobei die Wellenhöhen der einzelnen Fourier-Wellenkomponenten als verschieden starke Schwärzungen der Photoplatte erscheinen. Untenstehende Bilder zeigen die Fourier-Spektra A von Druckschrift, B einer Strichzeichnung und C eines Portraits.

A

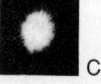

B

C

licht auf einer Photoplatte aufgefangen wird, die zusätzlich mit einem direkt auf sie gerichteten, gleichartig einfarbig und kohärentem Laserlichtbündel belichtet wird. Diese Zusatzbelichtung gerät mit dem vom Objekt kommenden Licht in eine Art von Resonanzzustand, der als *Interferenz* bezeichnet wird, was folgenden Effekt zur Folge hat: das von jedem Punkt des Objektes kommende Licht bildet mit der Zusatz-(oder Referenz-)Belichtung auf der Photoplatte ein periodisches Streifensystem (Interferenzstreifen), das als eine Fouriersche *Elementarwelle* angesehen werden kann. Da ein Objekt aus einer unzähligen Menge von Objektpunkten besteht, bildet sich so auf der Photoplatte ein Gewirr ebenfalls unzählbarer Interferenzwellen, in denen das Bild des Objektes gespeichert ist. Wird die Photoplatte entwickelt, so ist zunächst nur einheitliche Schwärzung sichtbar. Erst unter dem Mikroskop könnte man die Interferenzmuster sehen. Beleuchtet man die Platte mit Laserlicht, so beugen die aufgezeichneten Interferenzmuster das Laserlicht in der Weise ab, daß daraus wieder das räumliche Bild des Objektes entsteht. Im Hologramm sind demnach die Bilder nicht bildpunktweise gespeichert wie auf einer herkömmlichen Photographie, sondern in Form ihrer Fourier-Komponenten.

Eine besondere Art des Hologrammes repräsentiert das nach unserem Jean Baptiste Joseph Baron De selber benannte Fourier-Hologramm. Bringt man zwischen dem zu holographierenden Objekt und der Photoplatte eine Sammellinse so an, daß die Photoplatte in der Brennebene der Linse steht, so wird das Licht von der Linse in so besonderer Weise gesammelt, daß auf der Photoplatte das Fourier-Spektrum direkt entsteht (siehe Bild Seite 220). Das Fourier-Hologramm hat noch eine Besonderheit von praktischer Bedeutung: gewinnt man daraus das ursprüngliche Bild zurück, was einfach durch Umkehrung des Strahlenganges geschieht, so ist es gleichgültig, wo das Hologramm im Strahlengang steht: das rekonstruierte Bild steht immer an derselben Stelle, seine Lage ist invariant gegen Verschiebung des Fourier-Hologrammes in der Brennebene der Linse! Aus dieser Eigenschaft haben mein Kollege John Greenway und ich Ende der sechziger Jahre unabhängig voneinander eine Methode zur Fernsehaufzeichnung mit kontinuierlich durchlaufendem Film erfunden, statt die Bilder ruckartig wie bei der herkömmlichen Kinematographie aufzunehmen. Die damit wiedergegebenen Phasenbilder gehen überblendungsartig ineinander über. Das ermöglicht, neben anderen Vorteilen, eine leicht an jede Fernsehnorm anzupassende und flimmerfreie Filmwiedergabe.

Theoretisch könnte man nun einen ganzen aus einzelnen Fourier-Hologramm-Phasenbildern bestehenden Film auf eine einzige Photoplatte holographieren und hätte dann – als Hologramm vom Hologramm – Ereignisse in Raum und Zeit in einer Summe jeweils einheitlicher Elementarwellenzüge (Interferenzstreifensysteme) aufgezeichnet. In zwei der vorangegangenen Kapitel sind wir schon auf David Bohm gestoßen, der sich mit ähnlichen Gedanken trägt und daran arbeitet, die subatomare Wirklichkeit mit ihren wahrhaft komischen Effekten (siehe ERP) unter dem Aspekt holographischer Modellvorstellungen zu beschreiben.

Eine andere verwandte Idee möchte ich Ihnen, da Sie mit mir treulich bis hierher gefolgt und den Parnaß der Holographie erklommen haben, zu einer dieses Kapitel abschließenden Meditation überlassen. Kehren wir für diesen Zweck zur Titelfigur, zur Monster Wave, zurück.

Im Vergleich zur wahrscheinlichen Länge einer solchen Welle – sicher nicht länger als hundert Meter – repräsentieren Atlantik wie Pazifik die (quasi-)Unendlichkeit. (Die Vorsilbe »quasi« soll andeuten, daß manche Zahlen in unserer Betrachtung, insbesondere aber die Infinitesimalzahlen *cum grano salis* hinzunehmen sind.) Ebenso: Gemessen an der geringen Häufigkeit ihres Auftretens darf auch die Zeitspanne zwischen zwei am selben Ort eintreffenden Monsterwellen als (quasi-)Ewigkeit angesehen werden. In dieser ewigen Unendlichkeit laufen die normalen Meereswellen in gleichförmiger und unaufhörlicher Weise dahin.

Und gebären spontan die Ungeheuerwelle...

Das ist der springende Punkt: ein in Raum und Zeit (quasi)endloser und (quasi)unveränderlicher Bewegungszustand erzeugt ein in Raum und Zeit genau lokalisiertes und terminiertes Ereignis. Zustand erzeugt Ereignis. Unvergängliches sondert Vergängliches ab. Ewigkeit gebiert Zeitlichkeit.

Das Fourier-Theorem repräsentiert, so besehen, ein Verhältnis zwischen Zeit und Ewigkeit, zwischen Raum und Unendlichkeit.

Nun stellen Sie sich vor: Der Urknall, dem unser Universum sein Entstehen verdankt (wie es das zur Zeit gültige Standardmodell der Kosmologie beschreibt), sei so etwas wie eine plötzlich auftauchende Monsterwelle in einem Meer schon immer vorhandener Zeit und schon immer vorhandenen Raumes, das von einer unabzählbar unendlichen

Menge stationärer Wellenzüge (welcher Natur auch immer) durchkreuzt würde...

Diese Idee hätte einige Vorteile. Erstens entfiele der schwer zu befolgende Imperativ, sich als redlicher Physiker *vor* dem Urknall und *nach* dem Wärmetod keinen existierenden Raum und keine existierende Zeit vorstellen zu sollen.

Zweitens wäre eine Wiederholbarkeit des Universums durchaus möglich. Denn, wenn sie auch selten sind, eine Monster Wave kann ja, von immer noch demselben Elementarwellensystem geboren, von einer zweiten, dritten Monster Wave gefolgt werden. Ganz besonders fruchtbar wäre in diesem Zusammenhang Einsteins Aspekt des gekrümmten und in sich geschlossenen Raumes: in diesem würden die Fourier-Komponentenwellen in ähnlicher Weise ewig umlaufen wie die Elektronenwellen um den Atomkern. Mit dem Unterschied allerdings, daß es im gekrümmt-geschlossenen Raum sicherlich keine diskreten, sondern alle möglichen Frequenzen gäbe. Auch solche, die zum Umfang des gekrümmten Raumes in einem irrationalen Zahlenverhältnis stehen. Und da wird jeder Physikstudent beweisen wollen, daß es in aller Ewigkeit keine zwei in allen Eigenschaften gleichen Monsterwellen oder Universen geben kann. Sie sehen jetzt, wozu die irrationale Zahl, die schon am Anfang unserer Betrachtungen stand, gut ist. Gut für Abwechslung.

Und drittens: unser Raum, unsere Zeit, Herkommen, Wandel und Dahingehen dürften sich nun eingebettet fühlen in einen unvergänglichen Strom, der unveränderlich fließt; aus der endlosen Weite hinter mir in die undenkbare und doch zwanghaft gedachte Ferne vor mir, aus der bodenlose Tiefe der Vergangenheit in eine nichtendenwollende Zukunft, per omnia saecula saeculorum...

Abschlußtest

Kreuzen Sie die Aussage an, die Sie für richtig halten:

A Am Anfang schuf Gott einen Super-Fourier-Synthesizer und erzeugte damit ein für allemal das Wellenkomponentensystem, dem nicht zuletzt der Urknall unseres Universums entsprang.

B Unser Herrgott schiebt unausgesetzt an den Registern eines Riesen-Equalizers und pegelt damit die Geschicke seiner Geschöpfe aus.

C Aussage A und B sind zutreffend.

D Keine der obigen Aussagen ist wahr.

Und hier gleich die Lösung:

Mit der Wahl von A haben Sie sich der Auffassung zweier der berühmtesten Männer angeschlossen. Denn Albert Einstein sagte einmal: »Ich glaube an Spinozas Gott, der sich in der Harmonie aller Dinge offenbart, und nicht an einen Gott, der an den Handlungen und Schicksalen jedes Individuums interessiert ist.«

Fühlen Sie sich eher zur Aussage B hingezogen, so hängen Sie einer hellenistischen Auffassung von Himmel und Erde an. Denn auch die Götter hatten das alles ja nicht selbst erschaffen, walteten und schalteten und drehten aber dennoch ganz gewaltig an den Schicksalen der Irdischen...

Mit Ihrer Entscheidung für Aussage C stehen Sie voll und ganz auf dem Boden des Alten und Neuen Testamentes, der Dogmen der römisch-katholischen Kirche, sowie gewisser fundamentalistischer Kreise Amerikas.

Einlassung D: Sie sind ein Atheist! Aber auch da haben Sie berühmte Gesinnungsgenossen; denken Sie nur einmal an Voltaire, Diderot oder D'Alembert.

In wieviele Teile zerfällt die Wahrheit?

In drei. In die mediale, die logische (oder die Wahrheit im eigentlichen Sinne) und in die phantastische Wahrheit.

In den Genuß der medialen Wahrheit gelangt, wer sich der Medien bedient. Der, mit anderen Worten, das konsumiert, was Kanzel und Katheder, Papier und Zelluloid, Draht und elektromagnetische Welle alles so verbreiten. Da wird der konsumierende Zeitgenosse bald gewahr, was alles Wahrheit ist: der unerreichte und unerreichbare Grenzwert der Philosophie; oder der erhobene Zeigefinger der Pauker und Gouvernanten; oder die Schindmähre der Politiker und Demagogen; oder der ungedeckte Wechsel, den alle Sorten Gurus auf das Leben nach dem Tode ausstellen; oder der Gemeinplatz, auf dem der gesunde Menschenverstand spazierengeht und sich unablässig wundert, daß immer wieder alles schief läuft . . .

Die logische Wahrheit. Betrand Russel schreibt dazu: »Somit müssen wir wieder auf die Ansicht zurückkommen, das Wesen der Wahrheit bestehe in der Übereinstimmung des Glaubens mit deren Tatbestand« oder noch deutlicher: »Ein Glaube ist . . . wahr, wenn es einen ihm entsprechenden Tatbestand gibt, und falsch, wenn es keinen ihm entsprechenden Tatbestand gibt.«

Nichts in der Welt ist also an sich entweder wahr oder falsch, es sei denn, es stehe in Beziehung zu einem denkenden Wesen, das einen bestimmten Glauben bzw. eine bestimmte Vorstellung davon hat. Kein Stein, kein Baum, kein Berg, kein Fisch, kein Stern, das ganze Universum nicht. Eine uralte Eiche an sich ist weder wahr noch falsch, nur der Glaube etwa, sie stehe da und dort und sei 1000 Jahre alt, kann diese alternative Eigenschaft haben.

Ja, und die phantastische Wahrheit? Sie setzt sich im wesentlichen aus den Worten »alles-wahr-kann-falsch-nicht« zusammen:

– Alles, was wahr ist, kann nicht falsch sein.
– Alles, was falsch ist, kann nicht wahr sein.
– Alles, was nicht falsch ist, kann wahr sein.

Der Everett-De-Witt-Wheelerschen Vielweltenhypothese zum Beispiel eignet der Charakter der phantastischen Wahrheit.

Die Bayern allerdings, in deren Lande die Uhren bekanntlich anders gehen, haben eine tiefergehende Auffassung von dem in Frage stehenden Begriff: das einzig Wahre, meinen sie, sei eine kühle Maß im sommerlichen Schatten einer Biergartenkastanie...

Lassen Sie sich, verehrter Leser, mit dem letzten Kapitel ins Land der phantastischen Wahrheit entführen!

Kann man die Unendlichkeit auf ein Blatt Papier zeichnen?

Man kann es! Die Kochsche Schneeflocke, erfunden von dem schwedischen Mathematiker Helge von Koch im Jahre 1904 entsteht dadurch, daß man den Seiten

eines gleichseitigen   Dreieckes

drei weitere gleichseitige Dreiecke von der Größe eines Drittels des ursprünglichen Dreickes anfügt und so weiter und so weiter und so weiter:

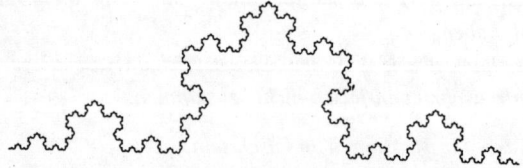

Das Ergebnis ist eine Linie von der unendlichen Länge 3 x 4/3 x 4/3 x 4 ... usw., die eine Fläche von endlicher Größe umschließt:

Eine solche Linie, die in immer kleinere einander ähnliche (»selbstähnliche«) Details gegliedert ist, heißt *fraktal*.

Phantastisches Finale:  Der Hyperspiegel

1

Kann man einem nackten Mann in die Tasche greifen?
Kann man einen Knoten lösen, der nie geschürzt wurde?
Kann man die Unendlichkeit auf ein DIN-A4-Blatt zeichnen?
Kann man sich eine Vorstellung machen von dem, was unvorstellbar ist?

Kein Problem! All das kann man.

Mit der positiven Antwort auf die erste Frage (die Finanzämter kennen da keinerlei Hemmung) werden negative, rote Zahlen erzeugt. Die Lösung des niemals geschürzten Knotens ergibt die irrationale und, wenn dem Knoten (ob geschürzt oder ungeschürzt) das eingebunden wird, was dem nackten Mann aus der Tasche genommen wurde – die imaginäre Zahl. Wer das erste Kapitel gelesen hat, dem wird die Dechiffrierung dieses kleinen Scherzes nicht schwer fallen.
Und eine Linie, die in eine unendliche Anzahl einander ähnlicher aber immer kleiner werdender Details gegliedert und daher selber unendlich lang ist, heißt *Fraktal* (siehe Bild gegenüber).

2

Um endlich das Unbegreifliche zu begreifen, müssen wir nicht etwa klüger werden. Das würde zu nichts führen, denn das Unendliche, mit einem ständig wachsenden Betrag approximiert, verbliebe immer noch im Unendlichen. Ganz im Gegenteil: wir müssen uns dümmer stellen, als wir ohnehin schon sind.
Wir müssen, geometrisch ausgedrückt, unsere Dimensionen reduzieren. Ein vierdimensionaler Raum beispielsweise entzieht sich der Vorstellungskraft. Man kann drei Stangen aufeinander senkrecht stellen, und dazwischen ist dann, wie der Mathematiker sagt, der dreidimensionale Raum aufgespannt. Schön. Aber wohin mit der vierten Stange für

Raumvarianten

Ein dreidimensionaler Raum 3D kennt drei Richtungen, die aufeinander senkrecht stehen. Eine vierte ist beim besten Willen nicht mehr unterzubringen. Deswegen entzieht sich ein vierdimensionaler Raum unserer Anschauung.

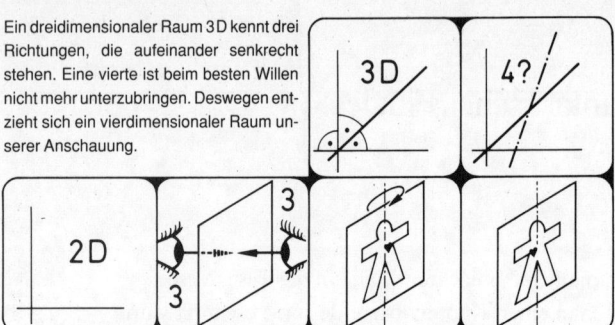

Eine Ebene 2D (oder ein zweidimensionaler Raum) kennt zwei Richtungen, die senkrecht aufeinander stehen. Eine dritte ist beim besten Willen nicht mehr unterzubringen. Flächenwesen, die in einer Ebene wohnen, können sich daher einen dreidimensionalen Raum nicht vorstellen. Weil die Ebene, in der sie leben, nur zwei Richtungen hat, kennt sie auch keine Oberseite und keine Unterseite wie etwa ein Blatt Papier, dessen beide Seiten man ja nicht aus der Ebene selber, sondern nur von einem Standpunkt in der dritten Dimension aus sehen kann.

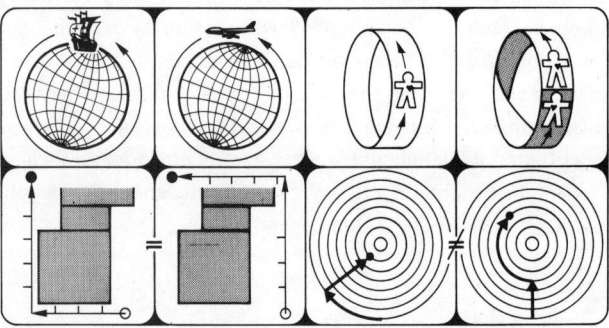

Gekrümmte Räume haben es in besonderer Weise in sich. Wenn man in ihnen nur lange genug reist, kommt man wieder an seinem Ausgangspunkt an, was schon Columbus wußte. Allerdings darf man in ihnen die Reihenfolge der Reiserichtungen nicht vertauschen, was in einem ebenen Raum ohne weiteres möglich ist; das weiß man ja von einem Gang um den Häuserblock: ob man um die linke oder die rechte Ecke geht – man braucht immer die gleiche Wegstrecke, um an der Diagonalecke anzukommen. Anders auf dem Globus: hier kommt man ganz woanders hin, wenn man die Teilstrecken erst nach Westen und dann nach Norden geht oder umgekehrt. Wäre der gekrümmte und in sich geschlossene Raum auch noch verdreht wie ein Möbiusband, so würde man nach einer kompletten Raumreise seitenverkehrt daheim wieder ankommen, also zum Beispiel mit dem Herzen auf der rechten Seite.

die vierte Dimension? Wohin man sie auch stellt, in welche auch immer mögliche Orientierung zu den drei anderen – immer wird sie mit irgendeiner von diesen einen Winkel einschließen, der kein rechter Winkel ist. Ein vierdimensionales Wesen, das unsere hoffnungslosen Bemühungen beobachtet, lacht sich den (vierdimensionalen) Buckel voll ob unserer Tolpatschigkeit.

Wir dreidimensionalen Wesen würden uns in gleicher Weise amüsieren, beobachteten wir ein zweidimensionales, das sich damit abplagt, aus den zwei Dimensionen der Fläche, in der es flächenhaft lebt, eine dritte Dimension herauszuquälen. Und das ist eben der springende Punkt: um zu verstehen, wie es in der vierten Dimension zugeht, reduzieren wir unsere eigenen drei Dimensionen (versuchsweise) auf zwei und sehen nach, was für Unterschiede bestehen zwischen diesen beiden »Welten«, der dreidimensionalen und der zweidimensionalen.

Und finden, daß es da ziemlich einschneidende Unterschiede gibt. Alexander K. Dewdney hat sie in dem amüsanten Buch »Das Planiversum« beschrieben. In diesem Planiversum leben zweidimensionale Wesen auf einem scheibenförmigen Planeten, dessen Oberfläche und damit Lebensraum eine Kreislinie hat. Sie können nicht aneinander vorbeigehen, denn das hieße ja in eine dritte Dimension ausweichen, sondern nur übereinander hinweg. Und: Versetze ich mich einmal in die Lage dieser Flächenwesen, so bleibt die Ostseite meines Körpers mein Leben lang die Ost- und die Westseite immer die Westseite, denn um dies zu ändern, müßte ich mich ja umwenden, das heißt eine Bewegung in die dritte Dimension hinein und wieder heraus vollführen. Gesetzt den Fall, ein Dämon wäre mir bei dieser Operation behilflich, so würde ich, aus der dritten Dimension zurückgekehrt, nun selber spiegelverkehrt dastehen, mit dem Herz auf der rechten Seite.

Sollten Sie wirklich eines Morgens spiegelverkehrt aufwachen, die bessere Hälfte zur Linken im Bett und das Herz auf der rechten Seite, so wissen Sie, daß ein Dämon des Nachts Sie in die vierte Dimension geholt und dort einfach umgedreht hat. Sie würden im Bad mit der linken Hand die Zahnbürste ergreifen (wenn Sie vorher ein Rechtshänder waren), sollten aber an diesem Morgen trotzdem mit dem rechten Bein aufgestanden sein, um Unglück vom Tage abzuwenden; denn ihre Umwelt ist ja eine rechte geblieben, nur Sie sind jetzt ein Linker...

Abgesehen von diesen topologischen Merkwürdigkeiten kann uns das Dummstellen auf zwei oder noch weniger Dimensionen einige wichtige Eigenschaften eines *mehr-als-drei*-dimensionalen Raumes erklären.

Zum Beispiel die Raumkrümmung. Wir brauchen dazu keine besondere Gedankenakrobatik zu betreiben, denn im Grunde genommen sind wir Lebewesen, die ohnehin schon in einem zweidimensionalen, gekrümmten Raum leben – nämlich auf der Oberfläche unserer Erdkugel! Wir merken davon im Alltag ebensowenig wie von einem dreidimensionalen gekrümmten Raum, weil die Erde so groß ist und unser humanmetrischer Lebensraum uns daher als geometrisch exakte Ebene erscheint.

Daß wir jedoch, verlassen wir Frankfurt mit dem Jet in Richtung New York, nach einiger Reisezeit aus Richtung Moskau wiederum in Frankfurt ankommen, offenbart die intrinsische Eigenschaft jedes gekrümmten und in sich geschlossenen Raumes: er ist zwar unbegrenzt, aber dennoch endlich, und wenn man nur lange genug in immer dieselbe Richtung fliegt, kommt man aus der zum Abflug entgegengesetzten Richtung wieder an. Schon Columbus gründete auf diesen Gedanken seine Absicht, Indien von hintenherum und damit auf einem möglicherweise kommoderen Seeweg zu erreichen. Was für den zweidimensionalen gekrümmten Raum, beispielsweise für die Kugeloberfläche gilt, trifft auch auf den dreidimensionalen gekrümmten Raum zu. Warten Sie nur, bis das mit den Raumschiffen einmal so weit ist!

Nehmen Sie einen Papierstreifen und kleben Sie ihn an den Enden zusammen. Sie haben jetzt ein geschlossenes Band, und das repräsentiert ebenfalls einen zweidimensionalen geschlossenen Raum, der allerdings nur in einer Richtung hin geschlossen und unbegrenzt ist. Ein flächenhaftes Wesen könnte in dieser Richtung beliebig lang reisen und würde immer wieder an derselben Stelle ankommen.

Ein zweites Experiment: Sie verdrillen das Band einmal und kleben es an den Enden wieder zusammen. Um es genau zu erklären: sollte die eine Seite des Bandes rot und die andere blau sein, so müssen nunmehr an der Klebestelle die Farben blau und rot aneinanderstoßen. Wenn Sie jetzt eine ausgeschnittene Papierfigur von der Klebestelle ausgehend das Band entlangführen, so kommt die Figur mit Sicherheit an der Klebestelle wieder an, aber: sie kommt, wenn Sie immer aus derselben Richtung auf die Klebestelle blicken, seitenverkehrt dort an. Mit dem Herzen auf der rechten Körperseite. Die Verdrillung des Raumes – man nennt das Band, das Sie sich gebastelt haben, ein Möbius-Band – bewirkt die Seitenverkehrung im Verlaufe einer kompletten Raumreise. Meditationsaufgabe für den Leser: An welcher Stelle der Reise findet die Seitenvertauschung statt? Merkt der Raumreisende, daß sein Herz während der Reise peu à peu von links nach rechts wandert und er in dem gleichen Maße vom Rechts- zum Linkshänder wird? Oder bleibt er subjektiv Rechtshänder und stellt nur fest, daß seine daheimgebliebenen Verwandten während seiner Abwesenheit zu Linkshändern geworden sind? (Das Problem wird in der zeitgenössischen Physik mit den sogenannten Eichtheorien beschrieben, auf die einzugehen wir uns hier lieber sparen wollen.)

Wäre der dreidimensionale Raum, in dem wir leben, in gleicher Weise verdrillt wie ein Möbius-Band, so würden wir nach einer kompletten Raumreise mit dem Herzen an der rechten Körperseite und als Linkshänder, wenn wir zuvor Rechtshänder waren, in Kalifornien wieder landen. Und was spricht dagegen, daß unser Universum ein Möbius-Universum ist?

Es gibt aber auch naheliegendere Unterschiede zwischen einem ebenen und einem gekrümmten Raum. Schon im Abschnitt über Fulguration hatten wir gesehen, daß die Winkelsumme eines Dreieckes auf der Kugeloberfläche in der Regel größer ist als 180 Grad. In der Praxis beunruhigender ist aber Folgendes: Sagen wir einem Fremden, der uns um eine Wegauskunft bittet: Gehen Sie 4 Kilometer nach Westen und dann 6 Kilometer nach Norden, so wird der Fremdling seinen Zielort auch dann erreichen, wenn er die Reihenfolge vertauscht und zuerst 6 Kilometer nach Norden und dann erst 4 Kilometer nach Westen wandert. Im gekrümmten Raum ist das keineswegs mehr der Fall, was Sie leicht auf dem Globus überprüfen können. Hat der Pilot eines Charterflugzeuges die Anweisung bekommen, zuerst 4000 Kilometer nach Westen zu fliegen und anschließend 6000 Kilometer nach Norden, um von Mombassa nach London zu gelangen, und er verwechselt die Angaben, fliegt zuerst 6000 Kilometer nach Norden und dann erst 4000 Kilometer nach Westen – so wird er samt seinen Passagieren mitten im Atlantik landen oder besser: wassern.

Die Raumschiffahrt in unserem dreidimensionalen, in die vierte Dimension gekrümmten Universum dürfte daher nicht ohne navigatorische Delikatesse sein...

3

Sie haben nun einige, möglicherweise verblüffende Besonderheiten kennengelernt, die verschiedendimensionale Räume voneinander unterscheiden, und ein Gefühl dafür bekommen, daß es in einem mehr-als-drei-dimensionalen ($> 3D$-)Raum Dinge gibt, die es eigentlich gar nicht gibt.

Körper und Schnitte

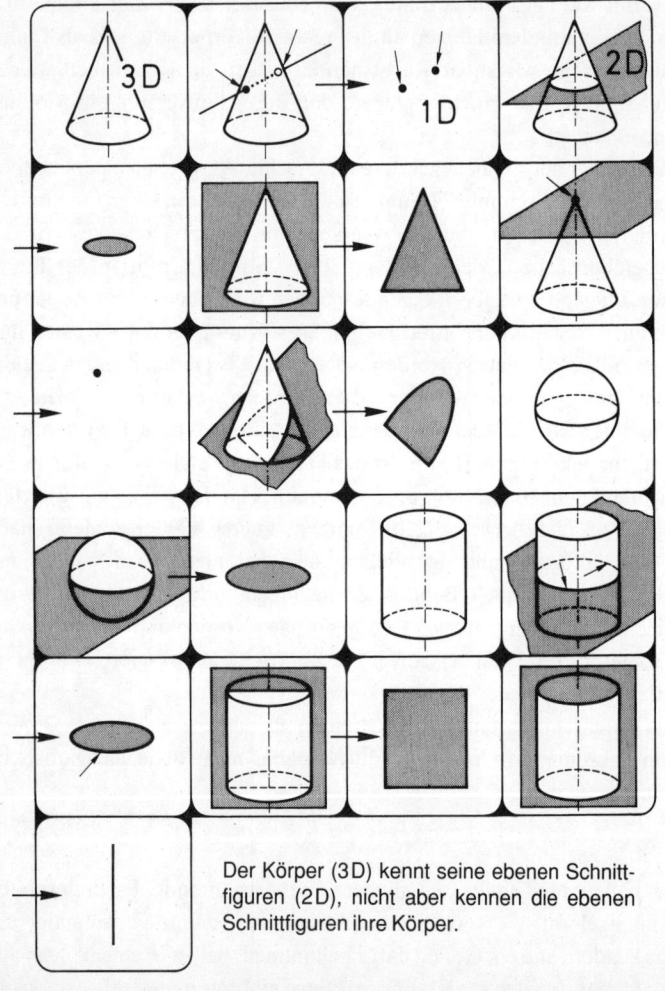

Der Körper (3D) kennt seine ebenen Schnittfiguren (2D), nicht aber kennen die ebenen Schnittfiguren ihre Körper.

Im Nachgang zu unseren Erörterungen im zweiten Zwischentext finden Sie im Bild Seite 232 die Skizzen eines geometrischen Körpers und seines Aussehens in verschiedendimensionalen Räumen. So kann der dreidimensionale gerade Kegel im 1D-Raum, der nur aus einem unendlich dünnen Faden besteht, die Gestalt eines oder zweier Punkte annehmen, einer Geraden, wenn der »Fadenraum« auch aus einer Geraden besteht, oder überhaupt nicht vorhanden sein. Im flächenhaften 2D-Raum reduziert sich der Kegel je nach Flächengestalt auf eine mehr oder weniger gekrümmte, geschlossene Linie, auf einen Kreis, ein Dreieck, eine Parabel, eine Hyperbel (wenn es sich um einen Doppelkegel handelt), einen Punkt oder geht ebenfalls ins Aus, wenn er ein Körper von endlichem Volumen ist.

Preisfrage: Welche Gestalt nimmt unser hausbackener 3D-Kegel im 4D-Raum an oder in Räumen mit mehr als vier Dimensionen?

Über die Zeit als eine weitere (Ereignis-)Dimension haben wir uns im zweiten Kapitel ausführlich unterhalten. Raum und Zeit, Immanuel Kants »reine Anschauungsformen«, sind uns per definitionem anschaulich vertraut. So gleicht eine Reise in die sechste oder siebente Dimension dem Traum der Köchin, Frau eines Multimillionärs zu sein.
Unsere Dimensionengymnastik beruht auf einer eigenschaftlichen Extrapolation. Damit haben wir dem hochgesteckten Ziel, eine Vorstellung vom Unvorstellbaren zu gewinnen, zwar eine gewisse Basis gegeben, es selber aber noch nicht erreicht.

4

Für den letzten Schritt benötigen Sie ein Fernsehgerät. Schieben oder tasten Sie den Helligkeitsregler, den Kontrastregler und den Farbregler auf Null. Schalten Sie das Gerät ein. Was sehen Sie? Nichts!
Was der Bildschirm zeigt, ist die (Fernseh-)Welt in ihrer nullten Dimension. Wenn Sie jetzt die Helligkeit um einen minimalen Betrag anheben, kommt ein schemenhaftes Bild zum Vorschein, auf dem Sie die Szenerie wenigstens in Umrissen erkennen können. Es ist eine nur-räumlich zweidimensionale Welt, die Sie sehen, vergleichbar in etwa mit einer Strichzeichnung. Steuern Sie nun Helligkeits- und Kontrastregler gemeinsam sukzessive hoch, so heben sich aus den flauen Schemen Kontraste und Sie gewinnen (auf dem flachen Bildschirm!) eine dritte Dimension hinzu: die Varietät der Helligkeiten. Wohlgemerkt aber: die

Farbe

Eine Vorfrage

Was bedeutet das Wort, mit dem dieses Kapitel überschrieben ist? Was ist das, die Farbe?

Eine Vorantwort: Wir wissen es nicht. Wir wissen es nicht, obwohl wir sie sehen. Dem Menschen mit gesundem Auge ist sie wohl eine Selbstverständlichkeit – aber wir können niemandem, der noch nie in seinem Leben etwas *Rotes* gesehen hat (vielleicht weil er farbenblind ist) erklären, wie Rot aussieht. Wir können höchstens sagen, daß Rot anders aussieht als Blau, Grün, Gelb usw., daß heißt ein *Differential-urteil* fällen.

Die einzig mögliche Antwort auf die Frage nach dem Wesen der Farbe lautet daher (mit der Formulierung wie sie in DIN 5033 gegeben ist): Farbe ist *diejenige Gesichtsempfindung eines dem Auge struk-turlos erscheinenden Teiles des Gesichtsfeldes, durch die sich dieser Teil bei einäugiger Betrachtung von einem gleichzeitig gesehenen, ebenfalls strukturlosen angrenzenden Bezirk allein unterscheidet.*

Umgangssprachlich ist das Wort Farbe Synonym für eine Reihe ver-schiedener Begriffe, wie: Farbempfindung, Pigment, Anstrich, Lasur, Deckfarbe, Farbstoffe, Farbflotte, Malerfarbe usw. Ein Ton hat eine Klangfarbe, die Sprache kann farbig sein, und schließlich bezeichnet man mit Farbigkeit auch noch die Zugehörigkeit zu einer Menschen-rasse.

Wenn man den Farbregler des Farbfernsehempfängers von einer Extremstellung in die andere schiebt, merkt man auch gleich, was es mit dem Begriffspaar Bunt-Unbunt auf sich hat. In einem *unbunten* Bild gibt es nur die Skala der Grauwerte von Weiß bis Schwarz. In einem *bunten* Bild fächert jeder Helligkeitswert nochmals in eine (praktisch unbegrenzt hohe) Zahl an Farben auf.

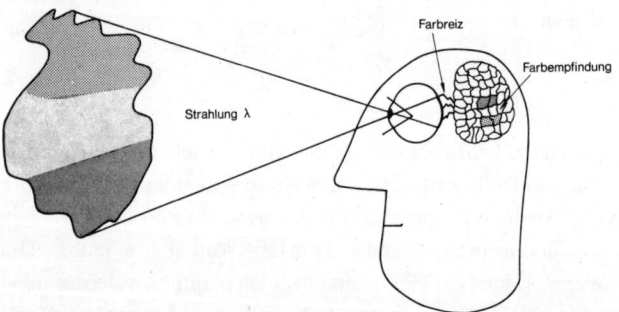

Strahlung – Farbreiz – Farbempfindung. Jedes Messen ist ein Vergleichen. Farben kön-nen nur mit Farben verglichen werden, nicht mit Gewichten, Zeiten, Längen etc. Das Meßinstrument ist das menschliche Auge, das aber keines zahlenmäßigen Vergleiches fähig ist, sondern nur zur Feststellung einer Gleichheit zwischen zwei Farbempfindun-gen. Das genügt aber zum Aufbau einer Farbmetrik.

(Aus: Friedrich Bestenreiner – Vom Punkt zum Bild, Entwicklung, Stand und Zukunfts-aspekte der Bildtechnik.)

Skala der Helligkeiten repräsentiert den Zustand jedes einzelnen Bildpunktes und ist als solche keine raumzeitliche Dimension. Ja, sie ist nicht einmal eine physikalische Dimension, sondern eine *Empfindungsdimension!* Zwar wird die Empfindung »hell« von physikalischen Reizen (Lichtquanten) hervorgerufen, die Empfindung selber aber ist Domäne des Bewußtseins (was immer das auch sein mag) und daher total unphysikalisch. Mit der Aussteuerung von Helligkeits- und Kontrastregler haben Sie dem Fernsehbild, aufgebaut auf jedem einzelnen seiner Bildpunkte, eine (für unsere bisherigen Betrachtungen vollkommen neue) un-raumzeitliche, unphysikalische Empfindungs-Dimension verliehen. Denn Helligkeiten, besser: Leuchtdichten haben zwar strahlungsphysikalische Ursachen, aber ihre eigenständige empfindungsgemäße Bewertungsskala.

Der nächste, für unsere Betrachtungen entscheidende Schritt: Schieben Sie den Farbregler hoch! Jetzt heben sich aus den verschiedenen Graden von Grau und Weiß zunächst noch pastelltonartige, sodann zunehmend gesättigte Farben, bis schließlich der Farbfernsehschirm in voller Fernsehfarbpracht prangt. Sie haben dem Bild, wiederum aufgebaut auf jedem Bildpunkt(-Farbtripel), nicht nur eine, sondern gleich drei neue, unraumzeitliche Dimensionen verliehen. Denn die Farbe, ermischbar aus den drei additiven Grundfarben rot, grün, blau, repräsentiert einen unraumzeitlich-dreidimensionalen Zustand jedes einzelnen Bildpunktes. Und: sie repräsentiert einen Teil unseres Modelles für Unvorstellbares!

Die Vorstellungsbildung beschreitet dabei wiederum den Weg der Reduktion: Können Sie einem total Farbenblinden (wenn es einen derart Bedauernswerten überhaupt geben sollte) sagen, wie rot aussieht? Wie blau? Wie grün? Wie türkis? Sie können es nicht!

Denn für Farbe gilt in Erweiterung, was vorhin zum Begriff »Helligkeit« gesagt worden ist: sie hat zwar eine physikalische Ursache, nämlich den in Lichtwellenlängen und Strahlungsleistungen ausdrückbaren Farbreiz, welcher im Auge und dem nachgeschalteten Nervensystem die Farbempfindung hervorruft; die Farbempfindung selber aber ist, wie die Helligkeit, eine Empfindungs- oder Bewußtseinsqualität.

Und einem Farbenblinden absolut unzugänglich. Es nützt dem Ärmsten wenig, wenn Sie ihm etwas mit Wellenlänge sechshundertfünfzig Nanometer und Strahlungsleistung fünf Milliwatt vorrechnen – er wird dieser Empfindung rot, die dieser physikalische Reiz in einem farbtüchtigen Auge erzeugt, niemals teilhaftig werden.

Selbst Sie, hoffentlich vollfarbtüchtig, werden nicht imstande sein, auf einem ungegenständlichen Farbfernsehbild, das keinerlei Erinnerung an bekannte bunte Gegenstände assoziiert, Farben zu benennen, wenn dieses Bild nur in Schwarzweiß dargeboten wird. Ein solches Bild ist zum Beispiel das Farbfernseh-Testbild. Sofern Sie nicht schon vorher wissen, welche Testfelder welche Farbe haben, werden Sie allein aus den unbunten Helligkeiten der Felder nie und nimmer auf deren Farbe schließen können und deswegen nicht daran vorbeikommen, sich in bezug auf dieses spezielle Bild in der Rolle des Farbenblinden zu erkennen.

Sie können sich von keiner Farbe in diesem Bild ein Bild machen; die Farbe im Testbild ist etwas für Sie Unvorstellbares. Ebenso unvorstellbar wie Raumkrümmung. Ich wage es daher, die nicht unmittelbar mitteilbare Bewußtseinsdimension Farbe zum Modell für relativ Unvorstellbares zu erklären. Sie werden bald den praktischen Gebrauch dieser Definition kennenlernen.

Ein Übungsflug zwischen den Dimensionen:

Punkt, Gerade, Kreis, Dreieck sind im 2D-Raum eigenständige geometrische Figuren. In bezug auf den 3D-Raum sind sie Schnittfiguren verschieden orientierter Ebenen mit einem einzigen und geschlossenen geometrischen Körper, dem Kegel.

Farbe, Geschmack, Libido, Hunger sind eigenständige Bewußtseinsinhalte in unserer wenigstens zum Teil physikalisch-chemisch-physiologisch bestimmten 3D-Raum/1D-Zeit-Erlebniswelt. Welcher logische Einwand spricht dagegen, in ihnen »Bewußtseins-Schnitte« durch einen (in gleicher Weise wie der Kegel einzigen und geschlossenen) »Bewußtseins-Körper« zu vermuten? Den in der Farbenlehre verwendeten Begriff des »Farbkörpers« (der alle möglichen Farben umschließt) weiterentwickelnd, könnte man ihn den »Hyperfarbkörper« nennen.

Hat Dewdneys planiversales Wesen die Möglichkeit, aus den 2D-Gegebenheiten Punkt, Gerade, Dreieck, Kreis, Parabel, Hyperbel konkret auf die Existenz des (Doppel-)Kegels in der das Wesen einbettenden 3D-Wirklichkeit zu schließen?

Es hat sie nicht! Seine äußerste Möglichkeit, gewonnen aus der Erfahrung, daß zwei Punkte in der 1D-Fadenwelt zu einem Kreis in der 2D-Flächenwelt gehören können, besteht in der Vermutung, genannte Figuren *könnten* Elemente einer umfassenderen Wirklichkeit sein.

In gleicher Weise haben wir dreidimensionalen Wesen zwar nicht die Gewißheit, immerhin aber die Option auf die Existenz eines, wie wir ihn genannt haben, Hyperfarbkörpers, der das Ganze derjenigen Teile repräsentiert, von denen unser Biedersinn vermeint, sie seien schon das Ganze; wie wir ja auch die Ansicht vertreten, Organe, Zellen, Moleküle, Atome, Nukleonen, Quarks seien schon das Ganze – uns aber immer wieder wundern, wo denn in diesem Ganzen unser Bewußtsein verborgen sein könnte, dem dieses Ganze zu Bewußtsein kommt...

5

Der Geist, die Seele, das Bewußtsein, die Gedanken – was ist er, wo ist sie, wie funktioniert es, auf welche Weise kommen sie zustande? Das Leib/Seele-, Materie/Geist-, Sinnesorgan/Bewußtsein-, Gehirn/Gedankenproblem ist der absolute Dauerbrenner der Philosophie, seit es Philosophie gibt. Un(an)faßbar wie der Rauchkringel einer Zigarre. Weswegen man sich Geist und Geister auch gerne als Rauchwölklein vorstellt. Schreibt Ernst Bloch: »...auch wenn man in einem Gehirn umhergehen könnte wie in einer Mühle, man nicht daraufkäme, daß hier Gedanken erzeugt werden...«

Zum Leib/Seele-Problem hat Franz M. Wuketits in seinem Buch »Schlüssel zur Philosophie« ein kurzes, aber äußerst informatives Kapitel geschrieben, das Ihnen einen ersten Einblick in das Problem und seine Geschichte vermittelt. Einen erschöpfenden Überblick über das Thema gibt derselbe Autor in seinem Buch »Zustand und Bewußtsein«. Aus dem »Schlüssel«-Kapitel habe ich im Einvernehmen mit dem Autor eine graphische Übersicht zum Leib/Seele-Problem destilliert, die im Bild Seite 238/239 gezeigt ist.

Die Gretchenfrage des ganzen Leib/Seele-Komplexes betrifft natürlich das Sterblichkeits-/Unsterblichkeitsverhältnis zwischen Leib und Seele, meinem Körper und meinem Bewußtsein oder: gibt es ein Leben nach dem Tode?

Die Philosophen sind, sofern nicht konfessionell orientiert, ausgesprochen vorsichtig in der Behandlung dieser Frage, legen sich nicht gerne fest und entlassen den Schüler in diesem Punkte ohne überwältigend starke Lehrmeinung aus der Lehre: »Dennoch ist es wohl fair, zuzugeben, daß wir mit der Frage nach der Sterblichkeit/Unsterblichkeit der Seele ein Feld betreten, wo jeder für sich eine Entscheidung treffen kann, eine Entscheidung für oder gegen die Unsterblichkeit«, schreibt

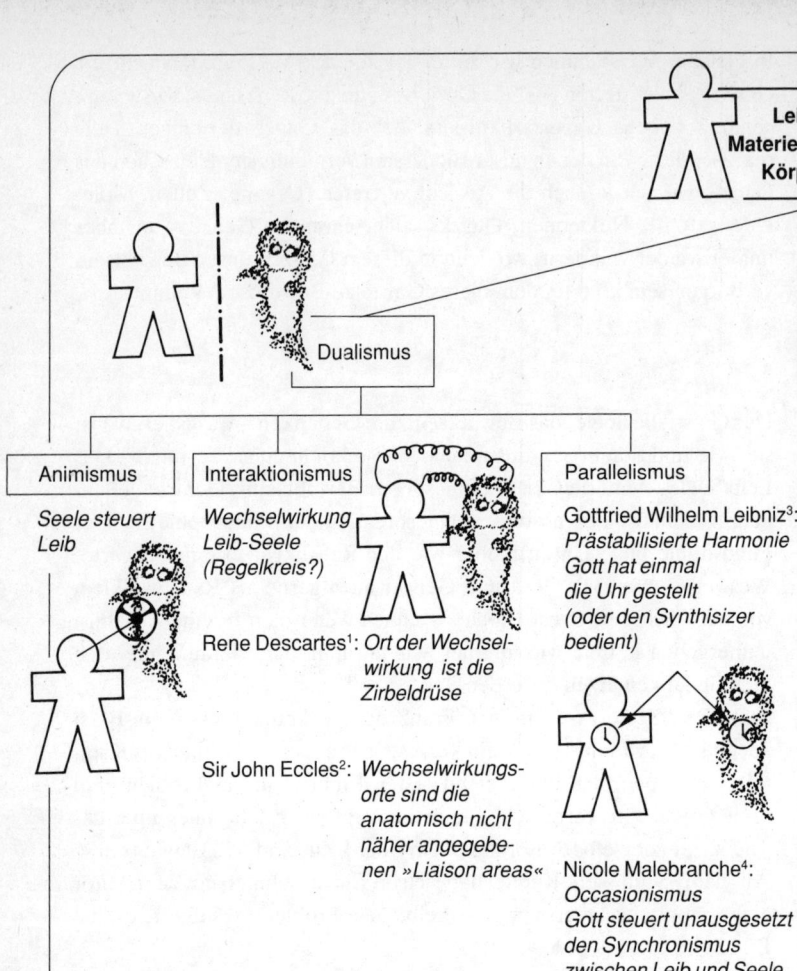

Leib
Materie
Körpe

Dualismus

Animismus

*Seele steuert
Leib*

Interaktionismus

*Wechselwirkung
Leib-Seele
(Regelkreis?)*

Rene Descartes[1]: *Ort der Wechselwirkung ist die
Zirbeldrüse*

Sir John Eccles[2]: *Wechselwirkungs-
orte sind die
anatomisch nicht
näher angegebe-
nen »Liaison areas«*

Parallelismus

Gottfried Wilhelm Leibniz[3]:
*Prästabilisierte Harmonie
Gott hat einmal
die Uhr gestellt
(oder den Synthisizer
bedient)*

Nicole Malebranche[4]:
*Occasionismus
Gott steuert unausgesetzt
den Synchronismus
zwischen Leib und Seele
(sitzt am Equalizer)*

1) 1596-1650
2) *1903
3) 1646-1716
4) 1638-1715
5) 1717-1831
6) 1709-1751
7) 1723-1789
8) 550-480 vor Christus
9) 384-322 vor Christus
10) 1872-1970
11) 1713-1784
12)
13) *1903
14) *1925

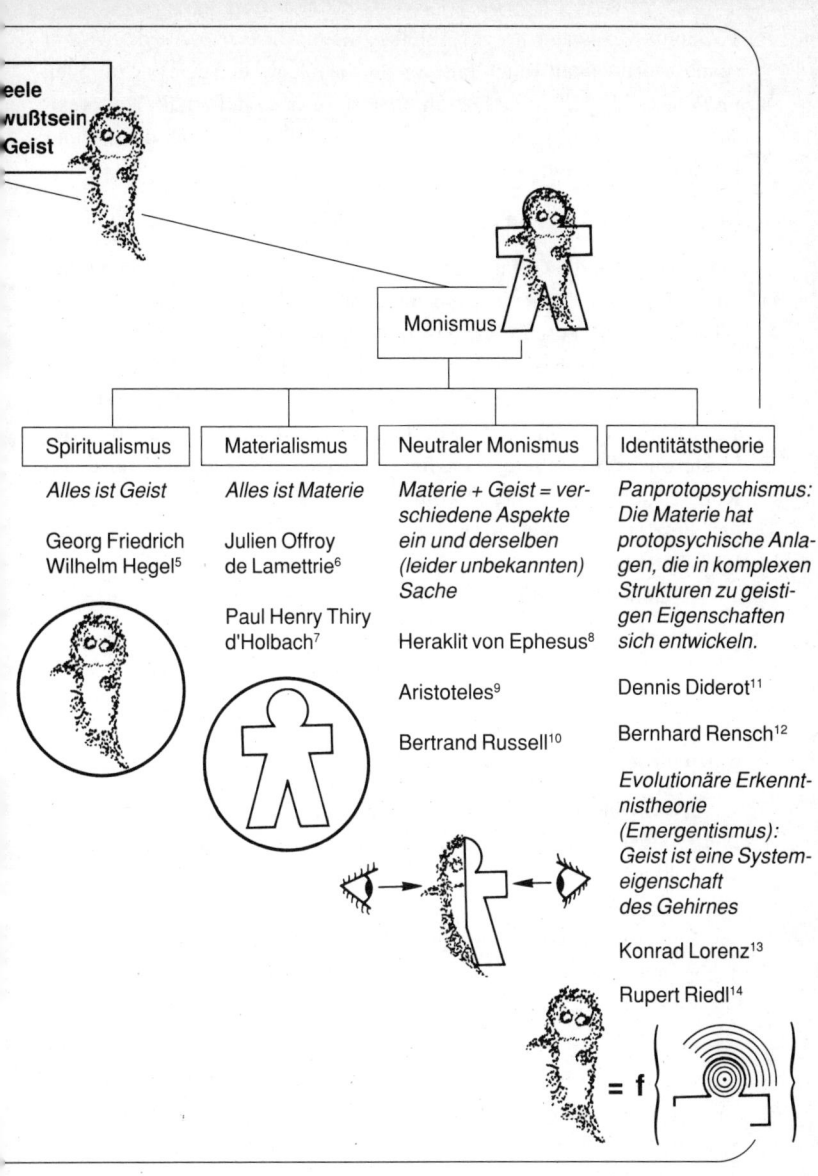

eele
wußtsein
Geist

Monismus

Spiritualismus	Materialismus	Neutraler Monismus	Identitätstheorie

Alles ist Geist

Alles ist Materie

Materie + Geist = verschiedene Aspekte ein und derselben (leider unbekannten) Sache

Panprotopsychismus: Die Materie hat protopsychische Anlagen, die in komplexen Strukturen zu geistigen Eigenschaften sich entwickeln.

Georg Friedrich Wilhelm Hegel[5]

Julien Offroy de Lamettrie[6]

Paul Henry Thiry d'Holbach[7]

Heraklit von Ephesus[8]

Aristoteles[9]

Bertrand Russell[10]

Dennis Diderot[11]

Bernhard Rensch[12]

Evolutionäre Erkenntnistheorie (Emergentismus): Geist ist eine Systemeigenschaft des Gehirnes

Konrad Lorenz[13]

Rupert Riedl[14]

239

Wuketits und weiter »..., es bleibt einem selbst überlassen, sich mit seiner Sterblichkeit (auch mit der Sterblichkeit der Seele) abzufinden und ›diesseits‹ gerichtete Daseinsziele zu suchen oder an die Weiterexistenz der Seele zu glauben, auch auf die Gefahr hin, sich damit einer Illusion hinzugeben.«

Ja, ja. Aber: wäre denn diese Illusion wirklich eine so große Gefahr?

Oder bestünde die Gefahr nicht gerade im Verzicht auf diese Gefahr? Sind Illusionen denn nicht ein unverzichtbarer Teil unseres Bewußtseins, unseres Menschseins, unserer »inneren Wirklichkeit«?

Ich möchte Sie hier nicht mit allgemein-philosophischer Software abspeisen, sondern Ihnen ein hartes Modell, gewonnen aus naturwissenschaftlich/mathematischen Überlegungen, zum Thema Leib-Seele-Unsterblichkeit anbieten. Es fußt auf der von Konrad Lorenz und Rupert Riedl entwickelten Evolutionären Erkenntnistheorie, die unter dem letzten Kästchen unserer Leib/Seele-Grafik (Identitätstheorien) Bild Seite 239 vermerkt ist: »Der Geist ist eine in der Evolution spät aufgetretene Systemeigenschaft des Gehirns.«

6

Hoimar von Ditfurth entwickelt zu diesem Grundgedanken der Emergenzphilosophie einen transzendierenden Spin off:

»...erwarb das Individuum nun die Fähigkeit, sich seiner selbst und der Welt ›bewußt‹ zu werden. Läßt das nicht an eine ganz bestimmte Möglichkeit denken? Daran, daß in dem Maße, in dem sich diese auf einer transzendentalen Wirklichkeit beruhenden Funktionen im Kopf des Individuums evolutiv etablierten, auch andere Qualitäten dieser bis dahin jenseitigen Wirklichkeit in demselben Kopf lebendig zu werden begannen?

Wir sind zur Welt in eine gewisse Distanz geraten dadurch, daß wir begonnen haben, bewußt über sie zu reflektieren. Was ist das für eine Distanz? Ist es etwa der Abstand, den unser Geschlecht dadurch gewonnen hat, daß die Evolution im Begriff ist, es auf die nächsthöhere Stufe zu heben?

Wenn an diesen Formulierungen und Umschreibungen dessen, was sich sprachlich nicht mehr unmittelbar ausdrücken läßt, ein wahrer Kern ist, dann könnten wir das Verhältnis zwischen Geist und Materie, zwischen unserem Gehirn und unserem Bewußtsein bildlich etwa analog zu dem Verhältnis zwischen Licht und Spiegel verstehen. Im leeren Raum bleibt Licht unsichtbar. Es leuchtet erst, wenn es auf eine Oberfläche trifft, die fähig ist, es zu reflektieren. So hell ein Spiegel aber auch immer leuchtet, in keinem Fall erzeugt er das Licht selbst, das er ausstrahlt.

Die Evolution erschließt ihren Geschöpfen immer weitere Bereiche der Transzendenz, so hatten wir gesagt. Und: Das Gehirn erzeugt den Geist nicht, der vermittels dieses Organs in unserem Bewußtsein aufgetaucht ist. Das Psychische, der Tatbestand des Seelischen, der sich aus den Gesetzen unserer materiellen Wirklichkeit auf keinerlei Weise ableiten läßt, könnte dadurch zustandekommen, daß die Evolution es fertiggebracht hat, unser Gehirn auf einen Entwicklungsstand zu bringen, der in ihm einen ersten Reflex des Geistes einer jenseitigen Wirklichkeit entstehen läßt.«

Haben Sie nicht auch den Eindruck, daß das Hoimar von Ditfurthsche Spiegel-Modell ein ganz wunderbarer, ja ein geradezu erlösender Gedanke ist?
Und: Läßt sich zu diesem Gedanken ein Modell entwerfen, das nicht nur eine graphische Darstellung, sondern darüber hinaus eine Beantwortung unserer Gretchenfrage ermöglicht: Unsterblich oder nicht?

Es läßt sich entwerfen und hier ist es.

7

Für die Entwicklung unseres Modelles gehen wir erstens von dem thermodynamischen Grundgedanken aus, daß jeder Zustand der Welt ein Ordnungszustand der Materie ist. Innerhalb des kosmisch/irdischen Ordnungszustandes der Materie repräsentiert die durch chemisch/biologische Evolution entstandene organische Materie ein raumzeitliches Muster, aus dessen ungeheurer Komplexität die »Systemeigenschaft Leben« hervorgeht, fulguriert, emergiert.

So, wie aus diversen Transistoren, Widerständen, Spulen, Magneten, Drähten Musik hervorgeht, wenn der Radiobastler sie in geeigneter Weise kombiniert. Franz M. Wuketits: »Leben ist die Systemkomplexität der Materie.«

Unter dem Ausdruck »raumzeitliches Muster« ist die Gesamtheit aller Zustände der lebendigen Materie in Raum und Zeit zu verstehen; also nicht nur die räumliche Anordnung von Atomen, Molekülen, Eiweißkörpern, Zellen und Organen, wie sie eine Momentaufnahme zeigen würde, sondern ebenso die Gesamtheit aller Lebensabläufe, Bewegungen, Strömungen, Diffusionen, Pulsationen, Chemismen, Metabolismen und was es sonst noch alles gibt. Das Lebewesen als raumzeitliches System, dessen Systemeigenschaft Leben ist, ließe sich demnach in einem – zugegeben fürchterlich komplizierten – vierdimensionalen Fahrplan dokumentieren.

Nun ist es nach Auffassung der identitätstheoretischen Emergenzphilosophie von Konrad Lorenz und Rupert Riedl offensichtlich so, daß eine weitere, durch die biologische Evolution vor sich gegangene Verfeinerung des organischen Raumzeitmusters im Bereich des Zentralnervensystemes zum Auftauchen dessen geführt hat, was wir Bewußtsein, Gedanken, Seele, Geist nennen. So ist Geist die Funktion eines – in allerhöchstem Ausmaß komplizierten – Ordnungszustandes der Materie. Um zum gesetzten Ziel eines verständlichen Modells dessen zu gelangen, was nach dieser Definition unter Geist beziehungsweise unter der Hoimar von Ditfurthschen Spiegelfunktion zu verstehen ist, müssen wir das »Lebens-Raumzeitmuster« in ausgesprochen krasser Weise vereinfachen. Wobei jedoch das Prinzip keinen Schaden nehmen soll.

Das zweite methodische Bein, auf dem unser Modell steht, ist die schon in den vorausgegangenen Abschnitten ausgiebig geübte Dimensionengymnastik. Wir haben es ja in der realen Welt mit vierdimensionalen Mustern zu tun, entsprechend den drei Raumdimensionen und einer Zeitdimension (3D-Raum/1D-Zeit), und diese lassen sich zeichnerisch überhaupt nicht realisieren. (Wer es dennoch versuchte, brächte nur ein unübersichtliches Liniengewirr zustande.) Was sich als Abfolge von Bewegungsphasenbildern nach Art der einzelnen Bilder eines Trickfilms gerade noch zeichnen läßt, ergibt ein Flächen-Zeit-Muster (2D-Raum/1D-Zeit):

Graphisch läßt sich eigentlich nur der Eisenbahnfahrplan darstellen. Hier werden auf der horizontalen Achse die Zeit und auf der vertikalen die Orte eingetragen, die der Zug passiert oder an denen er sich aufhält.

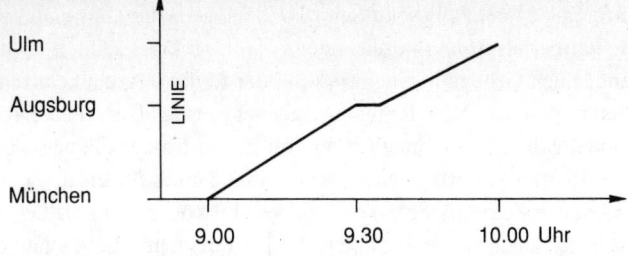

Es sind, um es noch einmal zu sagen, die beschränkten zeichnerischen Möglichkeiten, die uns zwingen, die unserem Leib-Seele-Modell zur Verfügung stehenden Dimensionen auf die Zahl eins zu beschränken. Wir betrachten daher Lebewesen eines räumlich eindimensionalen Universums. Die ungeheure Vielfalt aller möglichen Zustände einer räumlich dreidimensionalen Welt reduziert sich in diesem »Filiversum« auf die Zustände der Punkte einer Geraden, die wir – in Anlehnung an das Game of Life – als »besetzt (1)« oder »unbesetzt (0)« definieren wollen. Eine mögliche Konfiguration besteht beispielsweise aus drei besetzten Punkten:

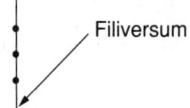

Integrierendes Moment des Lebensprozesses ist die Veränderung. Zeichnen wir ein beliebig gewähltes Muster, das maximal aus drei besetzten Punkten besteht, in seinen verschiedenen Phasen auf, so ergibt sich ein bestimmtes Schema:

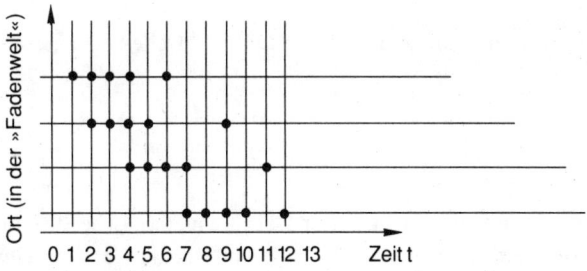

oder: 0111101000000
       0011110001000
       0000111100010
       0000000111101

243

Im unteren Teil des Bildes auf Seite 244 haben wir das gewonnen, was Mathematiker als *Matrix* bezeichnen; ein rechteckiges Zahlenschema, dessen Zahlen Größen in einem realen oder fiktiven Raum kennzeichnen und nach bestimmten Regeln verrechnet werden. (Jean Paul Diracs Anwendung der Matrizenmathematik führte zur Entdeckung der Antimaterie.) Unsere Matrix, welche die Zustände eines filiversalen Lebewesens zu den Zeitpunkten 0 bis 13 wiedergibt, könnten wir als *Lebensmatrix* bezeichnen. In dieser Lebensmatrix ist der ganze Lebenslauf des filiversalen Lebewesens, nennen wir es Filipp, von Geburt bis Tod verzeichnet. Zum Zeitpunkt Null ist der Raum, den Filipp für sich beansprucht, Null. Filipp existiert nicht, er ist noch ungeboren. Die Geburt findet im Zeitpunkt 1 statt und ab da entwickelt sich Filipp zu einem bewußten, beseelten, denkenden, liebenden und leidenden Filiversalbürger. Wir wollen als Bewußtseinsphase von Filipp alle jene Muster definieren, die aus mindestens zwei Einsen (besetzten Punkten) bestehen. Zwei besetzte Punkte symbolisieren in unserem einfachen Modell demnach ein Muster von so hohem Komplexitätsgrad, daß es bereits als Hoimar von Ditfurthscher Spiegel wirkt und imstande ist, »Geist zu reflektieren«.

Wie es weitergeht, das sieht man: Filipp erklimmt in der vierten Existenzphase mit drei Einsen den Höhepunkt seiner geistigen und seelischen Leistungsfähigkeit, um sich dann wieder auf das ursprüngliche Niveau zurückzunehmen (was keine Minderung bedeuten muß; die veränderte Position der beiden Einsen in den Phasen 5, 6, 7 und 9 signalisiert vielleicht besondere charakterliche Reife, wer weiß das?). Dann aber geht es doch bergab, ab Phase 10 verfällt Filipp endgültig dem Altersblödsinn und bei 13 stirbt er.

Und was ist jetzt mit seiner Seele? Lebt sie weiter oder ist sie auch gestorben?

8

Die Antwort auf diese Frage liefert die dritte methodische Stufe, auf die wir unser Leib/Seele-Modell stellen: John Horton Conways *Game of Life!*
Wir ernennen das Life-Spielfeld zur »Überwelt« (Sie können sich darunter auch den Himmel vorstellen), in der des sterblichen Filipp unsterblicher Über-Filipp, wir wollen ihn Filippone nennen, als Life-Figur

zugange ist. Als solche genügt uns bereits die einfachste periodische, nicht verschwindende und dislozierende Figur; Sie kennen Sie, es ist der Gleiter:

Wie oben bei Filipp zeichnen wir auch von Filippone eine Reihe von Lebensphasen, was, weil Filippone ein Flächenwesen ist, und deshalb eine perspektivische Darstellung gewählt werden muß, dem Zeichner etwas mehr Mühe bereitet.

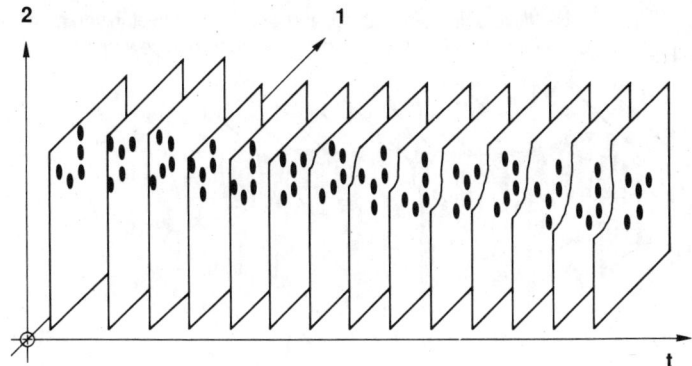

In welcher Verknüpfung stehen nun Filipp und Filippone miteinander? Das Bild auf Seite 246 zeigt, daß sie genau in dem gleichen Zusammenhang wie Kreis und Kegel stehen: Der Kreis ist eine ebene Schnittfigur des voluminösen Kegels, und Filipp ist eine eindimensionale Schnittfigur des flächenhaften Filippone. Um diese Schnittfigur zu erhalten, legen wir eine Ebene parallel zur Zeitachse durch alle Phasenbilder von Life-Game-Filippone und kennzeichnen alle Punkte von Filippone, die in dieser Ebene liegen. Im unteren Teil des Bildes zeichnen wir diese Punkte einzeln heraus und was bekommen wir da?

Haargenau Filipps Lebensmatrix!

9

Wie schon in der Monster-Wave-Variante, haben wir auch hier einen Zusammenhang zwischen Zeit und Ewigkeit hergestellt. Filipps zeitlichem Dasein steht Filippones ewige, periodische, dislozierende Lebendigkeit gegenüber. Filippone kommt in einer »Mehr«-Dimension (als die Welt sie hat, in der Filipp lebt) aus den Tiefen unauslotbarer Vergangenheit, durchbricht die Raum/Zeit-Ebene, die für Filipp vorge-

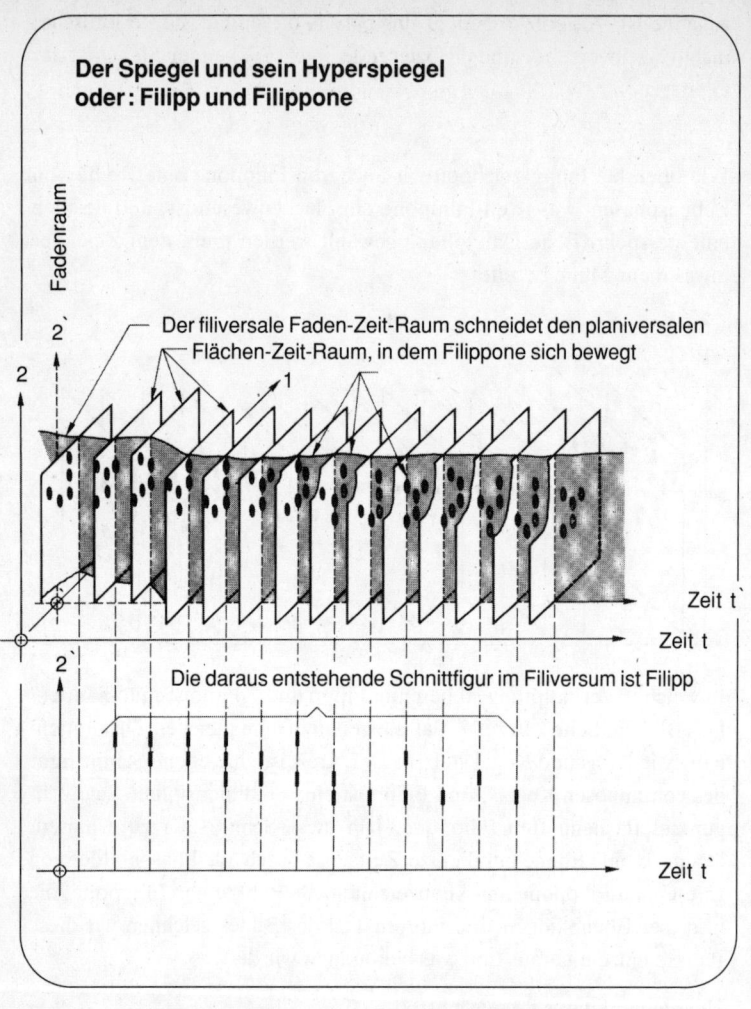

Der Spiegel und sein Hyperspiegel
oder: Filipp und Filippone

Fadenraum

2'

2

Der filiversale Faden-Zeit-Raum schneidet den planiversalen
Flächen-Zeit-Raum, in dem Filippone sich bewegt

1

Zeit t'

Zeit t

2'

Die daraus entstehende Schnittfigur im Filiversum ist Filipp

Zeit t'

sehen ist, zeugt damit und hier Filipp als Schnittfigur seiner selbst mit
eben dieser Raum/Zeit-Ebene und entschwindet, nachdem er die Ebene
passiert und Filipp das Zeitliche gesegnet hat, in die Zukunft. Ohne je
wieder in Erscheinung zu treten.

Und wie steht es mit den Bewußtseinen von Filipp und Filippone?

Wir wollen hier, strikt der Spiegelidee Hoimar von Ditfurths folgend,
gleich dieses Wichtige festhalten: weder das Muster Filipp noch das

Muster Filippone *ist* Bewußtsein oder *erzeugt* Bewußtsein, Geist oder Seele. (»So hell ein Spiegel aber auch immer leuchtet, in keinem Falle erzeugt er das Licht selbst, das er ausstrahlt.«) Vielmehr wirken beide Muster nur als Spiegel, die der Ditfurthschen Idee zufolge einen »Reflex des Geistes einer jenseitigen Wirklichkeit« entstehen lassen.

Lassen wir uns darauf ein, Filipps komplexes Muster als Spiegel im Hoimar von Ditfurthschen Sinne zu verstehen, so ist es nur konsequent, Filippones Muster den Namen *Über-* oder *Hyperspiegel* zu geben.

Filipps Muster und damit sein Bewußtsein entstehen und vergehen – der Hyperspiegel hingegen hat, seinem Existenz- und Bewegungsgesetz zufolge, mindestens so lange Bestand, wie das Substrat, auf dem er existiert, Bestand hat. Ob dieses Substrat (im Ernstfall unsere eigene, um eine oder mehrere Dimensionen erweiterte Welt) ewigen oder ebenfalls nur zeitlichen Bestand hat, darüber mögen die Kosmologen, Physiker und Philosophen diskutieren, solange sie lustig sind. Sicher ist, daß dieses Substrat Bestand gehabt hat *vor* Filipps Geburt, ebenso wie es Bestand haben wird *nach* seinem Tode. Und weil Filipps Spiegelmuster ein Teil von Filippones Hyperspiegel ist (ebenso wie der Kreis ein Teil des Kegels), so existiert die Spiegelwirkung in der Hyperspiegelwirkung fort. Die Frage nach dem Schicksal von Filipps Bewußtsein ist damit beantwortet: Es geht im Hyper-Bewußtsein auf und existiert als ein Teil dessen weiter. Eugene Ionesco: »Das Salzkorn, das sich im Wasser auflöst, verschwindet nicht. Es macht das Wasser salzig.«

10

Das ist der Trost, der aus der Formel kommt. Irreal, phantastisch, phantasmagorisch, illusionär?

Manche Menschen halten die naturwissenschaftliche Entwicklung für ein Öffnen von Türen mit verschiedenen Anschriften wie Kraft, Masse, Energie, Hauptsatz, Welle, Atom, Nukleon, Quark, Rischon und so weiter, die der Naturwissenschaftler nur der Reihe nach zu durchschreiten habe, um schließlich an einer letzten Tür anzukommen, hinter der ein freundlicher alter Mann mit weißem Bart sitzt und sagt: »Komm herein und setz dich zu mir, ich erkläre dir den Rest, viel ist es ohnedies nicht mehr.«

So ist es, glaube ich, gerade nicht! Das mit den Türen mag schon seine Richtigkeit haben, es ist vielleicht ein brauchbares Bild – bloß nicht das mit der letzten! Ich glaube, es gibt keine letzte Tür. Ich glaube an die

Endlosigkeit der Türenflucht ins Innere der Welt, ich glaube an das bodenlos Innere der Materie (oder dessen, was wir so nennen).

Über das Bodenlose jedoch führt nur die Brücke der Illusion. Und warum denn nicht? Sind Sie ein Mensch, der ohne jede Illusion zu leben imstande ist? Wenn ja, dann möchte ich nicht Sie sein und ich glaube auch nicht, daß Sie ohne jede Illusion leben, keinerlei Kontakt zum Reich des Illusionären haben. Aber! Illusionen zerfallen bekanntlich in zwei Teile: in haltlose und haltbare.

Über haltlose lohnt es nicht zu reden. Aber was ist eine haltbare Illusion? Ich meine, eine haltbare Illusion ist eine solche, der sich nach dem Stande der Erfahrung, des daraus gezogenen Wissens und den daran schließenden Kalkülen kein Widerspruch in den Weg stellt.

In seiner langen Geschichte hat sich der Homo sapiens immer mit solchen durchaus haltbaren Illusionen umgeben, die Erfahrung, Wissensstand und daraus gezogene Schlüsse ihm ans Herz gelegt hatten. Vom lieben Glauben an die Beseeltheit aller Dinge und Wesen (von der Quelle und ihrer Nymphe bis zum Donnerblitz und seinem Schleuderer) über die klassische Mythologie (mit ihren herzerfrischenden olympischen Affairen) bis zu den ausgefeilten Monotheismen heutiger Prägung (mit ihren herzerfrischenden Glaubenskriegen, in denen sich die Reife des Menschengeschlechtes widerspiegelt) – immer sind diese Illusionen in Grundform und Illustration von epochalen Wissensständen sowie gesellschaftlichen und politischen Gegebenheiten geprägt worden: »Hier liegt vor deiner Majestät im Staub die Christenschar.«

Gut. Wir Heutigen finden vielleicht weniger Geschmack an Körperhaltung, monarchischer Gesinnung und hygienischer Usance, die aus diesen Zeilen spricht, aber na eben, der Zahn der Zeit...

Ohne alle historische Illusion gäbe es heute den Homo sapiens nicht. Denn ein illusionsloses Menschengeschlecht – als einzige Art von Lebewesen, die um ihren eigenen individuellen Tod wissen – wäre nicht lebensfähig gewesen.

Für eine haltbare Illusion heute halte ich eine, die von den Strukturen des zeitgenössischen Denkens durchdrungen ist, für eine tragfähige Brücke ins Jenseits (was immer das auch sein mag) jene, deren Architektur den Erkenntnissen der Naturwissenschaften nachgezeichnet ist.

Denn es geht nicht ohne. Die Maschine in unserem Kopf ist nicht abstellbar, das wissen wir. Und sie projiziert unausgesetzt unser Innerstes auf das grenzenlos Äußere, auf das Linke, Rechte, Obere, Untere, Vordere und Hintere. Auf schon Gewesenes und noch Kommendes.

11

Manchem Leser mag scheinen, Filippone habe mit seiner endlos dislozierenden Periodizität ein für uns zwar unvorstellbares, aber letzten Endes dennoch recht eintöniges, weil sich ständig wiederholendes Dasein. So sehe ich das auch. In dieser Betrachtungsweise wäre die einzige Abwechslung, die Filippone sich gönnen kann, die Entlassung von Filipp aus der Ewigkeit in die Zeitlichkeit. Denn im Durchdringen der filiversalen Faden/Zeit-Ebene kondensiert Filippones Einerlei zu Schicksal. (Und was es für Schicksale gibt, das wissen wir ja.) Vielleicht leistet sich Filippone diesen Spaß, wenn es seiner Auffassung nach einer sein sollte, des öfteren? Denn mitnichten steht irgendwo geschrieben, daß die in diesem Gedankenexperiment betrachtete filiversale Faden/Zeit-Ebene die einzige ist, die es gibt, und demnach auch die einzige, die von Filippone durchdrungen werden kann. Die Bevorzugung der Zahl Eins wäre vielmehr äußerst unwahrscheinlich. Ich glaube sogar, daß die Bevorzugung einer endlichen Zahl überhaupt ungerechtfertigt ist. So darf wohl angenommen werden, daß die Faden/Zeit-Ebene FtE mit einer Laufzahl versehen werden muß, welche die Nummer der existierenden FtE's angibt: (FtE)1, (FtE)2, (FtE)3, ... (FtE)n (n = ∞?). Und da sieht die Sache für Filippone schon ganz anders aus...

Anderen Lesern wieder mag das Filipp-Modell, mit dem wir operieren – maximal drei Musterelemente, – doch recht simpel erscheinen. Das ist es. Anderseits macht es wohl nicht viel Sinn, dem Modell eine größere Zahl von Ordnungselementen zugrundezulegen, als für die Demonstration des Grundgedankens unbedingt vonnöten ist; das würde die Sache bloß unübersichtlich machen und den graphischen Aufwand erhöhen, ohne uns mit höherem Erkenntnisgewinn zu belohnen. Auf eine höhere Stufe hingegen läßt unser Modell sich heben, wenn man jedem Ordnungselement eine *neue Mannigfaltigkeit von Qualitäten* zuordnet. Wir haben eine solche bereits kennengelernt, es ist – die Farbe! Ganz einfach: Wir streichen jedes Ordnungselement in einer anderen Farbe und definieren damit die Lebensmatrix nicht nur als Muster aus besetzten und unbesetzten (1/0), sondern als ein Muster aus unbesetzten (schwarzen) und beliebig bunten Faden/Zeit-Zellen.

Wie aber kommt Filipp zu seiner neuen Farbenpracht? Da kann man sich beliebig viele Varianten ausdenken. Am einfachsten ist es, das Life-Spielfeld, über das Filippone sich bewegt, aus verschieden bunten Zellen aufzubauen; Filipps Ordnungselemente nehmen dann jeweils die Farbe der betreffenden Zelle an.

Mit dieser Variante kann auf mehrere mögliche Arten Abwechslung in Filippones periodisches Dasein gebracht werden. Es gibt nämlich ungeheuer viele Farben, theoretisch – wenn man die beschränkte Farbunterscheidungsfähigkeit des menschlichen Sehapparates (500.000 verschiedene Nuancen) außer acht läßt – sogar unendlich viele. Erstens kann das Life-Substrat nach einem Zufallsgesetz gefärbt sein, so daß die einzelnen Spielfeldzellen regellos rot, lila, türkis aussehen und sich eventuell sogar zeitlich ändern (den Quantenfeldphysikern gefällt dieser Gedanke vielleicht).

Eine etwas konsistentere Idee aber wäre etwa folgende. Wir legen dem Hyperspiegelsubstrat ein periodisches Muster ineinander kontinuierlich übergehender Farben – stellen Sie sich einen Regenbogen vor – zugrunde. Ferner sehen wir vor, daß die Farbperiode mit der Teilung des Life-Spielfeldes *inkommensurabel* ist, das soll heißen, daß sie zu der Teilung in einem *irrationalen* Zahlenverhältnis steht, zum Beispiel im Verhältnis $1:\pi$. Was wir schon im Zusammenhang mit kosmischen Monster Waves erwähnt haben, gilt hier in Analogie: jeder Physikstudent wird zeigen können, daß Filippone auf seiner Reise durch ein in solchem Rhythmus periodisch gefärbtes All in aller Ewigkeit nicht zweimal denselben Farbcode erhält!

Und damit dürfte für Abwechslung im Jenseits gesorgt sein...

12

Vergessen Sie Geister, Gespenster, rückende Tische, Hellgesehenes und Prophezeites. Ich bin zwar nicht so verbohrt, die Existenz dieser und anderer paranormaler Erscheinungen in Abrede stellen zu wollen – nur mit dem Hyperspiegel haben sie nicht das Geringste zu tun! Nirgendwo weniger ist der Hyperspiegel angesiedelt als in einem Gespensterreich! Vielmehr ist er eine zwar hypothetische, aber innerhalb dieser Hypothese doch knallharte physikalische Realität, die sich von den uns geläufigen physikalischen Realitäten bloß dadurch unterscheidet, daß sie sich in einem um (mindestens) eine Dimension erweiterten Effekt-Raum etabliert.

13

Man könnte diese hypothetische Realität in einer mathematischen Formel niederschreiben; diese wäre sodann die Formel, aus welcher der

Trost kommt! Wir tun dies aber trotzdem nicht, denn es handelte sich bei dieser Formel eher um eine mathematische Metapher als um »waschechte« Mathematik. So mag die Verbalform Filipp/Filippone genügen. Und auch dieses Paar repräsentiert nur ein Beispiel für die ungezählten Möglichkeiten, eine Rahmenvorstellung davon zu gewinnen, was innerhalb dieses Rahmens unserer Vorstellung für immer verborgen bleiben wird.

Aber ein Rahmen ist ja immerhin auch schon etwas. Oder etwa nicht?

14

Stellen wir uns abschließend versuchsweise einmal auf den Boden des Alten Testamentes. Die Bibel ist ja immer noch das phänomenalste Werk, wahrscheinlich das Buch aller Bücher. Geschrieben steht: »...Lasset uns Menschen machen, ein Bild, das uns gleich sei...« (1 Mose 1.26) sowie »Und Gott schuf den Menschen zu seinem Bilde, zum Bild Gottes schuf er ihn;...« (1 Mose 1.27).
Wie aber ist das Bild Gottes beschaffen und worin besteht die Gleichheit? In Kopf und Hand, Bart, Blinddarm und Schuhgröße 42?
Ich glaube nicht. Schreibt Moses nämlich weiter: »Du sollst dir kein Bildnis machen in irgendeiner Gestalt, weder von dem, was oben im Himmel, noch von dem, was unten auf Erden, noch von dem, was im Wasser unter der Erde ist.« (5, 5.8).
Warum etabliert Moses die bildhafte Ähnlichkeit und untersagt, quasi in einem Atem, die Realisierung dieser Ähnlichkeit?
Vielleicht deshalb: Weil diese Ähnlichkeit nur im total Abstrakten gedacht werden kann, im Denken über alle Grenzen hinaus. Es gibt vielleicht einen Raum, in dem ein Schattenbild von Gottes Gestalt mit dem des Menschen in einem Ähnlichkeitsverhältnis steht: den Raum der grenzenlosen Phantasie, der einzigen Gabe des Menschen, die wirklich imstande ist, ihn glücklich zu machen und ihm Gottähnlichkeit verleiht.

Epilog

Kalenderspruch: »Es ist schade, daß man ins Paradies nur mit dem Leichenwagen kommt.«

Die Spiritisten allerdings sind unablässig um die Auffindung noch anderer Verkehrsmittel dorthin bemüht und bedienen sich, des ewigen Tischerückens müde, neuerdings der Radiotechnik für diesen Zweck. Um die Stimmen der Dahingeschiedenen hörbar zu machen, stellen sie ihren Rundfunkempfänger auf eine Empfangsfrequenz, auf der garantiert kein irdischer Sender funkt, sondern nichts als das ansonsten so unliebsame Rauschen zu hören ist. Sodann wappnen sie sich mit einer gehörigen Portion Geduld und lauschen...

Fritz Bender, ehemaliger Ordinarius für Parapsychologie an der Universität Freiburg, hat das vor mehreren Jahren im Fernsehen vorgeführt. Er brachte ein Tonband zu Gehör, das ein schwedischer Jenseitsforscher unter Anwendung obiger Methode aufgenommen hatte. Auf diesem Tonträger war dann aus dem Rauschen heraus plötzlich zu hören: »Das ist der Mälar.«

Gemeint war damit offensichtlich der schwedische Mälarsee. Warum die Stimme aus dem Jenseits seinem irdischen Adressaten eine Information von solcher Inhaltsschwere zukommen lassen mußte, war nicht zu eruieren. Auch Professor Bender wußte es nicht.

Vielleicht weil, was hüben absurd drüben System hat? (Lesen Sie dazu nochmals das Paul-Davies-Zitat im ersten Kapitel.)

Einem anderen Bericht zufolge, soll die den Rauschpegel artikulierende Stimme sich auf die Frage, wie es denn »da drüben« sei, folgendermaßen eingelassen haben: »Es ist alles ganz anders.«

Mit diesem anderen wollen wir schließen. Sowie mit der Empfehlung an den, der bis hierher gelesen hat: Hüllen Sie sich ein in die Wolke der Phantasie! Denn die Mauern, die unser Dasein umschließen, die finstern Folterkammern von Ursache und Wirkung, sind weder zu übersteigen, noch zu durchbrechen. Nur auf der Welle der Imagination können Sie diese Barrieren durchtunneln, nur auf der Wolke der Phantasie die Kerkermauern überfliegen – weit, weit hinaus in den Raum der unabzähl-

*baren Dimensionen. Lassen Sie den schwerfälligen Panzer Ihres Hier-
seins und Jetztseins und Soseins und Sodenkens sich verwandeln ins
leichte Flügelkleid der Phantasie!*

Und Sie werden sehen: Es ist alles anders, ganz ganz anders...

∗

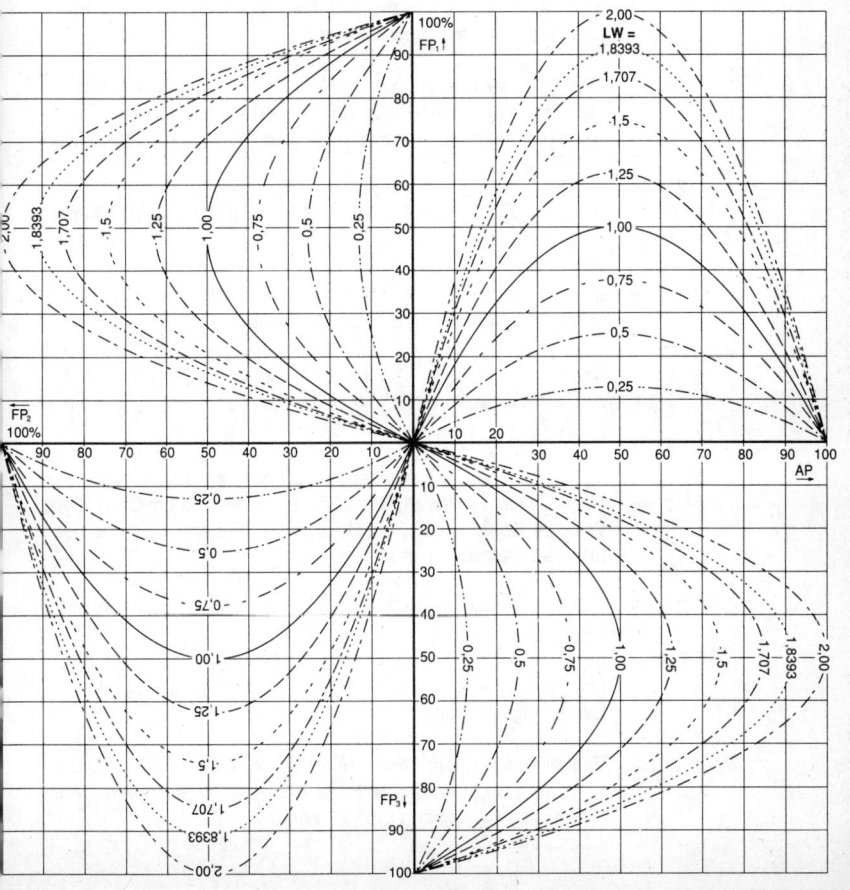

Der letzte Kasten dient der Erläuterung der Piktogramm-Tableaus in diesem Buch.

Zykloides Piktorama, Seite 28

Zeile 1   Pendel. Die Diagramme zeigen die kriechende, gedämpft-schwingende Bewegung.

Zeile 2   Der aus Kondensator und Spule bestehende elektrische Schwingkreis entartet durch Verkleinerung von Kondensator und Spule zum

Zeile 3   Dipol. Von diesem schnüren sich elektromagnetische Wellen ab. Er wird so zur Antenne, die Fernsehprogramme ausstrahlt. LetztesBild: Schwingende Feder.

Zeile 4   Unruhe einer Uhr, das ewige Kreisen ihrer Zeiger. Umsetzung der kreisenden in eine hin- und hergehende periodische Bewegung (Dampfmaschine, Benzin-, Diesel-Motor etc.). Dynamo.

Zeile 5   Der periodische Schlag des Herzens. Die Lichtwelle als Überträgerin optischer Information. Glocke als Quelle der Schallwelle.

Zeile 6   Mondphasen. Wasserwelle. Schallwelle zur Übertragung akustischer Information. Die Gaußsche Ebene der komplexen Zahlen.

Fulguratives Paneikonikon, Seite 118

Zeile 1   Aus der Verbrennung der Gase Wasserstoff (H_2) und Sauerstoff (O_2) miteinander zu Wasser fulgurieren ganz neue Eigenschaften: Wasser verdampft, kondensiert, gefriert, schmilzt etc. Aus Wasser, Kohlenstoff (C), Stickstoff (N), Schwefel (S) und noch anderen Elementen entstehen

Zeile 2   Eiweißmoleküle, aus diesen

Zeile 3   organische Zellen und aus einer Zusammenfügung von Zellen Lebewesen wie Mann und Frau mit jeweils neuen, »fulgurierten« Systemeigenschaften.

Zeile 4   Einsteins Idee $E = m \cdot c^2$ fulgurierte zur Atombombe, und daß die Erde am Day After andere Systemeigenschaften haben würde als am Tag zuvor, kann man sich denken.

Zeile 5   Drei Punkte fulgurieren zum Dreieck, wenn man einen von
           ihnen aus der Geradenfluchtung rückt. Die Systemeigen-
           schaften des so fulgurierten Dreieckes

Zeile 6   füllen Bände! Daß die Systemeigenschaften vom Substrat
           abhängen, zeigt die Winkelsumme des Dreieckes auf der
           Kugel.

Medley, Seite 150

Zeile 1   Spontane Bruchereignisse: Knickstab und Brücke

Zeile 2   Der tropfende Wasserhahn mit unregelmäßiger Tropfenfol-
           ge als Beispiel für einzelne Spontanakte (Ablösung des
           Tropfens) mit insgesamt chaotischem Verhalten (unregel-
           mäßige Tropfenfolge; nach S. Shaw et al.) Spontanprozeß
           Kondensation als Ursache des Wolkenbruches. Ein Wort
           gibt (iteriert) das andere und schon ist die schönste Wirts-
           hausrauferei im Gange. Und was löst den Todesstoß aus?

Zeile 3   Spontanprozesse: Dampfausbruch aus Flüssigkeitsober-
           fläche und Gefrieren. Der elektronische Flipflop-Schaltkreis
           erzeugt eine periodische Impulsfolge. Eine Bombe

Zeile 4   explodiert: Das ist ein unheimlich schnell ablaufender lawi-
           nöser kettenreaktiver Prozeß. Ein Mensch, dessen Herz-
           rhythmen außer Rand und Band geraten, stirbt an Herz-
           kammerflimmern, Beispiel eines chaotischen Prozeßes in
           der Medizin.

Zeile 5   Der Schmetterlingseffekt. Iteration der Generäle. Ausbruch
           des Krieges.

Zeile 6   Umschlag der laminaren in die turbulente (chaotische) Strö-
           mung bei Rohrverengung (Erhöhung der Strömungsge-
           schwindigkeit). Am Ende der Tragfläche bildet sich der
           Anfahrwirbel durch Umschlag der laminaren in die turbulen-
           te Strömung bei Erhöhung der Startgeschwindigkeit. Er er-
           zeugt als Reaktion eine gegenläufige Zirkulationsströ-
           mung, die auf der Tragflügelunterseite einen Luftstau, auf
           der Tragflügeloberseite einen Sog bewirkt. Das ergibt per
           Saldo den aerodynamischen Auftrieb.

Literaturverzeichnis und Personenregister

Das Verzeichnis gibt Literaturquellen und die im Text erwähnten Personen wie folgt an: die kursiv gesetzten Ziffern bezeichnen die Seiten des vorliegenden Buches, auf denen die im folgenden alphabetisch aufgeführten Personen und Autoren sowie gegebenenfalls deren Veröffentlichungen erscheinen beziehungsweise zitiert sind. Gewöhnlich gesetzte Ziffern am Ende einer Quelle weisen auf die Seite im zitierten Buch hin.

Alembert, Jean Le Rond d', 1717–1783; französischer Mathematiker, Philosoph und Literat. *224*

Alhazen, Ibn Al Haitham, 965–1040/41; arabischer Ingenieur und Naturwissenschaftler. Camera Obscura, Reflektionsgesetz. *180* in D. J. Lovell »Optical Anecdotes« Spie, Bellingham, Washington, 1981; 5

Alfvèn, Hannes; schwedischer Physiker, Magnetohydrodynamik, Plasmaphysik. Nobelpreis 1970. *54* »Cosmology: Myth or Science?« aus W. Yourgran und A. D. Breck (Hrsg.) »Cosmology, history and theology« Plenum Press, New York 1977; zitiert in A. P. French (Hrsg.) »Albert Einstein. Wirkung und Nachwirkung«, Vieweg, Braunschweig 1980; 168

Anderson, Carl David; amerikanischer Physiker. Entdecker des Positrons. *186*

Aristoteles, 384–322 vor Christus; bedeutendster griechischer Philosoph. Schöpfer der nach ihm benannten Logik. *239*

Aspect, Alain; französischer Physiker am Institut d'optique, Université Paris. *59* »Propose experiment to test the nonseparability of quantum mechanics« Phys. Rev. D 14, 1976; 1944. *59* »Gemeinsam mit P. Grangier, G. Roger: »Experimental Test of Realistic Local theories via Bell's theorem« Phys. Rev. Lett. 47, 1981; 460. *59* Über neuere Experimente berichtet die zusammenfassende Darstellung von Abner Shimony in Spektrum der Wissenschaft, März 1988; 78

Augustinus, Aurelius, Hl., 354–430; abendländischer Kirchenvater. »De Trimitate«, »De Cititate Dei«. *70* »Confessiones«, Heinrich Hefele (Übers.), VMA-Verlag, Wiesbaden 1966; 287

Baer, Karl Ernst von, 1792–1876; baltischer Naturforscher. *71* »Reden« I, Teil V, Petersburg 1864. Zitiert in H. Rohracher »Einführung in die Psychologie«, Urban & Schwarzenberg, Wien 1948; 121

Bays, Carter *110* Spektrum der Wissenschaft, Mai 1987.

Becquerel, Antoine Henri, 1852–1908; französischer Physiker. Entdecker der Radioaktivität. Nobelpreis 1903. *176*

Bender, Fritz, aner. Ordinarius für Parapsychologie an der Universität Freiburg. *252*

Bestenreiner, Friedrich, deutscher Physiker österreichischer Herkunft. *234* »Vom Punkt zum Bild. Entwicklung, Stand und Zukunftsperspektiven der Bildtechnik«, Wichmann, Karlsruhe 1988; 61

Bloch, Ernst, 1885–1977; deutscher Philosoph, Marxist, der die Vorstellungen insbesondere des jungen Marx mit den naturrechtlichen Postulaten der Aufklärung zu verbinden bestrebt war. *237* »Das Materialismusproblem, seine Geschichte und Substanz«, Band 7, Frankfurt am Main 1972; 311/312

Bohm, David; britischer Physiker. *52* Phys. Rev. 85, 1952; 166 und 85, 1952; 180, zitiert in F. Selleri »Die Debatte um die Quantentheorie«, Vieweg, Braunschweig 1984; 38. *64* und B. J. Hiley, Found. Phys. 5, 1978; 93 zitiert in F. Selleri »Die Debatte um die Quantentheorie«, Vieweg, Braunschweig 1984; 101. *159, 201, 202*

Bohr, Niels Hendrik David, 1885–1962; dänischer Physiker, Schöpfer des nach ihm benannten Atommodelles. Nobelpreis 1922. *48, 173*

Boltzmann, Ludwig, 1844–1906; österreichischer Physiker, Mitbegründer der kinetischen Gastheorie; entwickelte gemeinsam mit seinem Lehrer Josef Stefan das Stefan-Boltzmannsche Gesetz von der Gesamtstrahlung des Schwarzen Körpers. *91*

Bombelli, Raffaelo; italienischer Mathematiker. *33* »Raffaelo Bombelli, der Erstentdecker des Komplexen«, J. E. Hoffmann PM 1972; Heft 9, 10; 225 und MU 1964, Heft 2. *65*

Born, Max, 1882–1970; deutscher Physiker. Statistische Interpretation der Quantentheorie, Mitbegründer des Kopenhagener Models. Nobelpreis 1954. *48, 49*

Boyle, Robert, 1627–1691; englischer Chemiker. Definition des Begriffes »Chemisches Element«. *172*

Brecher, G. A.; *71* Zeitschrift für vergleichende Physiologie 18, 1933; 210, 217, 313; zitiert in H. Rohracher »Einführung in die Psychologie«, Urban & Schwarzenberg, Wien 1948; 121

Brecht, Bertolt, 1898–1956; deutscher Schriftsteller, Dramatiker und Regisseur. *181* Lied von der Unzulänglichkeit menschlichen Strebens in »Die Dreigroschenoper«, Universal Edition, Wien–Zürich–London 1928; 56. *182* aus »Das Leben des Galilei«, Suhrkamp 1963; 84 ff.

Brillouin, Lèon; französischer Physiker. *53* zitiert in M. J. Klein »Einstein und die Entwicklung der Quantenphysik« in »Albert Einstein. Wirkung und Nachwirkung«, Vieweg, Braunschweig 1985; 251

Broglie, Prinz Louis De, 1892–1927; französischer Physiker. Schöpfer des Materiewellen-Begriffes. *44, 48. 52* »Non linear Wave Mechanics, a causal interpretation«, Elsevier, Amsterdam 1960; zitiert in F. Selleri »Die Debatte um die Quantentheorie, Vieweg, Braunschweig 1984; 38. *159, 171*

Cantor, Georg, 1845–1918; deutscher Mathematiker dänischer Herkunft. Begründer der Mengenlehre. *99*

Carter, Brandon; amerikanischer Physiker, Schöpfer des Begriffes des (starken) Anthropischen Prinzips. *51* »Large Number Coincidences and the Anthropic Principle« in M. S. Longair (Hrsg.) »Confrontation of Cosmological theories with Observation«, Reidel, Dodrecht/Boston 1974; 291. Zitiert in Paul Davies »Gott und die moderne Physik«, Bertelsmann, München 1986; 224. *207*

Chamberlain, Owen; amerikanischer Physiker. Entdecker des Anti-Protons gemeinsam mit E. Segrè. Nobelpreis 1959. *186*

Chew, Geoffrey; amerikanischer Physiker. Quantentheorie. *197* »Impasses for the Elementary Particle Concept« in »The great ideas Today« William Benton, Chicago 1974; 99 ff. Zitiert in F. Capra »Das Tao der Physik«, Scherz, Bern–München–Wien 1986; 273. *200, 202*

Churchill, Sarah, 1914–1982; Tochter Winston Churchills, Schauspielerin. *207*

Clausius, Rudolf, 1822–1888; deutscher Physiker. Begründer der mechanischen Wärmetheorie. Stellt den zweiten Hauptsatz der Thermodynamik auf und führt den Begriff Entropie ein. *82*

Clark, Arthur C., britischer Schriftsteller. *58, 63*

Clauser, J. F.; *59* gemeinsam mit S. J. Freedman Phys. Rev. Lett. 28, 1972; 938. Zitiert in F. Selleri »Die Debatte um die Quantentheorie«, Vieweg, Braunschweig 1984.

Columbus, Christoph, 1451–1506; Entdecker Amerikas aufgrund der Ideen von Aristoteles, Strabo und Seneca, in westlicher Richtung nach Indien zu gelangen. *228, 230*

Conway, John Horton, Professor der Mathematik an der Universität von Cambridge (England). *12, 13. 96* »All Numbers, Great and Small«, siehe auch »Über Zahlen und Spiele«, Vieweg, Braunschweig 1983. *103* gemeinsam mit E. R. Berlekamp, Richard Guy »Gewinnen«, Friedrich Vieweg & Sohn, Braunschweig/Wiesbaden 1985;

Band 4, 123 ff. *111* ebenda: 123. *111* ebenda: 134. *114* ebenda: 155. *121, 124* ebenda: 131. *244*

Curie, Marie, geborene Sklodowska, 1867–1934; französische Chemikerin und Physikerin polnischer Herkunft. Entdeckerin des Radiums. Nobelpreis 1903. *176*

Curie, Pierre, 1859–1906; französischer Physiker. Entdecker der Piezoelektrizität und der nach ihm benannten Curie-Temperatur der Umwandlung des Ferro- in den Paramagnetismus. Nobelpreis 1903. *176*

Dalton, John, 1766–1844; britischer Naturforscher, Atomtheorie, Gasgesetz. *172*

Bu Daries, Paul; *65* »Mehrfachwelten. Entdeckungen der Quantenphysik«, Diederichs, Düsseldorf–Köln 1981; 227. *252*

Davies, Paul; Professor für theoretische Physik an der Universität Newcastle, England. *10* »Gott und die moderne Physik«, C. Bertelsmann, München 1986; 14. *98*

Davisson, Clinton Joseph, 1881–1958; amerikanischer Physiker. Entdeckte zusammen mit L. H. Germer die Elektronenbeugung; experimentelle Bestätigung der L. de Broglieschen Materiewellen. *44*

Demokrit von Abdera, 470–380 vor Christus; griechischer Philosoph. Atomtheorie. *168, 197, 203*

Descartes, Rene, 1596–1650; französischer Mathematiker und Naturwissenschaftler. *9* »Principia Philosophiae«, Amsterdam 1644, zweiter Teil, 4. Zitiert in Maurice Gex »Einführung in die Philosophie« Sammlung Die Universität, Band 10, Humboldt-Verlag, Wien–Stuttgart 1950. *33, 238*

Dewdney, Alexander K.; amerikanischer Computer-Wissenschaftler. *229* »Das Planiversum«, Paul Zsolnay, Wien 1985. *236*

De Witt, amerikanischer Physiker. *62* und Neill Graham »The Many-Worlds-Interpretation of Quantum Mechanics«, Princeton University Press 1973. Zitiert in F. Selleri »Die Debatte um die Quantentheorie«, Vieweg, Braunschweig 1984; 40 und P. Davies »Mehrfachwelten«, Diederichs 1981; 156. *149, 163, 180, 225*

Diderot, Denis, 1713–1784; französischer Schriftsteller und Philosoph. Atheist und Vertreter der Philosophie der Aufklärung, Autor der französischen »Encyclopedie«. *224, 239*

Diesel, Rudolf, 1858–1913; Ingenieur, Erfinder des Dieselmotors. *80*

Dirac, Paul Adrienne Maurice, 1902–1984; britischer Physiker, Mitbegründung und Ausbau der Quantentheorie. Nobelpreis 1933. *48 64* »The Development of Quantum Mechanics«, Contributi del Centro Linceo Interdisciplinare, Roma, anno CCCLXXI, N. 4 (1974), zitiert in F. Selleri »Die Debatte um die Quantentheorie«, Vieweg, Braunschweig 1984; 140 »Directions in Physics« Wiley, Sidney, 1976; 10 zitiert in F. Selleri, siehe oben, 140. *159, 186, 244*

Ditfurth, Hoimar V.; deutscher Professor für Psychiatrie und Neurologie, Wissenschaftsjournalist. *13* »Wir sind nicht nur von dieser Welt«, Hoffmann und Campe, Hamburg 1981. *20, 93, 94, 240* ebenda: 274. *241* ff.

Dürrenmatt, Friedrich; schweizer Dramatiker und Erzähler. *69* »Die Physiker«, Verlag Die Arche, Zürich 1962; 18

Eccles, John C.; australischer Physiologe. Bedeutung der Ionenströme im Zentralnervensystem. Nobelpreis 1963. *238*

Eddington, Sir Arthur Stanley, 1882–1944; britischer Astronom und Astrophysiker. *17*

Ehrenhaft, Felix, 1879–1952; amerikanischer Physiker österreichischer Herkunft, nach 1945 als U.S.Guest-Professor an der Universität Wien. Vertrat die Existenz einzelner Magnetpole und (als seinerzeitiger Mitarbeiter von Millikan) von ⅓-elektrischen Elementarladungen. *187*

Eigen, Manfred, deutscher Physikochemiker. Physikalisch-chemisches Modell der Lebensentstehung. Nobelpreis 1967. *123* gemeinsam mit R. Winkler »Das Spiel«, Piper, München–Zürich 1983; *224*

Einstein, Albert, 1879–1955; Begründer der Relativitäts- und Quantentheorie. Nobelpreis 1921. *9, 12, 15, 40. 41* »Über einen die Erzeugung und Verwandlung des Lichtes betreffenden heuristischen Gesichtspunkt«, ann. Phys. 17, 1905; 132. *43, 48. 50* »Raffiniert ist der Herrgott ...«, berühmtes Zitat, Titel des Buches von

Hayes, James S.; *8* »Technische Wege zur Unsterblichkeit« in I. J. Good (Hrsg.) »Phantasie in der Wissenschaft«, Econ, Düsseldorf–Wien, 1965.

Hecht, S.; *47* Zitiert in George A. Gescheider »Psychophysics«, Lawrence Erlbaum Associates, Hillsdale 1976; 11 ff.

Hegel, Georg Wilhelm Friedrich, 1770–1831; deutscher Philosoph. Schöpfer eines der bedeutendsten Systeme der idealistischen Philosophie. *239*

Heidegger, Martin, 1889–1976; deutscher Philosoph. Hauptwerk »Sein und Zeit«. *103* Zitiert in Franz Wuketits »Schlüssel zur Philosophie«, Econ, Düsseldorf–Wien–New York 1987; 67

Heisenberg, Werner Karl, 1901–1976; deutscher Physiker. Schöpfer des Begriffes »Unschärferelation«. Nobelpreis 1932. *45* »Physik und Philosophie«, Ullstein Buch Nr. 249, Frankfurt 1959; 26. *48, 53*

Heraklit von Ephesus, 550–480 vor Christus; griechischer Philosoph. Berühmte Aussprüche: »Der Krieg ist der Vater aller Dinge«, »Alles fließt«; »Niemand kann zweimal in denselben Fluß steigen«. *239*

Hertz, Heinrich, 1857–1894; deutscher Physiker. Erzeugung und Nachweis elektromagnetischer Wellen. *39*

Hess, Viktor Franz, 1883–1964; amerikanischer Physiker österreichischer Herkunft. Entdecker der kosmischen Höhenstrahlung. Nobelpreis 1936. *178*

Hesse, Hermann, 1877–1962; deutscher Dichter. »Der Steppenwolf«, »Das Glasperlenspiel«. Nobelpreis 1946. *100* »Das Glasperlenspiel«, Suhrkamp 1972; 473/474. *103* ebenda: 484

Holbach, Paul Heinrich Dietrich von, frz. Paul Henry Thiry, 1723–1789; französischer Philosoph deutscher Herkunft, vertritt den atheistischen Determinismus (»Systeme de la nature«, 1770) *239*

Holt, R. A.; *59* gemeinsam mit F. M. Pipkin, Harvard University Preprint 1973; zitiert in F. Selleri »Die Debatte um die Quantentheorie, Vieweg, Braunschweig 1984

Hume, David, 1711–1776; schottischer Philosoph und Historiker. *100* »Essays Concerning natural Religion«, Hafner 1969, Teil X und XI; zitiert in P. Davies »Gott und die moderne Physik«, Bertelsmann, München 1986; 188

Huygens, Christiaan, 1629–1695; niederländischer Physiker, Mathematiker und Astronom. *39*

Ionesco, Eugene; französischer Dramatiker rumänischer Herkunft. Hauptvertreter des absurden Theaters. *247* »Der König stirbt«, Fischer Taschenbuch Verlag, Frankfurt am Main 1985; 83

Jeans, James Sir, 1877–1946; britischer Mathematiker, Physiker und Astronom. *10* »The Mysterious Universe«, New York 1930

Jenkner, Kurt W.; amerikanischer Physiker österreichischer Herkunft. Wissenschaftlich-technischer Konsulent der U.N.I.D.O. *114, 115*

Johannes der Evangelist; biographische Daten nicht bekannt. Johannesevangelium, Apokalypse, Johannesbriefe. *203*

Jordan, Pascual, 1902–1980; deutscher Physiker. Quantentheorie und Quantenelektrodynamik. *48*

Joyce, James, 1882–1941; irischer Schriftsteller. Hauptwerke »Ulysses«, »Finnegans Wake« *130* »Ulysses«, Suhrkamp, Frankfurt am Main 1981; 135. *185* »Finnegans Wake«, zitiert in H. Fritzsch »Quarks«, Piper, München–Zürich 1985; 82

Juilliard, Augustus D., 1836–1919; Kunst- und Musikmäzen. Nach ihm ist das Juilliard Sting Quartet benannt als Streichquartett der Juilliard School of Music in New York. *15, 54*

Kafka, Franz, 1883–1924; österreichischer Schriftsteller, lebte in Prag. *31* »Der Prozeß«, Fischer Taschenbuch Verlag, 1983; 182 ff. *36, 55, 59, 67, 208*

Kant, Immanuel, 1724–1804; bedeutendster deutscher Philosoph. *70* »Kritik der reinen Vernunft« 1781. *233*

Kepler, Johannes, 1571–1630; deutscher Astronom. Keplersche Gesetze, »Abriß der Kopernikanischen Astronomie«. *205*

Kierkegaard, Sören, 1813–1855; dänischer Theologe, Schriftsteller und Philosoph. Begründer der Existentialphilosophie. *89* »Die Krankheit zum Tode« 1849.

Koch, Helge von; schwedischer Mathematiker. *226*

Kolhörster, Werner, 1887–1946; deutscher Physiker. Mitentdecker der kosmischen Höhenstrahlung. *178*

Kopernikus, Nikolaus, 1473–1543; Astronom. Erarbeitete das heliozentrische Sonnensystem, beschrieben in »De revolutionibus orbium coelestium libri VI«. *181, 205*

Kubrick, Stanley; amerikanischer Filmregisseur und Produzent. »Dr. Seltsam oder: Wie ich lernte, die Bombe zu lieben« (1963) und »Uhrwerk orange« (1971) *63* »2001: Odyssee im Weltraum (1968)

Kusenberg, Kurt; deutscher Schriftsteller. *45* »Mal was anderes«, rororo Taschenbuch 1960; 59. *161* ebenda: 48

La Mettrie, Julien Offroy de, 1709–1751; französischer Arzt und Philosoph. Mechanistischer Materialist, Hauptwerk »Der Mensch – eine Maschine«. *239*

Landmann, Salcia; schweizerische Schriftstellerin. *32* »Jüdische Witze«, dtv 1963; 91

Leibniz, Gottfried Wilhelm, 1646–1716; deutscher Philosoph und Universalgelehrter. Monadentheorie, prästabilisierte Harmonie. *33, 34, 186, 197, 199, 238*

Lenard, Philipp, 1862–1947; deutscher Physiker österreichischer Herkunft. Kathodenstrahlen, Dynamiden-Atommodell, Photoeffekt. Nobelpreis 1905. *173*

Leukipp von Milet, 2. Hälfte des 5. Jahrhunderts vor Christus; griechischer Philosoph. Erster Vertreter des Atomismus, Lehrer des Demokrit. *169, 203*

Lorenz, Konrad; österreichischer Naturforscher und Arzt. Verhaltensforschung; Nobelpreis 1973. *12* »Die Rückseite des Spiegels«, dtv 1987; 47ff. *98* ebenda: 33. *119* ebenda: 47ff. *123, 239, 240*

Lucretius, Titus Carus, zwischen 99 und 94–55 vor Christus; römischer Dichter. *169* »De rerum naturae«, zitiert in M. Gex »Einführung in die Philosophie«, Humboldt-Verlag, Wien–Stuttgart, 1958; 37

Malebranche, Nicole, 1638–1715; französischer Philosoph, Hauptvertreter des Occasionismus. *238*

Mann, Robert; Schriftsteller. *15* »On playing with Scientists« in H. Woolf's (Hrsg.) »Some Strangeness in the Proportion« A Centennial Symposium to Celebrate the Achievements of Albert Einstein«. Addison-Weseley, Reading 1980.

Mann, Thomas, 1875–1955; einer der bedeutendsten deutschen Erzähler des 20. Jahrhunderts. *54* »Der Zauberberg«, Deutsche Buchgemeinschaft, Berlin 1924; 24. *69* ebenda: 24

Maxwell, James Clark, 1831–1879; britischer Physiker. Schöpfer der modernen Elektrodynamik und der elektromagnetischen Lichttheorie. *39*

May, Robert M.; britischer Naturwissenschaftler. *151* Nature, Vol. 261, June 10, 1976; 459. 153 ebenda: 466

Mayer, Robert von, 1814–1878; deutscher Arzt. Formuliert als erster das Grundgesetz von der Erhaltung der Energie. *81*

Millikan, Robert Andrews, 1868–1953; amerikanischer Physiker. Nachweis und Bestimmung der elektrischen Elementarladung. *41, 43, 62*

Möbius, August Ferdinand, 1790–1868; deutscher Mathematiker und Astronom. *228, 230*

Monod, Jacques, französischer Biochemiker; Nobelpreis 1965. *90* »Zufall und Notwendigkeit«, dtv, München 1985; 157. *101, 124* ebenda: 151. *207*

Morgenstern, Christian, 1871–1914; deutscher Schriftsteller und Kabarettist. *33* »Alle Galgenlieder«, Insel-Verlag, 1951; 125

Moses; biographische Daten nicht bekannt. Führer, Prophet und Gesetzgeber der Israeliten. *197* »Die Bibel«, Deutsche Bibelgesellschaft, Stuttgart 1987; 4 und 192. *251*

Napoleon, Bonaparte, 1769–1821; unter anderem Förderer von J. B. Fourier (ägyptische Expedition, Ernennung zum Gouverneur des Dpt. Isère). *211*

Neumann, John von, 1903–1957; amerikanischer Mathematiker österreichisch-ungarischer Herkunft. Mengenlehre, Spieltheorie, Wissenschaftsmathematik, Quantentheorie. *52* »Mathematische Grundlagen der Quantenmechanik«, Springer, Berlin 1932 (Neudruck 1980). Zitiert in K. Baumann, R. U. Sexl »Die Deutungen der Quantentheorie«, Vieweg, Braunschweig 1986; 19ff. *159*

Newton, Sir Isaac, 1643–1727; englischer Mathematiker, Physiker und Astronom. Begründer der klassischen Physik: »Philosophiae naturalis principia mathematica«. *39, 72* »Fachlexikon ABC-Physik«, Harri Deutsch, Frankfurt am Main 1982; 1052. *73, 168, 205*

Nishijima, Kazuki; japanischer Physiker. Mitbegründer der Quark-Hypothese. *183*

Ortega y Gasset, Josè, 1883–1955; spanischer Kulturphilosoph und Essayist. *66* »Der Intellektuelle und der Andere«, Deutsche Verlagsanstalt, Stuttgart 1949; 143

Otto, Nikolaus, 1832–1891; deutscher Ingenieur und Erfinder des Viertaktgasmotors (Ottomotor). *80*

Pais, Abraham; amerikanischer Physiker holländischer Herkunft, zusammen mit Albert Einstein am Institute of Advanced Study, Princeton. *50* »Einstein, Newton und der Erfolg« in A. P. French (Hrsg.) »Albert Einstein. Wirkung und Nachwirkung«, Friedrich Vieweg & Sohn, Braunschweig/Wiesbaden 1985; 102. *51, 183*

Pauli, Wolfgang, 1900–1958; schweizerisch-amerikanischer Physiker österreichischer Herkunft. Mitbegründer der Quantentheorie, Pauli-Prinzip. Nobelpreis 1945. *48, 51* »Aufsätze und Vorträge über Physik und Erkenntnistheorie«, Vieweg, Braunschweig 1961. Zitiert in F. Selleri »Die Debatte um die Quantentheorie«, Vieweg, Braunschweig 1984; 27. *170, 173, 195*

Penzias, Arno H.; amerikanischer Radioastronom. Mitarbeiter der Bell Telephone Company. *88*

Pipkin, F. M.; *59* gemeinsam mit R. A. Holt Harvard University Preprint 1973, zitiert in F. Selleri »Die Debatte um die Quantentheorie«, Vieweg, Braunschweig 1984.

Planck, Max, 1858–1947; deutscher Physiker. Mitbegründer der Quantentheorie. Plancksches Wirkungsquantum. Nobelpreis 1918. *9, 40*

Protagoras, 480–421 vor Christus; griechischer Philosoph. Bedeutender Sophist. *164* Der berühmte Homo-mensura-Satz: »Der Mensch ist das Maß aller Dinge, der Seienden, wie sie sind, der nicht Seienden, wie sie nicht sind«.

Ptolemäus, Claudius, 100–160; alexandrinischer Astronom. Geozentrisches Sonnensystem, beschrieben in »Almagest« (13 Bücher). *181*

Reagan, Ronald Wilson; Präsident der U.S.A. von 1980 bis 1988 *186*

Rebbi, Claudio; amerikanischer Physiker italienischer Herkunft. Quarks. *193* »Die Gitter-Eichtheorie: warum Quarks eingesperrt sind« in »Teilchen, Felder, Symmetrien«, Spektrum der Wissenschaft, Heidelberg 1986; 68

Rensch, Bernhard; deutscher Biologe. *239*

Reynolds, Osborne, 1842–1912; britischer Physiker. Grundlegende Arbeiten zur Hydrodynamik.

Riedl, Ruppert; österreichischer Zoologe und Wissenschaftstheoretiker. Stellt das Konzept der »Evolutionären Erkenntnistheorie« auf ein systematisches Fundament. *239, 240*

Rifkin, Jeremy; *89* »Entropie – ein neues Weltbild«, Hoffmann und Campe, Hamburg 1982.

Robb, Frank; südafrikanischer Sportsegler. *209* »Beaufort 10 was tun? Sturmfibel für Yachten«, Klasing & Co., Bielefeld 1976; 38

Robespierre, Maximilian de, 1758–1794 (hingerichtet); entwickelte sich vom bescheidenen Jakobiner zum machtbesessenen Terroristen. *211*

Roosevelt, Franklin Delano, 1882–1945; Präsident der Vereinigten Staaten von Amerika 1936–1945. *19*

Rose, Albert; amerikanischer Physiker. Als Mitarbeiter der Radio Corporation of America (RCA) maßgeblich beteiligt an der Entwicklung des Fernsehens. *46, 47*

Russel, Bertrand Earl, 1872–1970; britischer Mathematiker und Philosoph. *225* »Probleme der Philosophie«, Humboldt-Verlag, Wien 1950; 125 und 131/132. *239*

Rutherford, Ernest Lord of Nelson, 1871–1937; britischer Physiker. Radioaktivität, Mitbegründer des Rutherford-Bohr'schen Atommodelles. *173*

Sartre, Jean Paul, 1905–1980; französischer Philosoph, Schriftsteller und Dramatiker. Existentialphilosophie. *193* »Bei geschlossenen Türen«, in »Dramen«, Rowohlt Verlag, Hamburg 1952; 93

Schönberg, Arnold, 1874–1951; österreichischer Komponist. Schöpfer der 12-Ton-Technik. *201*

Schrödinger, Erwin, 1887–1961; österreichischer Physiker. Begründer der Wellenmechanik. Nobelpreis 1933. *48*

Schwarz, John H., Professor für theoretische Physik am California Institute of Technology (Caltec), Pasadena (U.S.A.). *200* Physics Today November 1987; 33 und gemeinsam mit J. Scherk (Ecole normale Supérieure, Paris): Nucl. Phys. B 81, 1974; 118. *202*

Segrè, Emilio; amerikanischer Physiker italienischer Herkunft. Entdecker des Anti-Protons gemeinsam mit O. Chamberlain. Nachweis der Transurane, Technetium, Astaten und Plutonium. Erster Nachweis eines künstlichen Elementes. Nobelpreis 1959. *186*

Sexl, Roman U., 1939–1986; österreichischer theoretischer Physiker. *90* »Was die Welt zusammenhält«, Ullstein, Frankfurt am Main–Wien–Berlin 1984; 228. *95* ebenda: 203. *186*

Snow, Sir Charles Percy, 1905–1980; britischer Physiker und Schriftsteller. *19* »Albert Einstein 1879–1955« in A. P. French (Hrsg.) »Albert Einstein. Wirkung und Nachwirkung«, Friedrich Vieweg & Sohn, Braunschweig/Wiesbaden 1985; 68

Sommerfeld, Arnold, 1868–1951; deutscher Physiker, Atommodell, Quantentheorie. *173*

Spinoza, Baruch Benedictus, 1632–1677; niederländischer Philosoph. Vertritt Monismus, Naturalismus, Liberalismus und Rationalismus. *224*

Stockhausen, Karlheinz; Komponist. Leiter des Studios für elektronische Musik beim WDR in Köln. *219*

Strassmann, Friedrich Wilhelm, 1902–1980; deutscher Chemiker. Entdeckung der Kernspaltung gemeinsam mit Otto Hahn. *179, 180*

Strawinski, Igor, 1882–1971; amerikanischer Komponist russischer Herkunft. *15* »Panorama des zeitgenössischen Denkens«, S. Fischer Verlag 1961; 435. *85*

Szilard, Leo, 1898–1964; amerikanischer Physiker ungarischer Herkunft. Maßgebend beteiligt an der Entwicklung der Atombombe. *19*

Teller, Edward; amerikanischer Physiker ungarischer Herkunft, maßgeblich beteiligt an der Entwicklung der Atombombe. *19*

Valentin, Karl, 1882–1948; Münchener Volkssänger, Dichter und Schauspieler. Meister der skurrillen Logik, deren Patenschaft für die in diesem Buch entwickelte »Phantastische Wahrheit« vielleicht nicht verleugnet werden kann. *42* Textstelle aus einer seiner Groteskszenen.

Vigier, J. P.; französischer Physiker. *64* Lett. Nuovo Cimento 4, 1981; 1 zitiert in F. Selleri »Die Debatte um die Quantentheorie«, Vieweg, Braunschweig 1984; 100

Voltaire, François Marie Arouet, 1694–1778; französischer Schriftsteller und Philosoph. Bedeutendster Vertreter der Philosophie der Aufklärung. *224*

Watt, James, 1736–1819; britischer Ingenieur und Erfinder der direktwirkenden Niederdruckdampfmaschine. Entdeckte, daß Wasser kein Element ist. *80*

Weinberg, Steven; Professor für Elementarteilchenphysik an der Harvard Universität in Cambridge/Massachusetts. Nobelpreis 1979. *89* »Die ersten drei Minuten«, dtv, München 1986; 18. *95* ebenda: 161

Wheeler, John; amerikanischer Physiker. *51* »Gravitation«, San Francisco 1973; 1273 zitiert in G. Zukav »Die tanzenden Wu Li Meister«, rororo Taschenbuch 1986; 45. *124, 163, 225*

Wigner, Eugene Paul; amerikanischer Physiker österreichisch-ungarischer Herkunft. Einer der bedeutendsten theoretischen Physiker, maßgebend beteiligt an der Entwicklung der Atombombe. *19*

Winkler (Oswatitsch), Ruthild; Mitarbeiterin von M. Eigen. *123* gemeinsam mit M. Eigen »Das Spiel«, Piper, München–Zürich 1983; 224

Wuketits, Franz M., Schüler von K. Lorenz, Biologe und Philosoph an der Universität Wien. 1982 österreichischer Staatspreis für wissenschaftliche Publizistik. *237* »Schlüssel zur Philosophie«, Econ, Düsseldorf–New York–Wien 1987; *240* ebenda: 127. *241* »Zustand und Bewußtsein«, Hoffmann und Campe, Hamburg 1985; 95

FISCHER ✸ LOGO

FÜR DEN SPIELRAUM IM KOPF
Unterhaltungslogik

NICHOLAS FALLETTA
PARADOXON
Widersprüchliche Streitfragen, zweifelhafte Rätsel, unmögliche Erläuterungen
Band 8702

Paradoxien – Last und Lust für den Menschen von alters her, Herausforderung für den Homo ludens. Über 100 Kopfnüsse und optische Täuschungen, von der ›Kaulquappe Amphibius‹ aus der Antike bis zu den paradoxen Lithografien eines M.C, Escher.

RAYMOND SMULLYAN
ALICE IM RÄTSELLAND
Phantastische Rätselgeschichten, abenteuerliche Fangfragen und logische Traumreisen
Band 8701

›Alice im Rätselland‹ ist eine poetische, humorvolle und fantastische ›Mathematisierung‹ der traumhaften Alice im Wunderland (selbst Tochter des Mathematikers Lewis Carroll): Reisen durch die logischen Tiefen unserer Welt im Kopf.

FISCHER TASCHENBUCH VERLAG

FI 1080/1

FISCHER ⬙ L O G O

FÜR DEN SPIELRAUM IM KOPF
Unterhaltungslogik

**J.C. BAILLIF
DENKPIROUETTEN**
Listige Spiele aus
Logik und Mathematik
Band 8706

Die ›Denkpirouetten‹ von J.C.-Baillif erscheinen zunächst leicht, verlangen aber zu ihrer Auflösung eine kreative List: Amüsanter Zeitvertreib für Denksportler der Mathematik und anderer Disziplinen, Unterhaltung für den neugierigen Geist.

**MARIE BERRONDO
FALLGRUBEN FÜR
KOPF-FÜSSLER**
Eurekas
mathematische Spiele
Band 8703

Wo man sich beim Wahrscheinlichkeitsrechnen wahrscheinlich irren wird... über lügende Großmütter, kosmopolitische Großväter und die brennende Frage: Kannibale, ja oder nein? 253 verzinkte Rätsel und mathematische Probleme für den Eigengebrauch wie für die Verwirrung von Freund und Feind.

FISCHER TASCHENBUCH VERLAG

FISCHER ✖ LOGO

FÜR DEN SPIELRAUM IM KOPF

**A. G. CAIRNS-SMITH
BIOLOGISCHE BOTSCHAFTEN**
Eine Detektivgeschichte
der Evolution
Band 8719

Dieses Buch stellt die älteste
aller Fragen – die nach dem Ursprung irdischen Lebens. Als
Detektivstory geschrieben, basierend auf den Prinzipien des
berühmten Sherlock Holmes, ist
dieses ungewöhnliche Sach-
buch ein Vergnügen bis zur letzten Seite – und seinem verblüf-
fenden ›Clou‹. »Eine Zusammen-
fassung evolutionären Denkens
auf höchstem Niveau – zugleich
gründlich, sparsam und geist-
reich.« *(Nature)*

**HUBERT MONTEILHET
DARWINS INSEL**
Ein fabelhafter Roman
vom Ursprung der Arten
Band 8718

Die ›wahre Geschichte‹ der Entdeckung der Evolution: Darwin
gerät betrunken auf ein Kriegs-
schiff, rettet sich auf eine ein-
same Insel und verliebt sich
in eine ihrer Bewohnerinnen.
Ihre ungewöhnliche Anatomie
bringt ihn auf einen seltsamen
Gedanken… Hubert Monteilhet
hat einen originellen ›historisch - naturwissenschaftlichen‹
Roman fabuliert.

FISCHER TASCHENBUCH VERLAG

Fi 1083/2

FISCHER ⊗ L O G O

FÜR DEN SPIELRAUM IM KOPF

THOMAS KALTENBACH/
UDO REETZ/
HARTMUT WOERRLEIN
**DAS GROSSE
COMPUTER-LEXIKON**
4000 aktuelle Begriffe
von Ada bis Zuse
Band 10219

Dieses Handbuch erklärt mehr
als 4000 Begriffe, die im Umgang mit dem Computer immer
wieder gebraucht werden – Fach-
ausdrücke, theoretische Begriffe
und ›slang‹. Die Erläuterungen
sind bündig, problemorientiert
und seriös. Ein umfassendes,
höchst aktuelles Gebrauchsbuch
für den ›zweiten Kopf‹.

WERNER MÖLLENKAMP
HACKERS TRAUM
Ein Computerroman
Band 8720

›Hackers Traum‹ ist ein faszinierender, spannungsreicher
Wirtschaftskrimi, der die gegenwärtigen Praktiken der Com-
putertechnologie – und ihre
Lücken … – realistisch schildert.
»… die neue Währung Intelligenz.«   *(Welt am Sonntag)*

FISCHER TASCHENBUCH VERLAG

Fi 1076/1

FISCHER ❊ LOGO

FÜR DEN SPIELRAUM IM KOPF

FRED ALAN WOLF
**DER QUANTENSPRUNG
IST KEINE HEXEREI**
Die neue Physik
für Einsteiger
Band 8715

Die derzeit wohl am besten
verständliche, mit Sicherheit die originellste Einführung in die moderne Physik,
die unser Bewußtsein ver-
ändert.

FISCHER TASCHENBUCH VERLAG

Fi 1077 / 1

FISCHER ✕ L O G O

FÜR DEN SPIELRAUM IM KOPF

DAVID BODANIS
DAS GEHEIMNISVOLLE
HAUS
Die Mikrowelt,
in der wir leben
Band 8716

David Bodanis führt uns in die Welt des unsichtbaren Alltags und der alltäglichen Wunder. Ein faszinierender und atemberaubend spannender Text, der uns unsere Umwelt durch die Beschreibung eines ganz normalen Tagesablaufs völlig neu erleben läßt.
Mit 86 meist farbigen Mikro- und Thermofotografien.

FISCHER TASCHENBUCH VERLAG

Fi 1078/1